Mathematical Research

# Wissenschaftliches Rechnen mit Ergebnisverifikation

herausgegeben von

U. Kulisch

Volume 58

AKADEMIE-VERLAG BERLIN

In this series original contributions of mathematical research in all fields are contained, such as
- research monographs
- collections of papers to a single topic
- reports on congresses of exceptional interest for mathematical research.

This series is aimed at promoting quick information and communication between mathematicians of the various special branches.

In diese Reihe werden Originalbeiträge zu allen Gebieten der mathematischen Forschung aufgenommen wie
- Forschungsmonographien
- Sammlungen von Arbeiten zu einem speziellen Thema
- Berichte von Tagungen, die für die mathematische Forschung besonders aktuell sind.

Die Reihe soll die schnelle Information und gute Kommunikation zwischen den Mathematikern der verschiedenen Fachgebiete fördern.

---

Manuscripts
in English and German comprising at least 100 pages and not more than 500 pages can be admitted to this series. With respect to a quick publication the manuscripts are reproduced photomechanically. Authors who are interested in this series please turn directly to the 'Akademie-Verlag'. Here you will get more detailed information about the form of the manuscripts and the modalities of publication.

Manuskripte
in englischer und deutscher Sprache, die mindestens 100 Seiten und nicht mehr als 500 Seiten umfassen, können in diese Reihe aufgenommen werden. Im Interesse einer schnellen Publikation werden die Manuskripte auf fotomechanischem Weg reproduziert. Autoren, die an der Veröffentlichung entsprechender Arbeiten in dieser Reihe interessiert sind, wenden sich bitte direkt an den Akademie-Verlag. Sie erhalten dort genauere Informationen über die Gestaltung der Manuskripte und die Modalitäten der Veröffentlichung.

Wissenschaftliches Rechnen
mit Ergebnisverifikation

**Mathematical Research · Mathematische Forschung**

Wissenschaftliche Beiträge
herausgegeben von der
Akademie der Wissenschaften der DDR
Karl-Weierstraß-Institut für Mathematik

---

**Band 58**

Wissenschaftliches Rechnen
mit Ergebnisverifikation

# Wissenschaftliches Rechnen mit Ergebnisverifikation

## Eine Einführung

Ausgearbeitet von S. Geörg, R. Hammer und D. Ratz

Herausgegeben von U. Kulisch

Akademie-Verlag Berlin 1989

Herausgeber:

Prof. Dr. Ulrich Kulisch
Institut für Angewandte Mathematik
der Universität Karlsruhe

---

Die Titel dieser Schriftenreihe werden vom Originalmanuskript der Autoren reproduziert.

ISBN 3-05-500816-2
ISSN 0138-3019

Erschienen im Akademie-Verlag Berlin, Leipziger Str. 3–4, Berlin, DDR–1086

Lizenznummer: 202·100/556/89
Printed in the German Democratic Republic
Gesamtherstellung: (52) Nationales Druckhaus Berlin, Betrieb der VOB National
Lektor: Dr. Reinhard Höppner
LSV 1085
Bestellnummer: 764 122 7 (2182/58)

03800

# Vorwort

In den letzten Jahren sind an verschiedenen Orten neue Programmierumgebungen entwickelt und auf den Markt gebracht worden, welche bei zahlreichen Anwendungen eine automatische Verifikation numerisch berechneter Ergebnisse durch den Rechner selbst ermöglichen bzw. unterstützen. Für praktisch alle Grundaufgaben der Numerik gibt es solche Programmpakete. Grundlage dafür bildet eine präzise definierte und sauber implementierte Rechnerarithmetik. Die meisten der heute in Mikrocomputern eingesetzten Arithmetikprozessoren stellen hardwaremäßig auch die arithmetischen Operatoren mit gerichteten Rundungen bereit. Die herkömmlichen Programmiersprachen wie FORTRAN 77, PASCAL, MODULA, usw. erlauben es leider nicht, diese einfach anzusprechen.

Die vorliegende Ausarbeitung soll daher in Programmierumgebungen (ARITHMOS, ACRITH, PASCAL-SC, FORTRAN-SC, ADA, FORTRAN-8x, CALCULUS) einführen, welche sich hier positiv abheben. Sie soll anhand einiger typischer Fragestellungen deren Einsatz und Anwendungen illustrieren. Beispielhaft sei hier die Sprache FORTRAN-SC erwähnt, welche nahezu 2000 vordefinierte arithmetische und relationale Operatoren für 24 vordefinierte numerische Datentypen zur Verfügung stellt. Alle Operatoren erfüllen höchste Genauigkeitsansprüche. Gleiches gilt auch für die Standardfunktionen, welche für die Argumenttypen *real, complex, interval* und *complex interval* zur Verfügung stehen. Darüberhinaus ermöglicht die Sprache die Vereinbarung von Funktionen mit Feldern als Ergebnis, das Überladen und Definieren von Operatoren, die Vereinbarung dynamischer Felder, Zugriffe auf Unterbereiche von Feldern, usw.

Die ständig zunehmende Leistungsfähigkeit von Rechenanlagen erlaubt es in immer stärkerem Maße, den Rechner zur Simulation technischer Prozesse durch mathematische Modellbildungen heranzuziehen. Teure Experimente und aufwendige prototypische Entwicklungen können dadurch häufig entfallen. Die automatische Ergebnisverifikation stellt hier ein wesentliches Hilfsmittel dar. Sie ermöglicht es, streng zwischen vom mathematischen Modell verursachten Auswirkungen und numerischen Rechenungenauigkeiten zu unterscheiden. Erst wenn der numerische Fehler praktisch ausgeschlossen werden kann, läßt sich das mathematische Modell gezielt weiterentwickeln.

Der GAMM-Fachausschuß „Rechnerarithmetik und Wissenschaftliches Rechnen“ und das Institut für Angewandte Mathematik der Universität Karlsruhe haben seit 1980 jährlich, meist im Oktober, Fachtagungen zu der in diesem Bande behandelten Thematik durchgeführt. Mehrere Male fanden entsprechende Veranstaltungen, an denen Mitglieder des Fachausschusses maßgeblich beteiligt waren, auch in Nordamerika statt. Zu mehreren dieser Tagungen sind Tagungsbände erschienen, welche im Anhang noch einmal aufgelistet sind. Ziel dieser Veranstaltungen war es, Wissenschaftlern, welche an der Weiterentwicklung der Rechnerarithmetik, deren Einbettung in Programmiersprachen, sowie Anwendungen der bereits erzielten Ergebnisse, insbesondere der Entwicklung selbstverifizierender Verfahren interessiert sind, ein Forum zum Gedanken- und Erfahrungsaustausch zur Verfügung zu stellen. Mehrere Hersteller haben Ergebnisse, welche auf den Tagungen diskutiert wurden, direkt in ihre Anlagen und Produkte übernommen. Die Entwicklung internationaler Sprachstandards konnte ebenfalls mit beeinflußt werden.

Von den Teilnehmern früherer Tagungen wurde mehr und mehr der Wunsch geäußert, einmal eine Veranstaltung einführenden Charakters durchzuführen, welche es insbesondere jüngeren Kollegen ermöglicht, sich rasch in den Gegenstand einzuarbeiten. Die Veranstaltung im Oktober 1988 war dieser Aufgabe gewidmet. Alle Vorträge wurden elektronisch aufgezeichnet und anhand dieser Aufzeichnungen von den Herren S. Geörg, R. Hammer und D. Ratz ausgearbeitet. Sie wurden anschließend von den Vortragenden selbst durchgesehen und autorisiert. So ist der vorliegende Band entstanden. Es wird darin versucht, anhand ausgewählter Fragestellungen sowohl einen Einblick als auch einen Einstieg in die behandelte Thematik zu ermöglichen. Alle Beiträge haben bewußt einführenden Charakter. Anhand der angegebenen Literatur wird der interessierte Leser auf weiterführende Arbeiten hingewiesen.

Der erste Beitrag beschäftigt sich mit der Rechnerarithmetik. Bei den heutigen technischen Möglichkeiten sollte jede Rechenanlage, welche zum wissenschaftlichen Rechnen eingesetzt wird, Vektorrechnerqualitäten besitzen. Es wird aufgezeigt, daß man und wie man die in Frage kommenden Verknüpfungen hochgenau und dennoch extrem schnell realisieren kann. Es folgt dann eine Übersicht über neuere Programmiersprachen für das wissenschaftliche Rechnen. Den im Hinblick auf das wissenschaftliche Rechnen am weitesten entwickelten Sprachen FORTRAN-SC und PASCAL-SC sind zwei weitere Beiträge gewidmet. Anschließend wird die interaktive Programmierumgebung CALCULUS skizziert, welche zur Entwicklung umfangreicher und hochwertiger Algorithmen und Verfahren besonders geeignet ist.

Herkömmliche Programmiersprachen, aber auch deren Weiterentwicklungen wie ADA, FORTRAN8x, FORTRAN-SC und PASCAL-SC erlauben zwar rasche Übersetzungs- und Ausführungszeiten, bei der Entwicklung mathematischer Modelle, Verfahren und Algorithmen sind sie aber sehr schwerfällig und häufig hinderlich, da beispielsweise in Form von Typ-

und Variablenvereinbarungen die Speicherverwaltung dem Benutzer auferlegt wird. Interaktive und interpretativ ausgeführte Sprachen weisen hier große Vorteile auf. CALCULUS ist eine neue derartige Sprache, welche in der Notation und Leistungsfähigkeit weitgehend an FORTRAN-SC und PASCAL-SC angepaßt ist und damit bekannte Nachteile älterer Sprachen, wie z. B. schlechte Lesbarkeit der Programme, vermeidet. Die übliche mathematische Notation wird weitgehend in die Programmierumgebung übernommen. Dadurch können, wie auch bereits bei PASCAL-SC und FORTRAN-SC, nachträgliche Untersuchungen auf parallele Ausführbarkeit von Programmstücken häufig entfallen.

Die dann folgenden Beiträge sollen zur Entwicklung von Einschließungsalgorithmen hinführen. Unbedingt notwendig dazu ist die Kenntnis und Beherrschung von Grundbegriffen aus der Intervallrechnung. Anhand einiger einfacher aber typischer Fragestellungen werden dann selbstverifizierende Algorithmen vorgestellt. Speziell werden behandelt: Die Auflösung linearer Gleichungssysteme und die Invertierung von Matrizen sowohl für vollbesetzte als auch für schwachbesetzte Matrizen, genaue Auswertung von Polynomen und arithmetischen Ausdrücken und die Auflösung nichlinearer Gleichungssysteme mit automatischer Ergebnisverifikation.

Neben diesen Fragen aus dem Bereich der numerischen Algebra werden dann schwerpunktmäßig Fragen aus dem Bereich der numerischen Analysis behandelt. Es handelt sich insbesondere um Anfangs- und Randwertaufgaben bei gewöhnlichen Differentialgleichungen, sowie Methoden zur Lösung von Integralgleichungen. Viele weitere schöne Anwendungen aus diesem Gebiet, wie etwa der Nachweis der Existenz periodischer Lösungen von Differentialgleichungen mit dem Rechner und deren Berechnung in Form von kontinuierlichen Einschließungen konnten aus Platzmangel in diesem Bande leider nicht behandelt werden.

Während der erste Beitrag dieses Bandes den idealen Vektorrechner skizziert, welcher der Entwicklung und Anwendung der im folgenden behandelten Methoden zugrunde liegt, zeigt der vorletzte Beitrag am Beispiel vorhandener Vektorrechner, daß diese vom idealen Zustand häufig noch weit entfernt sind. Nur durch mühsamste Programmierarbeiten lassen sie sich so hinbiegen und in einen Zustand versetzen, daß sie zur Anwendung selbstverifizierender Algorithmen eingesetzt werden können. Der Benutzer muß an sich unnötige Laufzeitverlängerungen in Kauf nehmen.

Der letzte Beitrag dieses Bandes versucht einen Überblick zu geben über das Projekt DIAMOND (eine Raute (diamond) wird in der Intervallrechnung als Rundungssymbol verwendet). An dem Projekt haben namhafte europäische Forschungsinstitutionen mitgearbeitet. Es wurde zwischen 1986 und

1989 im Rahmen des ESPRIT-Programmes der Europäischen Gemeinschaft (EG) gefördert und hat sich ebenfalls mit der in diesem Bande behandelten Thematik beschäftigt. Auch die hier skizzierten Ergebnisse sollen demnächst veröffentlicht werden. Das Projekt selbst wird durch nationale und internationale Aktivitäten fortgesetzt.

Allen, welche zum Zustandekommen dieses Bandes beigetragen haben, sei an dieser Stelle noch einmal sehr herzlich gedankt. Der Dank gilt insbesondere den Vortragenden des GAMM-Einführungsseminars, insbesondere aber auch den Herren S. Geörg, R. Hammer und D. Ratz, welche sich mit der Ausarbeitung der Vorträge große Mühe gemacht haben und auch die Reinschrift sowie den kompletten Textsatz besorgt haben. Autoren und Herausgeber freuen sich ganz besonders, daß der Band durch eine Zusammenarbeit des Akademie-Verlages Berlin und des Vieweg-Verlages Wiesbaden in Ost und West gleichzeitig erscheint. Beiden Verlagen gilt unser aufrichtiger Dank.

Karlsruhe, April 1989 Ulrich Kulisch (Herausgeber)

# Inhaltsverzeichnis

# Zeitgemäße Rechnerarithmetik

U. Kulisch
Institut für Angewandte Mathematik
Universität Karlsruhe (TH)

**Zusammenfassung**

Der vorliegende Beitrag behandelt die Grundprinzipien einer zeitgemäßen Rechnerarithmetik. Es werden sowohl die mathematische Definition als auch verschiedene Möglichkeiten der technischen Realisierung besprochen. Die ebenfalls in diesem Bande behandelten Programmiersprachen PASCAL-SC und FORTRAN-SC stellen diese Arithmetik zur Verfügung. Die meisten der in diesem Bande behandelten numerischen Verfahren verlangen diese Arithmetik und benutzen sie.

Auf elektronischen Rechenanlagen werden die exakten arithmetischen Grundoperationen $+, -, *, /$ für reelle Zahlen i. a. durch sog. Gleitpunktoperationen approximiert. Wenn nun ein Benutzer in einer Programmiersprache beispielsweise ein Pluszeichen verwendet, so erwartet er, daß die Maschinenoperation sich zumindest annähernd so verhält wie die entsprechende reelle Operation. Für die Realisierung der Arithmetik auf der Maschine gab es lange Zeit keinen Standard, sodaß unterschiedliche Maschinen auch ein unterschiedliches arithmetisches Verhalten besaßen. Eine Fehleranalyse numerischer Algorithmen wurde dadurch oft erheblich erschwert, wenn nicht unmöglich gemacht.

Heute ist man soweit, daß man die mathematischen Eigenschaften der Arithmetik genau definieren und auch auf Rechnern implementieren kann. Dabei verlangt man u. a. von jeder einzelnen Maschinenoperation, daß ihr Ergebnis von dem der exakten reellen Verknüpfung höchstens um eine Einheit in der letzten Mantissenstelle abweicht. Es sind zahlreiche Rechenanlagen, die diesen Anforderungen genügen, auf dem Markt erhältlich, wie z. B. die Rechner der verbreiteten /370'er Architektur. Für Mikroprozessoren wurde 1985 der sog. IEEE-Standard verabschiedet, der die Realisierung der arithmetischen Grundoperationen im o. g. Sinn zwingend vorschreibt. Die IEEE-Arithmetik ist heute auf fast allen gängigen Mikropozessoren vorhanden.

Mit dem Aufkommen des *Pipeline*-Prinzips Ende der 60-er Jahre, konnte die Rechenzeit zur Ausführung der arithmetischen Operationen teilweise erheblich verkürzt werden. Dies gilt insbesondere für Vektoroperationen, wie komponentenweises Multiplizieren zweier Vektoren oder Summieren der

Komponenten zweier Vektoren. Man kann sagen, daß sich Vektor- und Matrixoperationen durch Pipelining stark beschleunigen lassen. Pipelining bedeutet hierbei, daß gewisse Arbeitsschritte einer Operation überlappend ausgeführt werden, d. h. mit der Verarbeitung der zweiten Operation wird schon begonnen, bevor die erste ganz abgeschlossen ist. Da sich die Pipeline-Technik besonders gut für Vektoroperationen eignet, verwendet man die Begriffe Vektorrechner und Pipline-Rechner häufig synonym. Diese Identifizierung ist jedoch nicht gerechtfertigt. Ein Vektorrechner sollte natürlich alle Vektoroperationen in den üblichen linearen Räumen maximal, d. h. bis auf eine Einheit der letzten Stelle genau, ausführen. Bedauerlicherweise ist dies bei den auf dem Markt erhältlichen Anlagen in der Regel nicht der Fall. Weiter unten wird anhand eines Beispiels gezeigt, daß die mit einem Vektorrechner erzielten Ergebnisse einfachster numerischer Berechnungen völlig falsch sein können.

Die Definition einer sauberen Rechnerarithmetik wurde bereits in früheren Arbeiten angegeben ([13],[16],[18]). Eine solche Arithmetik kann unter Verwendung der Pipeline-Technik auch auf Vektorrechnern realisiert werden. Man fragt sich zunächst, welche Operationen zur Verfügung gestellt werden müssen. Zunächst sind dies die Operationen in den üblichen Vektorräumen, d. h. die Verknüpfungen für die reellen Zahlen $\mathbb{R}$, für Vektoren $V\mathbb{R}$ und Matrizen $M\mathbb{R}$ über $\mathbb{R}$ sowie deren komplexe Gegenstücke $\mathbb{C}$, $V\mathbb{C}$ und $M\mathbb{C}$ (Abb. 1).

$$
\begin{array}{rcrcrcr}
 & & \mathbb{R} & \supset & D & \supset & R \\
 & & V\mathbb{R} & \supset & VD & \supset & VR \\
 & & M\mathbb{R} & \supset & MD & \supset & MR \\
 & & & & & & \\
\mathbb{P}\mathbb{R} & \supset & I\mathbb{R} & \supset & ID & \supset & IR \\
\mathbb{P}V\mathbb{R} & \supset & IV\mathbb{R} & \supset & IVD & \supset & IVR \\
\mathbb{P}M\mathbb{R} & \supset & IM\mathbb{R} & \supset & IMD & \supset & IMR \\
 & & & & & & \\
 & & \mathbb{C} & \supset & CD & \supset & CR \\
 & & V\mathbb{C} & \supset & VCD & \supset & VCR \\
 & & M\mathbb{C} & \supset & MCD & \supset & MCR \\
 & & & & & & \\
\mathbb{P}\mathbb{C} & \supset & I\mathbb{C} & \supset & ICD & \supset & ICR \\
\mathbb{P}V\mathbb{C} & \supset & IV\mathbb{C} & \supset & IVCD & \supset & IVCR \\
\mathbb{P}M\mathbb{C} & \supset & IM\mathbb{C} & \supset & IMCD & \supset & IMCR
\end{array}
$$

Abbildung 1: Die Räume des numerischen Rechnens

Wenn man Ergebnisverifikation mit dem Rechner betreiben will oder scharfe Schranken für Ergebnisse numerischer Probleme berechnen möchte, benötigt man darüberhinaus die zu den 6 Grundräumen gehörigen Intervallräume $I\mathbb{R}, IV\mathbb{R}, IM\mathbb{R}$ und $I\mathbb{C}, IV\mathbb{C}, IM\mathbb{C}$ (vgl. Spalte 2 in Abb. 1). Intervalle bringen insbesondere das Kontinuum auf den Rechner, was mit reiner Gleitkommaarithmetik nicht möglich ist. Sie eignen sich, z. B. um numerisch Existenzbeweise, wie die Existenz von Fixpunkten oder der Inversen einer Matrix, auszuführen. Sie eignen sich natürlich auch, um Ergebnisse numerischer Algorithmen in scharfe Grenzen einzuschließen. Auf eine tiefere Betrachtung der Intervallrechnung soll hier nicht eingegangen werden, es bleibt aber festzuhalten, daß die Intervallräume mit in die Betrachtungen einbezogen werden müssen.

Die über den reellen Zahlen $\mathbb{R}$ gegebene Ordnungsrelation $\leq$ läßt sich auf Elemente der restlichen 5 Grundräume $V\mathbb{R}, M\mathbb{R}, \mathbb{C}, V\mathbb{C}, M\mathbb{C}$ komponentenweise übertragen. Man definiert z. B. für zwei Vektoren $a, b \in V\mathbb{R}$ mit $a = (a_i)$ und $b = (b_i)$

$$a \leq b \;:\Leftrightarrow\; \bigwedge_i a_i \leq b_i.$$

Für die komplexen Zahlen führt man analog die Ordnung $\leq$ ein, indem man sie als 2-dimensionale Vektoren auffaßt. Nachdem nun alle 6 Grundräume mit der Ordnungsrelation $\leq$ versehen sind, gibt es in jedem dieser Räume Elemente, die miteinander vergleichbar sind. Für $a \leq b$ definert man das zugehörige Intervall $[a, b]$ als

$$[a, b] := \{x \mid a \leq x \leq b\}.$$

Auf diese Weise kann man Intervalle über $\mathbb{R}, V\mathbb{R}, M\mathbb{R}, \mathbb{C}, V\mathbb{C}, M\mathbb{C}$ bilden und gelangt so zu den Intervallräumen $I\mathbb{R}, IV\mathbb{R}, IM\mathbb{R}, I\mathbb{C}, IV\mathbb{C}, IM\mathbb{C}$, welche die Spalte 2 in Abbildung 1 vervollständigen.

Jeder numerische Algorithmus ist in einem oder in mehreren der Räume der Spalte 2 definiert. Leider kann man diese Algorithmen auf einem Rechner nicht ausführen, da die Räume unendlich viele Elemente enthalten, welche auf dem Rechner nicht darstellbar sind. Im Rechner sind nur Teilmengen dieser Räume darstellbar. In den Spalten 3 und 4 in Abbildung 1 sind die auf einem Rechner darstellbaren Teilräume der Räume der Spalte 2 aufgeführt. Man kann sich die Symbole $D$ und $R$ als die auf einer Maschine verfügbaren doppelt- bzw. einfachlangen Gleitpunktzahlen vorstellen.

Unter Rechnerarithmetik versteht man nun die Menge der inneren Verknüpfungen, die innerhalb der Mengen aus Spalte 3 oder 4 zu erklären sind, zuzüglich der äußeren Verknüpfungen, die zwischen Elementen aus unterschiedlichen Räumen (Multiplikation mit Skalaren, Matrix/Vektor-Multiplikation etc.) anfallen. Diese einer sauberen Definition genügenden Operationen werden in den Programmiersprachen PASCAL-SC und FORTRAN-SC zur Verfügung gestellt. In PASCAL-SC sind dies - weil es nur einfachlange Gleitkommazahlen gibt - ca. 600 vordefinierte Operationen, während man in FORTRAN-SC wegen der einfach- und doppeltlangen Formate für Gleitpunktzahlen bereits auf ca. 1500 vordefinierte Verknüpfungen kommt.

In beiden Sprachen liefern die zur Verfügung gestellten Operatoren die Ergebnisse mit maximaler Genauigkeit, d. h. das Gleitkommaergebnis weicht vom tatsächlichen Ergebnis höchstens um eine Einheit in der letzten Mantissenstelle (1 ulp) ab. Aufgrund des sowohl in PASCAL-SC als auch in FORTRAN-SC existierenden Operatorkonzepts kann der Benutzer die Verknüpfungen in den Räumen aus Spalte 3 und 4 von Abbildung 1 einfach durch Verwendung der Standardoperatorzeichen $+, -, *, /$ aufrufen.

Bei der Definition dieser Verknüpfungen in den Maschinenräumen muß man nun so vorgehen, daß ein Werkzeug entsteht, das man hinterher im mathematischen Sinne streng handhaben kann. Bekannt sind zunächst nur die Verknüpfungen in einigen Räumen der Spalte 2 von Abbildung 1. In den Räumen der beiden letzten Spalten, also auf der Maschine, müssen die Verknüpfungen noch erklärt werden. Auch in den Intervallräumen (Zeilen 4 - 6 und 10 - 12) müssen die Verknüpfungen noch erklärt werden. Hierzu kann man zunächst einmal die Verknüpfungen auf die Potenzmengen (Spalte 1 in Abb. 1) ausdehnen. Die Potenzmenge einer Menge ist die Menge aller Teilmengen. Nimmt man z. B. die Menge der komplexen Zahlen, so sind in Abbildung 2 die Mengen $\{x\}, \{x, y\}$ oder $A$ Elemente der Potenzmenge.

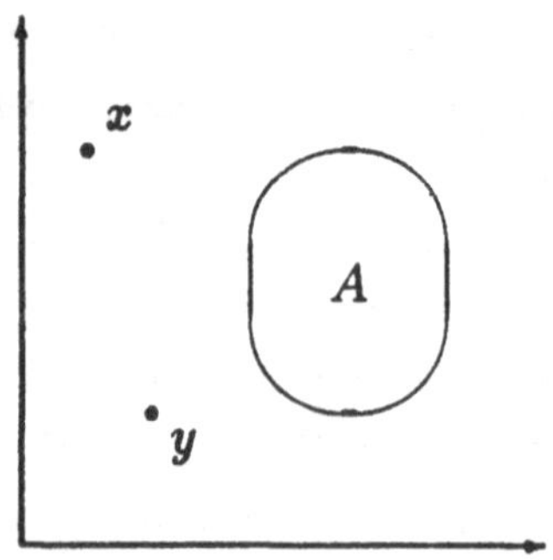


Abbildung 2: Zur Potenzmenge

Die Ausdehnung einer Operation auf die Potenzmenge geschieht bekanntlich folgendermaßen. Ist $M$ eine der Mengen $\mathbb{R}, V\mathbb{R}, M\mathbb{R}, \mathbb{C}, V\mathbb{C}, M\mathbb{C}$ und $*$ eine der in $M$ erklärten Verknüpfungen, so wird die entsprechende Potenzmengenoperation $*$ in $\mathbb{P}M$ definiert durch

$$\bigwedge_{X,Y \in \mathbb{P}M} X * Y := \{x * y \mid x \in X \wedge y \in Y\}.$$

Die Verknüpfung innerhalb der Potenzmenge wird somit zurückgeführt auf die elementweise Verknüpfung in der Grundmenge, welche bekannt ist. Somit sind in Abbildung 1 jeweils Verknüpfungen in der Menge ganz links in jeder Zeile erklärt. Diese Verknüpfungen müssen nun in den Teilräumen rechts davon approximiert werden.

Dieser Übergang von links nach rechts in jeder Zeile und im ganzen Schema von Abbildung 1 erfolgt nun mittels einer abstrakten mathematischen Formulierung. Dabei bemüht man sich die approximierenden Verknüpfungen möglichst genau zu erhalten. Bei existierenden Arithmetiken auf Rechenanlagen ist dies bei weitem nicht immer der Fall. Die Numerik arbeitet jedoch ständig in den Maschinenräumen mit Vektoren, Matrizen oder komplexen Zahlen. Eine sorgfältige Vorgehensweise ist also angebracht.

Zum Vergleich der herkömmlichen Vorgehensweise mit der hier vorgeschlagenen Definition der Arithmetik soll ein kleiner Ausschnitt aus Abbildung 1 dienen mit den reellen Zahlen, den Gleitkommazahlen, den komplexen Zahlen, den komplexen Gleitkommazahlen, den reellen Matrizen und den reellen Gleitkommamatrizen. Bei der herkömmlichen Definition der Rechnerarithmetik geht man von folgender Überlegung aus. Die Formeln, mit denen die Arithmetik für komplexe Zahlen bzw. reelle Matrizen auf die Arithmetik der reellen Zahlen zurückgeführt werden, sind bekannt; diese Formeln werden nun mit der gegebenen Gleitkommaarithmetik in $R$ ausgeführt. Dies ist per Definition die Arithmetik für die komplexen Gleitkommazahlen bzw. für die Gleitkommamatrizen (Abb. 3).

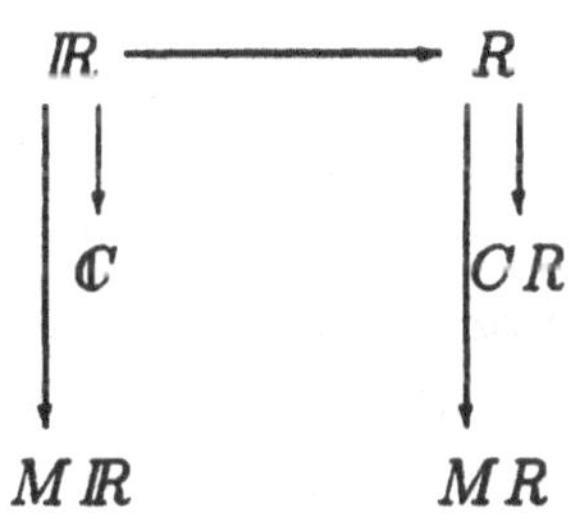


Abbildung 3: Herkömmliche Definition der Rechnerarithmetik

In Formeln bedeutet dies z. B. für die Multiplikation zweier komplexer Gleitkommazahlen $\alpha = \alpha_1 + i\alpha_2$ und $\beta = \beta_1 + i\beta_2$ :

$$\alpha \boxdot \beta := (\alpha_1 \boxdot \beta_1 \boxminus \alpha_2 \boxdot \beta_2,\ \alpha_1 \boxdot \beta_2 \boxplus \alpha_2 \boxdot \beta_1).$$

$\boxplus$, $\boxminus$ und $\boxdot$ auf der rechten Seite sind dabei die in $R$ gegebenen Gleitkommaverknüpfungen.

Für die Multiplikation zweier Gleitkommamatrizen $A = (a_{ij})$ und $B = (b_{ij})$ bedeutet dies entsprechend:

$$A \boxdot B = \left( \boxed{\sum_{k=1}^{n}} a_{ik} \boxdot b_{kj} \right).$$

$\boxdot$ und $\boxed{\sum}$ sind dabei wieder gerundete Maschinenoperationen. Bei der Skalarproduktbildung im Falle dieser Matrixmultiplikation werden $n$ Produkte gebildet und $n-1$ Additionen durchgeführt, d. h. es wird $2n-1$ mal gerundet. Zwei einfache Beispiele sollen zeigen, daß diese Art der Arithmetik schnell zu falschen Ergebnissen führen kann.

Zunächst soll das Skalarprodukt der beiden Gleitkommavektoren

$$x = \begin{pmatrix} 10^{20} \\ 1223 \\ 10^{24} \\ 10^{18} \\ 3 \\ -10^{21} \end{pmatrix} \quad \text{und} \quad y = \begin{pmatrix} 10^{30} \\ 2 \\ -10^{26} \\ 10^{22} \\ 2111 \\ 10^{19} \end{pmatrix}$$

gebildet werden. Das exakte Ergebnis ist

$$X \cdot Y = 10^{50} + 2446 - 10^{50} + 10^{40} + 6333 - 10^{40} = 8779.$$

Bei Verwendung der herkömmlichen Rechnerarithmetik ergibt sich als Ergebnis aber zwangsläufig die Null. Der Grund dafür liegt darin, daß die größten Datenformate, die in heutigen Rechnern benutzt werden im *extended*-Format etwa 34 dezimale Ziffern zur Verfügung stellen. Mit 34 Ziffern läßt sich diese Summe aber nicht korrekt ausrechnen. Man bräuchte dazu 50 Ziffern. Folglich wird bei der ersten Addition auf dem Rechner der zweite Summand vernachlässigt. Das Ergebnis der ersten Summation ist damit $10^{50}$. Die nächste Addition reduziert die Summe auf die Größenordnung des vernachlässigten Summanden und wir haben bereits ein völlig falsches Ergebnis. Derselbe Effekt wiederholt sich dann noch einmal. Dieser Effekt entsteht dadurch, daß die verwendeten Daten von unterschiedlicher Größenordnung sind. Der größte Exponentenunterschied beträgt 30. Das ist nicht viel, wenn man daran denkt, daß kleine Rechner heute bereits einen Exponentenbereich von −300 bis +300 bereitstellen. Vektorrechner oder Supercomputer erlauben teilweise einen Exponentenbereich von mehr als −2000 bis +2000. Das so etwas heute noch auftritt, ist völlig unnötig. Bei Verwendung einer geeigneten Arithmetik läßt sich dies ohne weiteres verhindern.

Wir betrachten jetzt ein Beispiel, in dem die Daten sich im Exponenten nur wenig unterscheiden. Es sollen die beiden Zahlen

$$x = 0.10005 \times 10^5$$

und

$$y = -0.99973 \times 10^4$$

addiert werden. Nach der üblichen Exponentenanpassung, Ausführung der Subtraktion, Normalisierung und Rundung

$$\begin{array}{rr} & 0.1000500 \times 10^5 \\ & -0.0999730 \times 10^5 \\ \hline = & 0.0000770 \times 10^5 \\ = & 0.7700000 \times 10^1. \end{array}$$

erhält man also $0.77 \times 10^1$, wobei kein Fehler gemacht und auch nicht gerundet wurde. Wir nehmen nun einmal an, daß $x$ und $y$ gerundete Produkte aus früheren Multiplikationen sind, also etwa

$$\begin{array}{rclcrcr} x & = & \square(x_1 * x_2) & \text{mit} & x_1 * x_2 & = & 0.1000548241 \times 10^5 \\ y & = & \square(y_1 * y_2) & \text{mit} & y_1 * y_2 & = & -0.9997342213 \times 10^4 \end{array}$$

Addiert man nun zum Vergleich einmal die ungerundeten Produkte , normalisiert und rundet dann auf 5 Stellen, so erhält man

$$\begin{array}{rr} & 0.10005482410 \times 10^5 \\ & -0.09997342213 \times 10^5 \\ \hline = & 0.00008140197 \times 10^5 \\ = & 0.81401970000 \times 10^1 \end{array}$$

$$\Rightarrow \square(x_1 * x_2 + y_1 * y_2) = 0.81402 \times 10^1.$$

Dies ist das maximal genaue Ergebnis. Es ist nur ein einziges Mal gerundet worden. Man sieht, daß auch erhebliche Fehler auftreten können, wenn die Daten nahe beisammen liegen. Natürlich hätte auch der zweite Rechenprozeß, welcher auf das korrekte, nur einmal gerundete Ergebnis führt, auf einem Rechner ausgeführt werden können.

In beiden Beispielen wurden Skalarprodukte berechnet. Sie können häufig nur dann maximal genau berechnet werden, wenn am Schluß nur einmal gerundet wird. Dies ist bereits ein Hinweis auf die Methode, mit der maximale Genauigkeit auch für die Verknüpfungen in den Produkträumen erreicht werden kann.

Man rechnet praktisch zunächst in den Räumen des Elementes ganz links in jeder Zeile von Abbildung 1 und rundet dann in das Raster der Gleitkommazahlen bzw. der zugehörigen Produkträume (Abb. 4).

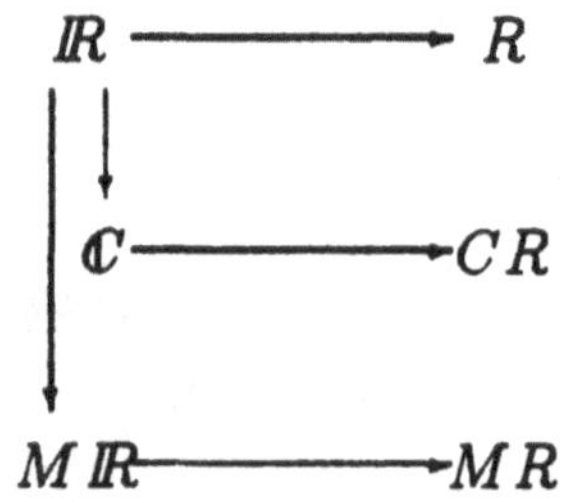


Abbildung 4: Definition der Rechnerarithmetik mittels Semimorphismus

Die gerundeten Operationen werden dabei in allen Teilräumen der Abbildung 1 mittels eines Semimorphismus $\square : M \to N \, (N \subset M)$ definiert durch

$$\text{(RG)} \qquad a \boxdot b := \square(a \circ b) \quad \text{für alle} \quad a, b \in N \text{ und } \circ \in \{+, -, *, /\}.$$

D. h. $a \boxdot b$ wird so berechnet als ob $a$ und $b$ zunächst in der Grundmenge $M$ verknüpft werden und das Ergebnis anschließend nach $N$ gerundet wird. Diese verallgemeinerte Rundung $\square$ soll noch die folgenden weiteren Eigenschaften besitzen

$$\text{(R1)} \qquad \bigwedge_{a \in N} \square a = a \qquad \text{(Projektion)}$$

$$\text{(R2)} \qquad \bigwedge_{a,b \in M} a \leq b \Rightarrow \square a \leq \square b \qquad \text{(Monotonie)}$$

$$\text{(R3)} \qquad \bigwedge_{a \in M} \square(-a) = -\square a \qquad \text{(Antisymmetrie)}$$

und falls $M$ ein Intervallraum ist

$$\text{(R4)} \qquad \bigwedge_{a \in M} a \subseteq \square a \qquad \text{(nach oben gerichtet)}$$

Man kann nun zeigen, daß die so definierten Verknüpfungen $\boxdot$ maximal genau sind, daß also zwischen dem exakten Ergebnis in $M$ und der Approximation in $N$ kein weiteres Element von $N$ liegt. Es seien $\alpha$ und $\beta$ zwei benachbarte Elemente von $N$ und $a, b \in N$ mit $\alpha \leq a \circ b \leq \beta$ (Abb. 5). Wendet man nun (R2) an so folgt $\square\alpha \leq \square(a \circ b) \leq \square\beta$, außerdem folgt mit (R1) wegen $\alpha, \beta \in N$ sofort $\alpha \leq \square(a \circ b) \leq \beta$. Schließlich liefert (RG) $\alpha \leq a \boxdot b \leq \beta$, also ist entweder $a \boxdot b = \alpha$ oder $a \boxdot b = \beta$, d. h. $\boxdot$ ist maximal genau.

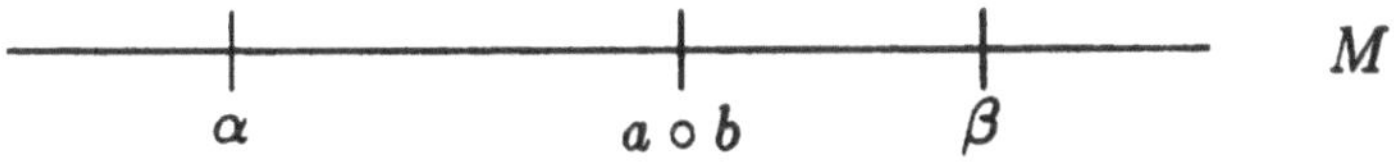


Abbildung 5: Zur maximalen Genauigkeit

Für die Beispiele von Seite 6 mit den komplexen Gleitkommazahlen $\alpha$ und $\beta$ und den Gleitkommamatrizen $A$ und $B$ ergibt sich mit der neuen Definition der arithmetischen Verknüpfungen mittels Semimorphismus:

$$\begin{aligned}
\alpha \boxast \beta = \square(\alpha * \beta) &= \square(\alpha_1 * \beta_1 - \alpha_2 * \beta_2, \alpha_1 * \beta_2 + \alpha_2 * \beta_1) \\
&= (\square(\alpha_1 * \beta_1 - \alpha_2 * \beta_2),\ \square(\alpha_1 * \beta_2 + \alpha_2 * \beta_1)), \\
A \boxast B = \square(A * B) &= \square(\sum_{k=1}^{n} a_{ik} * b_{kj}) = (\square \sum_{k=1}^{n} a_{ik} * b_{kj}).
\end{aligned}$$

Um die mittels Semimorphismus erklärten Verknüpfungen zu realisieren, müßte rein formal zunächst die Verknüpfung in der Grundmenge ausgeführt werden. Dies ist auf dem Rechner in der Regel aber nicht durchführbar. Man verschafft sich daher mit Ersatzoperationen $\tilde{\circ}$ ein Ergebnis, für das gilt:

$$a \boxdot b := \square(a \circ b) = \square(a \,\tilde{\circ}\, b).$$

Dieser Prozeß ist in allen Fällen der Abbildung 1 durchführbar. Auf die Realisierung kann hier jedoch nicht weiter eingegangen werden (siehe dazu [16]).

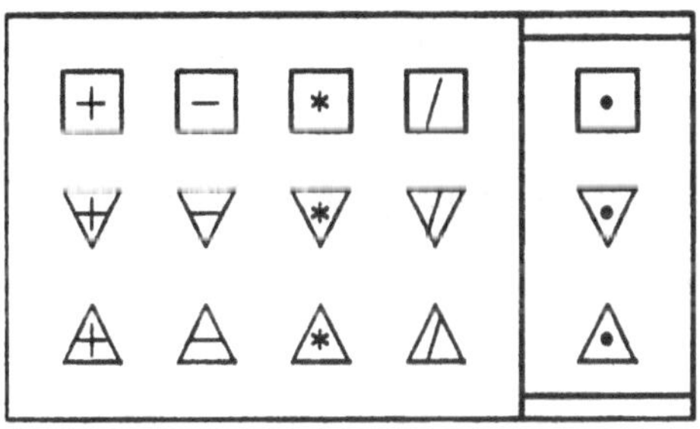

Abbildung 6: Die 15 Grundoperationen

Um alle Verknüpfungen in den Räumen der Abbildung 1 maximal genau zur Verfügung stellen zu können, benötigt man auf unterstem Niveau 15 Operationen (Abb. 6). Alle anderen Operationen lassen sich damit aufbauen. In

Abbildung 6 bezeichnet $\triangle$ bzw. $\bigtriangledown$ die Rundung zur nächstgrößeren bzw. zur nächstkleineren Gleitkommazahl. Die Verknüpfungen mit den gerichteten Rundungen sind zu den Verknüpfungen von Gleitkommaintervallen äquivalent. Der linke Block mit den normalen Gleitkomma- und Intervalloperationen wurde erstmals 1967 auf einem ZUSE Z23-Rechner in Software implementiert und 1968 auf einer Anlage ELEKTROLOGIKA X8 sogar in Hardware realisiert. Beide Versionen wurden durch ein erweitertes ALGOL unterstützt. In den IEEE-Gleitkommaarithmetik-Standard wurden ebenfalls diese 12 Operationen mit maximaler Genauigkeit aufgenommen ([1],1985).

Es zeigt sich aber, daß auch diese Arithmetik für viele Anwendungen wie auch zum Aufbau aller Verknüpfungen in den Räumen der Abbildung 1 mit maximaler Genauigkeit nicht ausreicht. Sie muß vielmehr noch durch die drei Skalarprodukte (Abb. 6) und weitere programmiersprachliche Hilfsmittel ergänzt werden. Die folgende Auflistung zeigt seit wann, wo und in welcher Form solche Hilfsmittel inzwischen zur Verfügung stehen. Die Hinzunahme der drei maximal genauen Skalarprodukte als Grundoperationen ist das wesentliche zusätzliche Merkmal dieser Werkzeuge.

- **PASCAL-SC** auf **Z80** (1979), Institut für Angewandte Mathematik, Universität Karlsruhe
- **PASCAL-SC** auf **MOTOROLA 68000** (1982), Insitut für Angewandte Mathematik, Universität Karlsruhe [15]
- **PASCAL-SC** auf IBM-PC (1983), Institut für Angewandte Mathematik, Universität Karlsruhe [14]
- **Hardware-Einheit** in Bit-Slice Technologie (1984) [21]
- **IBM /370**, Programmprodukt **ACRITH** (1983) [6], [7]
- **IBM 4361** (1983), **9377** (1986), Hardwareunterstützung der ACRITH-OP-Codes [9]
- **SIEMENS**, Programmprodukt **ARITHMOS** (1986) [20]
- **HITACHI-S5-Serie, NAS** (1986), Hardwareunterstützung der ACRITH-OP-Codes
- **FORTRAN-SC** auf **IBM /370** Anlagen (1987) [8]
- **SIEMENS** Systemfamilien **H60** und **H90** mit Scientific Arithmetic Facility (1988), Hardwareunterstützung der ARITHMOS-OP-Codes
- **IBM** Systemfamilie **ES/9370** Modelle 30,50,80 (1988) ACRITH-OP-Codes auf Baustein integriert

Wir skizzieren nun kurz verschiedene Möglichkeiten zur Implementierung des Skalarprodukts. Es bezeichne $R(b, l, e_1, e_2)$ ein Gleitkommasystem zur Basis $b$, mit $l$ Mantissenstellen, dem kleinsten Exponenten $e_1$ und dem größten Exponenten $e_2$. Die Aufgabe besteht darin, für Vektoren $a = (a_i), b = (b_i)$ mit $a_i, b_i \in R(b, l, e_1, e_2)$ das Skalarprodukt $c = a \odot b = \bigcirc \sum_{i=1}^{n} a_i * b_i$ zu berechnen für verschiedene Rundungen $\bigcirc \in \{\square, \triangle, \bigtriangledown\}$. Für die bei der Bildung des Skalarproduktes entstehenden Produkte $c_i := a_i * b_i$ gilt $c_i \in R(b, 2l, 2e_1, 2e_2)$, d. h. die Mantisse ist doppeltlang und der Exponentenbereich verdoppelt sich ebenfalls.

Man kann diese Produkte ohne Rundungsfehler in einem Register der Länge $L = t + 2e_2 + 2l + 2|e_1|$ aufsummieren (Abb. 7). Die Mantisse eines

| $t$ | $2e_2$ | $l$ | $l$ | $2\|e_1\|$ |
|---|---|---|---|---|

Abbildung 7: Langer Akkumulator für Skalarprodukte

Summanden $c_i$, der den Exponenten 0 hat, läßt sich in einem Register der Länge $2l$ darstellen. Ein anderer Summand mit dem Exponenten $k$ läßt sich in dem Register der Länge $L$ ebenfalls zum Exponenten 0 darstellen, falls man die Mantisse um $|k|$ Stellen nach links bzw. nach rechts verschiebt, für $k > 0$ bzw. $k < 0$. Die größten bzw. kleinsten Exponenten, die in den Summanden auftreten können, sind $2e_2$ bzw. $2e_1$, so daß in einem Register der Länge $2e_2 + 2l + 2|e_1|$ alle $c_i$ in einer Art Festpunktdarstellung ohne Informationsverlust dargestellt werden können. Wenn das Register wie ein Akkumulator gebaut ist, können sogar alle Summanden ohne Informationsverlust addiert werden. Ganz links können allerdings Überträge auftreten. Es werden daher $t$ zusätzliche Stellen auf der linken Seite vorgesehen, um eventuell auftretende Überläufe aufzufangen. Für typische Datenformate, wie z. B. das /370-Format, benötigt man für ein solches Register etwa 1200 Bit also nicht sehr viel. Für das PASCAL-SC-Format werden etwa 1600 Bit benötigt, für das IEEE-Format aufgrund des Exponentenbereichs von etwa −300 bis +300 ca. 4000 Bit. Auch das ist nicht viel und ohne weiteres realisierbar.

Liegt solch ein Akkumulator der Länge $L$ vor, so muß man nur die ankommenden Mantissen an die dem Exponenten entsprechende Stelle schieben und zum Akkumulatorinhalt addieren. Wir bezeichnen dies als die Technik mit dem „langem Akkumulator und langem Shift“(Abb. 8).

Tatsächlich aber braucht man keinen so langen Akkumulator der Länge $L$; denn die ankommenden und zu addierenden Summanden sind nur von der Länge $2l$. Unter Verwendung einer anderen Technik kann der lange Akkumulator daher durch einen lokalen Speicher der Größe $L$ und einen Akkumulator

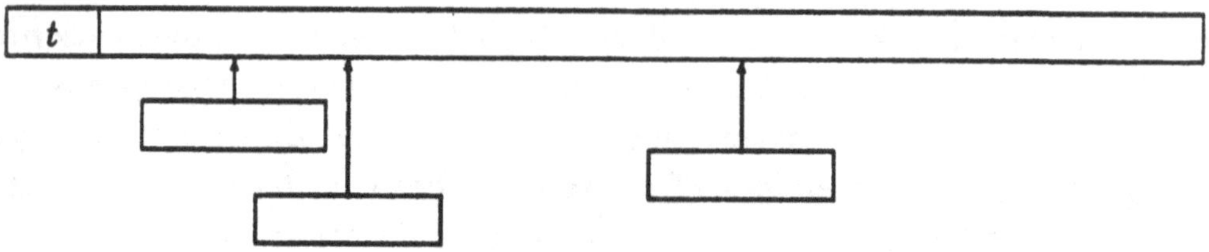


Abbildung 8: Skalarproduktberechnung mit langem Akkumulator und langem Shift

mit Länge $3l + s$ ersetzt werden. Der lokale Speicher wird dabei in Worte der Länge $l$ aufgeteilt. Da die Summanden $c_i$ die Länge $2l$ haben, passen sie in einen Teil des lokalen Speichers der Länge $3l$, der durch den Exponenten von $c_i$ bestimmt wird. Genau dieser Teil wird für die Addition von $c_i$ zunächst einmal in den Akkumulator geladen. Die Summandenmantisse wird in einem Schieberegister in die korrekte Lage geschoben und dann zum Akkumulatorinhalt addiert. Das Ergebnis wird anschließend wieder in den lokalen Speicher auf der Arithmetikeinheit zurückgeschrieben. Man nennt dies die Technik mit dem „lokalen Speicher und kurzem Akkumulator" (Abb. 9). Eine Addi-

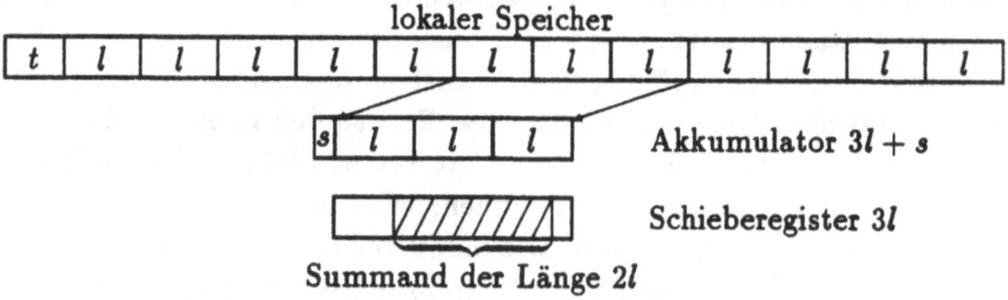


Abbildung 9: Akkumulatortechnik mit lokalem Speicher und kurzem Akku

tion im kurzen Akkumulator kann einen Übertrag verursachen der in den $s$ zusätzlichen Stellen aufgefangen wird. Ein eventuell über diesen Bereich von $s$ Ziffern hinausgehender Übertrag muß durch eine Schleife, also durch eine erneute Addition in ein neues Speicherstück, aufgefangen werden.

Beide Techniken der Skalarproduktbildung lassen sich sehr schnell machen, indem man Pipelinetechniken anwendet. Es ist sogar möglich, dies soweit voranzutreiben, daß die Maschine in jedem Takt ein Produkt und die zugehörige Addition ausführt.

Vektorrechner oder Supercomputer stellen neben den Grundoperationen häufig auch zusammengesetzte Operationen als weitere Grundbefehle zur Verfügung. Allerdings sind diese in der Regel nicht nach dem Prinzip des

Semimorphismus realisiert.

Welche Überraschungen ein Benutzer dadurch erfahren kann, sei an einem Beispiel demonstriert, welches mit einer sehr verbreiteten Anlage, einer CYBER 205, gerechnet wurde. Wir betrachten den einfachen, sehr stabilen Algorithmus

$$z = x - x + y - y,$$

welcher natürlich immer den Wert Null liefern müßte. Es wird $z$ berechnet für $x = 10^i$ und $y = 10^{-i}$ für verschiedene Werte von $i$. Im Skalarmodus der Anlage erhält man den erwarteten Wert Null (Abb. 10). Mit der eingebauten Vektorarithmetik über 128 Bit ist es möglich, nahezu jeden beliebigen Wert für $z$ zu erzeugen wie das Ergebnisprotokoll in Abbildung 10 zeigt. Dies ist ein sicheres Zeichen dafür, daß mit der Arithmetik dieser Anlage irgendetwas nicht in Ordnung ist.

| i | skalar | vektoriell |
|---|---|---|
| 0 | 0.000000000000000E+00 | 0.000000000000000E+00 |
| 1 | 0.000000000000000E+00 | 0.000000000000000E+00 |
| 2 | 0.000000000000000E+00 | 0.000000000000000E+00 |
| 3 | 0.000000000000000E+00 | 0.000000000000000E+00 |
| 4 | 0.000000000000000E+00 | 0.000000000000000E+00 |
| 5 | 0.000000000000000E+00 | 0.000000000000000E+00 |
| 6 | 0.000000000000000E+00 | 0.000000000000000E+00 |
| 7 | 0.000000000000000E+00 | 0.000000000000000E+00 |
| 8 | 0.000000000000000E+00 | -0.677626357803440E-20 |
| 9 | 0.000000000000000E+00 | -0.542101086242752E-19 |
| 10 | 0.000000000000000E+00 | -0.867361737988404E-18 |
| 11 | 0.000000000000000E+00 | -0.693889390390723E-17 |
| 12 | 0.000000000000000E+00 | -0.555111512312578E-16 |
| 13 | 0.000000000000000E+00 | -0.888178419700125E-15 |
| 14 | 0.000000000000000E+00 | -0.710542735760100E-14 |
| 15 | 0.000000000000000E+00 | -0.568434188608080E-13 |
| 16 | 0.000000000000000E+00 | -0.909494701772928E-12 |
| 17 | 0.000000000000000E+00 | -0.727595761418343E-11 |
| 18 | 0.000000000000000E+00 | -0.582076609134674E-10 |
| 19 | 0.000000000000000E+00 | -0.931322574615479E-09 |
| 20 | 0.000000000000000E+00 | -0.745058059692383E-08 |
| 21 | 0.000000000000000E+00 | -0.596046447753906E-07 |
| 22 | 0.000000000000000E+00 | -0.953674316406250E-06 |
| 23 | 0.000000000000000E+00 | -0.762939453125000E-05 |
| 24 | 0.000000000000000E+00 | -0.610351562500000E-04 |
| 25 | 0.000000000000000E+00 | -0.976562500000000E-03 |
| 26 | 0.000000000000000E+00 | -0.781250000000000E-02 |
| 27 | 0.000000000000000E+00 | -0.625000000000000E-01 |
| 28 | 0.000000000000000E+00 | -0.100000000000000E+01 |

| i | skalar | vektoriell |
|---|---|---|
| 29 | 0.000000000000000E+00 | -0.800000000000000E+01 |
| 30 | 0.000000000000000E+00 | -0.640000000000000E+02 |
| 31 | 0.000000000000000E+00 | -0.512000000000000E+03 |
| 32 | 0.000000000000000E+00 | -0.819200000000000E+04 |
| 33 | 0.000000000000000E+00 | -0.655360000000000E+05 |
| 34 | 0.000000000000000E+00 | -0.524288000000000E+06 |
| 35 | 0.000000000000000E+00 | -0.838860800000000E+07 |
| 36 | 0.000000000000000E+00 | -0.671088640000000E+08 |
| 37 | 0.000000000000000E+00 | -0.536870912000000E+09 |
| 38 | 0.000000000000000E+00 | -0.858993459200000E+10 |
| 39 | 0.000000000000000E+00 | -0.687194767360000E+11 |
| 40 | 0.000000000000000E+00 | -0.549755813888000E+12 |
| 41 | 0.000000000000000E+00 | -0.879609302220800E+13 |
| 42 | 0.000000000000000E+00 | -0.703687441776640E+14 |
| 43 | 0.000000000000000E+00 | -0.562949953421312E+15 |
| 44 | 0.000000000000000E+00 | -0.900719925474099E+16 |
| 45 | 0.000000000000000E+00 | -0.720575940379279E+17 |
| 46 | 0.000000000000000E+00 | -0.576460752303423E+18 |
| 47 | 0.000000000000000E+00 | -0.922337203685478E+19 |
| 48 | 0.000000000000000E+00 | -0.737869762948382E+20 |
| 49 | 0.000000000000000E+00 | -0.590295810358706E+21 |
| 50 | 0.000000000000000E+00 | -0.944473296573929E+22 |

Abbildung 10: Ergebnislisting zur Berechnung von $z = x - x + y - y$ für $x = 10^i$ und $y = 10^{-i}$

Das Problem, um das es hier geht, besteht darin, daß über die Genauigkeit der schnellen, hochgradig gepipelineten Vektoroperationen dem Benutzer nichts bekannt ist. Um hohe Ausführungsgeschwindigkeit zu erzielen, fügt der sog. vektorisierende Compiler die gepipelineten, zusammengesetzten Grundoperationen in den Benutzeralgorithmus ein so oft es eben geht. Der Benutzer weiß gar nicht, wann welche Operation tatsächlich ausgeführt wird. Er kann daher sehr schnell die Kontrolle über seine Rechnung verlieren. Man muß daher bei diesen Anlagen fordern, daß auch die zusammengesetzten Operationen mit höchster Genauigkeit realisiert werden.

In [10] wird die Beschreibung der Berechnung des Skalarprodukts auf Vektoreinheiten (multiply and accumulate) am Ende zusammengefasst mit dem Satz: *"The partial-sum technique produces a result which is precisely defined!"* Dieser Satz sagt im Grunde überhaupt nichts aus, denn es wäre schlimm, wenn das Ergebnis einer Rechnung nicht präzise definiert, nicht reproduzierbar wäre. Eigentlich sollte das Ende dieses Satzes lauten: *" ... which is always precise!"* Letzteres aber kann mit der beschriebenen

Methode nicht garantiert werden. Ein unbefangener Benutzer, welcher diesen Satz liest, bemerkt den Unterschied in der Bedeutung fast nicht. Die Gesellschaft für Angewandte Mathematik und Mechanik (GAMM), hat daher 1987 eine Resolution verabschiedet, in der praktisch gefordert wird, daß diese zusätzlichen Vektorrechneroperationen, sofern sie als zusätzliche Elementaroperationen zur Verfügung gestellt werden, mit höchster Genauigkeit ausgeführt werden (siehe Anhang, S. 25).

Geht man einmal genügend weit in die Vergangenheit zurück, so findet man tatsächlich frühe Vektorrechner auf elektromechanischer Basis (Abb. 11), welche die 15 Operationen aus Abbildung 6 sehr langsam, aber maximal genau zu berechnen gestatteten.

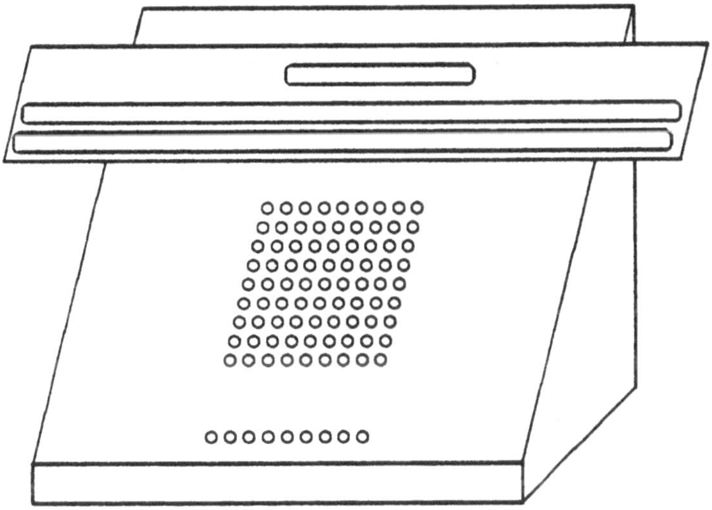

Abbildung 11: Früher Vektorrechner

Die Grundlage dafür bildet ein verschiebbarer Akkumulatorwagen mit zwei Ergebnisregistern, der es ermöglicht, die ankommenden Summanden an der richtigen Stelle in die Ergebnisregister zu addieren. Bei einer Multiplikation zum Beispiel geschieht dies automatisch, indem nach jeder ziffernweisen Multiplikation des einen Faktors der Wagen automatisch um eine Stelle nach rechts springt. Auch Summen von Produkten lassen sich damit fehlerfrei berechnen.

Dieser frühe Vektorrechner arbeitet also praktisch mit dem Prinzip des langen Akkumulators und dem langen Shift. Will man nun ein solches Verfahren für die Berechnung des Skalarprodukts schnell machen, so bedeutet dies vor allem, daß man die Addition in den Akkumulator schnell machen muß. Produkte schnell durchzuführen ist heutzutage unter Verwendung von Pipelinetechniken kein Problem. Dazu gibt es schnelle Techniken, welche unter dem Stichwort „Wallace Tree“ bekannt sind und in einer Pipeline praktisch in jedem Takt ein Produkt liefern. Man muß dann natürlich in jedem Takt auch ein solches Produkt aufsummieren können um die Operation „Skalarprodukt“ insgesamt schnell zu machen.

Wie bereits erwähnt ist der Akkumulator mindestens 1000 Bit lang. Realisiert man das Aufaddieren mittels eines einzigen Paralleladdierers (Abb. 12 oben), so wird der Vorgang aufgrund der Breite des Addierers zu lange dauern. Es ist daher zweckmäßig, den Addierer in kurze Teilstücke aufzuteilen, über deren Breite eine Paralleladdition in einem Maschinentakt ausgeführt werden kann. In zusätzlichen Übertragsregistern (CY) werden die Überträge der Teilstückadditionen aufgefangen und im nächsten Takt zum nächsthöherwertigen Addierer hinzugenommen. Ein solcher Teiladdierer hat also drei Eingänge S, AC und CY sowie zwei Ausgänge AC und CY (Abb. 12 unten).

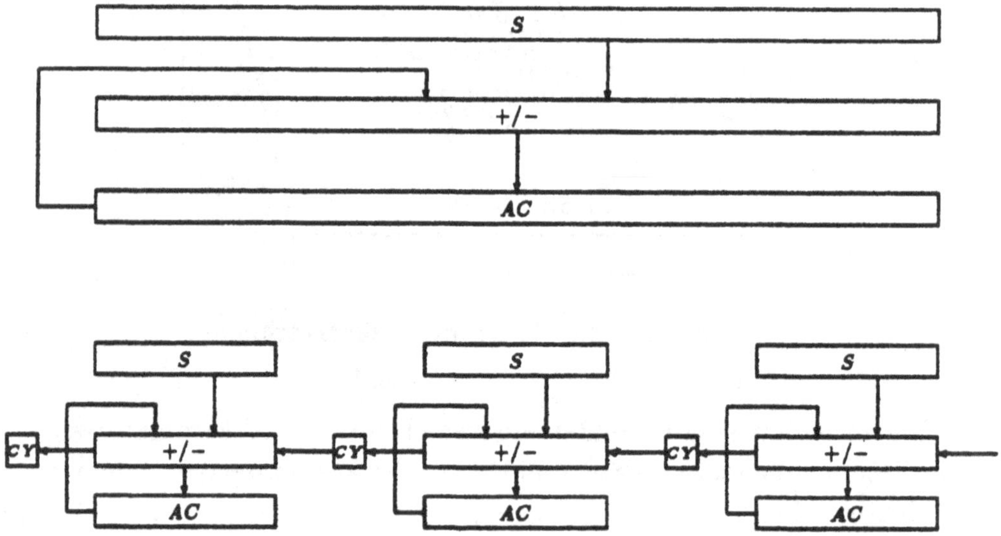


Abbildung 12: Paralleladdierer in kompakter und aufgeteilter Form

Abbildung 13 zeigt wie diese Aufteilung für den langen Akkumulator durchgeführt wird. Dieser wird zunächst von $L = t + 2e_2 + 2l + 2|e_1|$ auf $S$ Ziffern verbreitert und zwar so, daß $S$ ganzzahlig teilbar durch die Länge $a$

der Teilakkumulatoren ist, über deren Breite eine Paralleladdition in einem Takt ausgeführt werden kann. Der gesamte Addierer wird nun als eine Art Matrix angeordnet mit $c$ Teiladdierern der Länge $a$ in einer Zeile und $r$ solcher Zeilen. $S$ muß daher so gewählt werden, daß es auch durch $r$ und $c \cdot a$ teilbar ist. Es muß ferner $c \cdot a > 2l$ gelten, also die Länge einer Zeile muß größer als die Länge der ankommenden Summanden sein. Die Wertigkeit der einzelnen Ziffern steigt von rechts nach links und von oben nach unten.

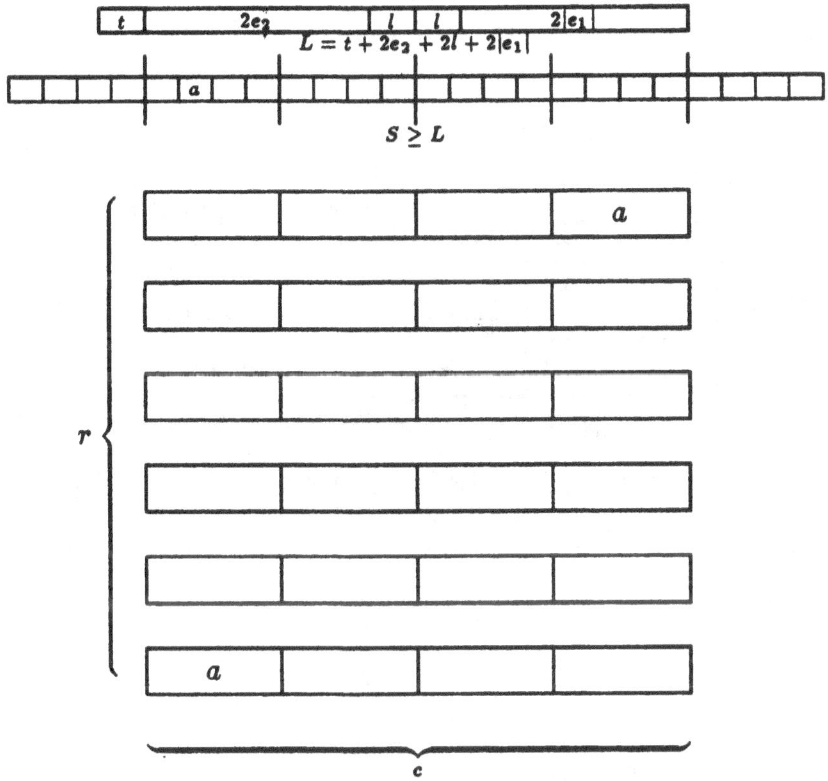


Abbildung 13: Entstehung der Summationsmatrix

Abbildung 14 zeigt den Aufbau der kompletten Summationsmatrix mit den $r \cdot c$ Addierern. Oben rechts befindet sich die am wenigsten signifikante Ziffer, unten links die am meisten signifikante. Jeder ankommende Summand muß entsprechend seinem Exponenten an der richtigen Stelle der Summationsmatrix aufaddiert werden. Dazu wird dieser zunächst so geshiftet, daß die Addition in einer der Zeilen durchgeführt werden kann, d. h. der Summand wird so verschoben, daß die höchstwertige Ziffer über der Stelle mit der gleichen Wertigkeit in der Summationsmatrix steht. Dies erfolgt in einem Ringshift, d. h. der Teil des Summanden, der über das rechte Ende des Schieberegisters hinaus geschoben wird, wird am linken Ende wieder eingeschoben. Anschließend wird der Summand in $c$ unabhängige Teile der Länge $a$ aufgeteilt und jedes Teilstück mit einer Exponentenkennung entsprechend seiner Wertigkeit versehen. Die Teiladdierer in der Matrix tragen ebenfalls solche Kennungen.

Der Summand „tropft" nun durch die Summationsmatrix hindurch, wobei er in jedem Takt um eine Zeile weitergegeben wird. Stimmt die Exponentenkennung eines Teilstücks mit dem des Transferregisters bzw. des Teiladdierers überein, so wird die Addition in diesem Teiladdierer ausgeführt. Ein eventuell auftretender Übertrag wird vom Carry-Register CY aufgefangen

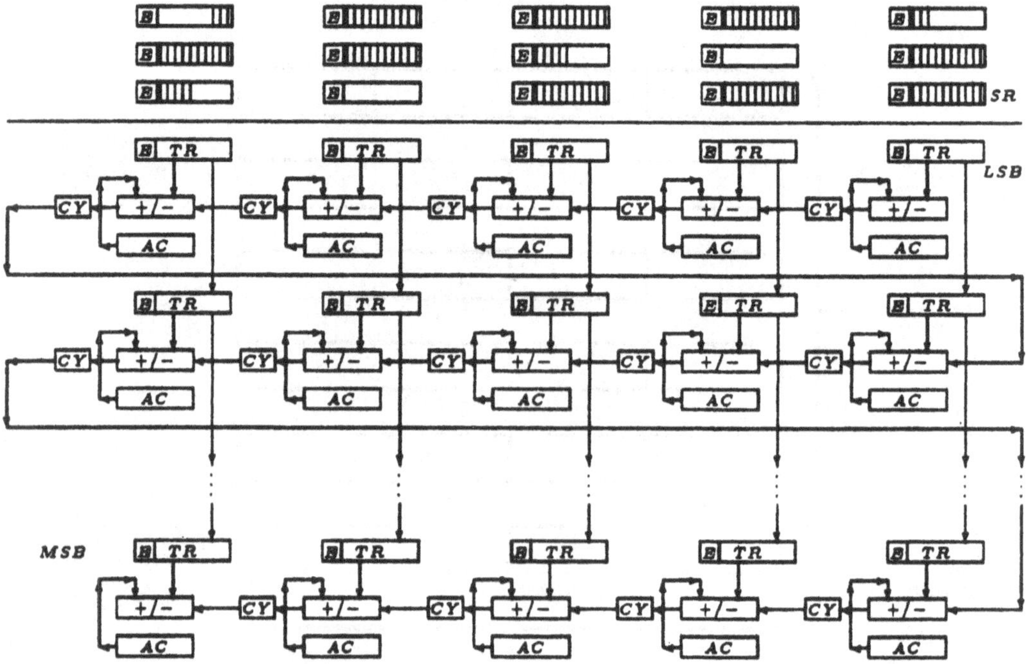


Abbildung 14: Summationsmatrix bestehend aus $h = c \cdot r$ unabhängigen Addierern. $E$: Exponentenkennungsregister, $SR$: Schieberegister, $TR$: Transferregister, $AC$: Akkumulatorregister, $CY$: Übertragsregister

und im nächsten Takt zum Inhalt des nächsthöherwertigen Teiladdierers addiert.

Die globale Organisation dieser Vorgehensweise ist nochmals in Abbildung 15 dargestellt. Der vom Multiplizierer gelieferte Summand wird aufgespalten in Vorzeichen, Exponent und Mantisse. Vorzeichen und Exponent gehen an die Kontrolleinheit, die Mantisse wird in einer schnellen Schiebeeinheit zurechtgeschoben und auf Transfereinheiten expandiert. Danach „tropft“ der Summand durch die Summationsmatrix und wird dort aufsummiert. Abschließend wird das Ergebnis gerundet.

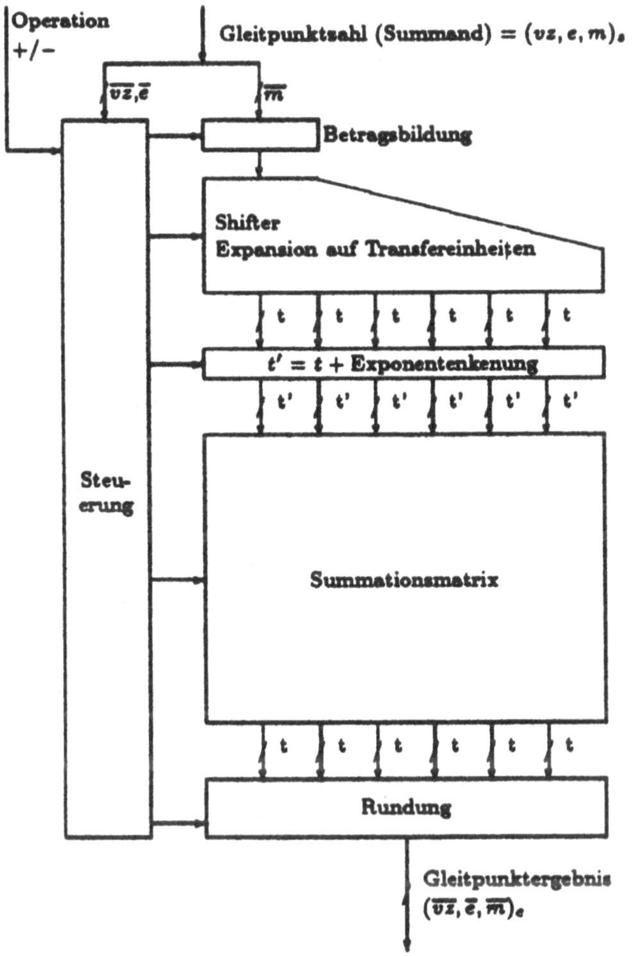


Abbildung 15: Gesamtstruktur der Schaltungsanordnung

Vergleicht man den Schaltungsaufwand für eine solche Summationsmatrix mit dem Aufwand für den Wallace Tree, welcher für schnelle Multipliziertechniken verwendet wird, so ergibt sich für die Summationsmatrix ein geringerer Schaltungsaufwand. Für Rechner der /370-Architektur mit einem doppeltlangen Format von 14 hexadezimalen Stellen und einem Exponentenbereich von $-64$ bis $+63$ benötigt man für die Multiplizierschaltung beispielsweise 12 Carry-Save-Addierer (CSA) für jeweils 15-stellige Additionen (Multiplikation einer 14-stelligen Mantisse mit einer Ziffer ergibt ein 15-stelliges Produkt). Insgesamt erhält man so eine Schaltung über $15 \cdot 12 = 180$ hexadezimale Ziffern, also 720 Bit (Abb. 16).

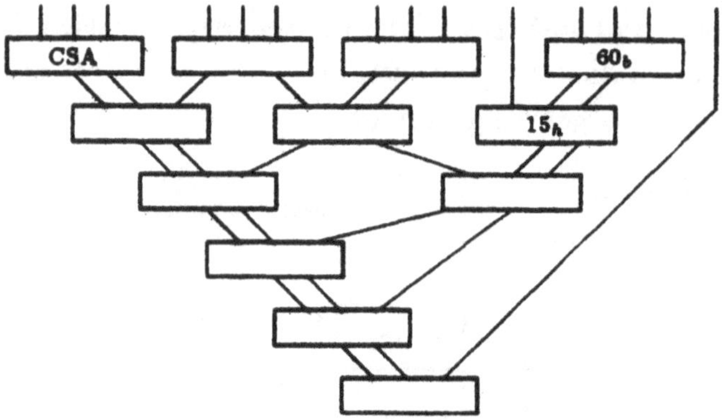


Abbildung 16: Schema für den Wallace Tree im /370-Format

Für eine Summationsmatrix, deren Akkumulatorlänge bei Erfassung des einfachen Exponentenbereiches etwas größer sein müßte als $64 + 28 + 63 = 155$, könnte man z. B. vier Zeilen à 42 hexadezimale Ziffern anlegen, also insgesamt 168 hexadezimale Ziffern bzw. 672 Bit (Abb. 17). D. h. die Summationsmatrix im /370-Format benötigt bei Erfassung des einfachen Exponentenbereiches weniger Schaltungsaufwand als der Wallace Tree. Damit lassen sich alle Skalarprodukte, welche mit dem /370-Format überhaupt behandelt werden können, korrekt aufsummieren.

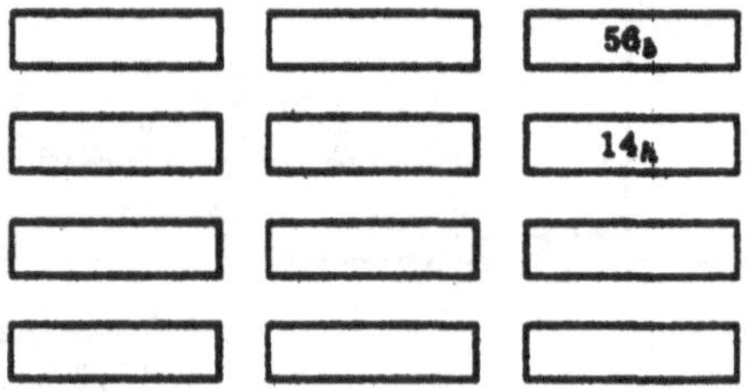


Abbildung 17: Schema der Summationsmatrix im /370-Format

Noch sparsamer ist die Technik mit dem kurzen Akkumulator und dem lokalen Speicher. Die Groborganisation ist bei dieser Technik ähnlich wie bei der ersten Methode (Abb. 18). Der von der Multiplikationspipeline erzeugte Summand wird von einem schnellen Schieber zurechtgeschoben und der Summationsprozess gliedert sich wieder in Zeilen und Spalten, die ganz ähnlich zustande kommen. Allerdings wird jetzt nur noch eine Zeile als Addierer ausgelegt. Die eigentliche Information wird in einem lokalen auf der Arithmetikeinheit untergebrachten Speicher gehalten. Während des Additionsprozesses dürfen die Spalten nicht in Verbindung stehen. Jede Speicherzelle muß deshalb durch einen Übertragszähler ergänzt werden. Die Überträge werden erst dann abgearbeitet, wenn keine neuen Summanden mehr ankommen. Der Addititonsvorgang in der einzelnen Spalte besteht aus den üblichen drei Stufen: Lesen der Operanden, Addieren, Speichern des Ergebnisses. Alle drei Stufen müssen gleichzeitig aktiv sein (Pipelinetechnik). Die Hardware sorgt dafür, daß keine Pipelinekonflikte auftreten. Für eine detailliertere Beschreibung des Additionsvorganges wird auf [12] verwiesen.

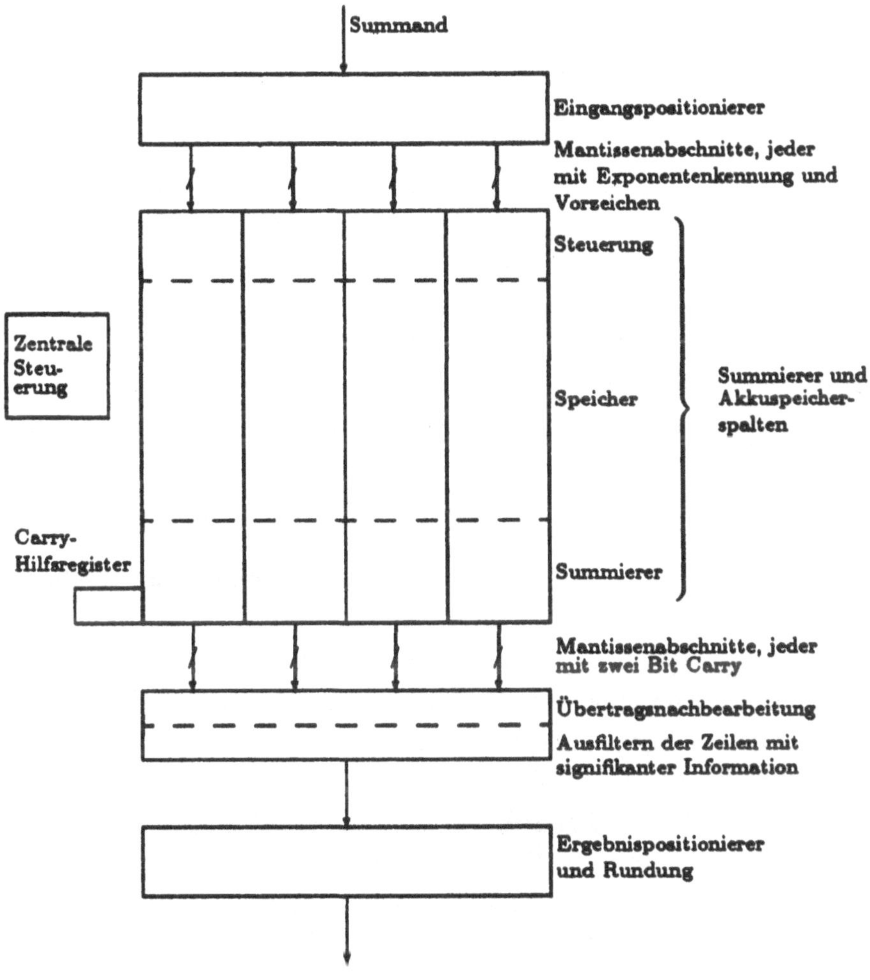


Abbildung 18: Gesamtstruktur einer Summationsvorrichtung mit nur einer Addiererzeile

Zusammenfassend kann noch einmal gesagt werden, daß sich sowohl diese preiswerte Technik, als auch diejenige mit dem langen Akkumulator für die Realisierung auf Mikropozessoren wie auch bei Supercomputern eignen.

Die hier geschilderten Techniken dienen als Basisverbreiterung für das wissenschaftliche Rechnen, auf welcher das „Gebäude des wissenschaftlichen Rechnens“ (Abb. 19) ruht.

Abbildung 19: Das Gebäude des wissenschaftlichen Rechnens

Auf unterstem Niveau liegen die vier Grundverknüpfungen für Gleitkommazahlen und Intervalle, darüber die zwei Skalarprodukte mit den verschiedenen Rundungen. Darauf aufbauend lassen sich dann z. B. mittels des Operator-Konzepts in PASCAL-SC oder FORTRAN-SC alle Operationen in den üblichen Produkträumen maximal genau bereitstellen. Mit diesen Hilfsmitteln können Routinen für alle Grundaufgaben der Numerik entwickelt werden, die das Ergebnis verifizieren (E-Methoden): z. B. für lineare und nichtlineare Gleichungssysteme, Matrixinvertierung, Eigenwertprobleme, Polynomnullstellenberechnung, Optimierungsaufgaben, Probleme bei gewöhnlichen Differentialgleichungen usw. Da der Rechner in all diesen Fällen hochgenaue und automatisch verifizierte Ergebnisse liefert, können diese aufgefaßt werden als arithmetische Operationen höherer Ordnung, welche zur Benutzung im Gebäude des wissenschaftlichen Rechnens zur Verfügung stehen.

Eine zusätzliche Erweiterung der Computerarithmetik, welche z. B. in PASCAL-SC und FORTRAN-SC vorhanden ist, bildet die sog. scharfe Auswertung von Ausdrücken. Durch Voranstellen von #, evtl. gefolgt von einem Rundungssymbol, ist es möglich, diese Ausdrücke maximal genau auszuwerten.

Sind z. B. die Matrizen $A$ und $B$ und die Vektoren $x, y$ und $z$ gegeben, so würde bei der Berechnung von

$$x := x + A * y + B * z$$

auf dem Rechner viermal gerundet werden. Mit dem #-Operator kann diese verkettete Verknüpfung als Skalarprodukt durch

$$x := \# * (x + A * y + B * y)$$

mit nur einer Rundung berechnet werden. Dabei wird mit #* zur nächstgelegenen, mit # < bzw. mit # > zur nächstkleineren bzw. zur nächstgrößeren Gleitkommazahl gerundet. Mit ## wird zu einem maximal genauen Intervall gerundet. Verwendet man nur # und weist den Ausdruck einer Dotprecision-Variablen zu, so kann dieser Ausdruck in einem späteren #-Ausdruck ohne Informationsverlust weiterverwendet werden.

In einem weiteren Beispiel seien $A_i, B_i, \ i = 1(1)n$, Matrizen. Dann berechnet

$$C := \# * (\mathrm{sum}(A(i) * B(i), i = 1, n))$$

den Wert von $C = \sum_{i=1}^{n} A_i \cdot B_i$ maximal genau. Dabei ist *sum* ein in den Sprachen PASCAL-SC und FORTRAN-SC zusätzlich vorhandenes Wortsymbol.

Eine ähnliche Technik läßt sich auch auf allgemeine arithmetische Ausdrücke anwenden. Es seien $x, y, z$ Gleitkommazahlen, $a$ ein Vektor. Arithmetische Ausdrücke können durch Voranstellen eines #-Symbols ebenfalls maximal genau ausgewertet werden, z. B. :

$$x := \# * (x + 4 * (3.0\mathrm{E}\,8 * y/z))$$

$$y := \# < (((4 * x - 5) * x + 3) * x + 2.5\mathrm{E}\,3)$$

$$z := \# > (\mathrm{sum}(a(i) * x **i, \ i = 1, n))$$

Die dabei verwendete Technik läßt sich auch auf ganze Programmstücke übertragen, welche maximal genaue Ergebnisse liefern sollen. Dazu werden diese Programmstücke zu sog. *accurate*-Blöcken zusammengefaßt. Zusätzlich wird spezifiziert, welche Variablen maximal genau ausgewertet werden sollen und wie gerundet werden soll, z. B. :

```
accurate (x, y <, z >) do
  begin
    { genau auszuwertendes Programmstück }


  end
```

Es werden $x, y$ und $z$ maximal genau ausgewertet. $x$ wird zur nächstgelegenen Zahl, $y$ nach unten und $z$ nach oben gerundet. Diese Vorgehensweise kostet natürlich zusätzlich Laufzeit. Sie erspart aber eine Fehleranalyse für kritische Programmstücke. Somit liefern auch diese *accurate*-Blöcke einen zusätzlichen Beitrag für das hochgenaue wissenschaftliche Rechnen.

# GESELLSCHAFT FÜR ANGEWANDTE MATHEMATIK UND MECHANIK (GAMM)

## Resolution zur Computer-Arithmetik

Von den Grundoperationen $+, -, *, /$ der Gleitpunkt-Arithmetik eines Computers verlangt man heute, daß das Resultat (außer bei Überlauf) für jede Wahl der Operanden „von höchster Genauigkeit" ist: Es muß übereinstimmen mit dem Ergebnis der Anwendung der arithmetik-inhärenten, eventuell vom Benutzer wählbaren, Rundung auf das exakte Resultat der Operation. Man vergleiche hierzu den IEEE Arithmetik Standard 754 (Mikroprozessor-Binärarithmetiken) und den Standard 854 (allgemeine Gleitpunkt-Arithmetiken).
Seit einiger Zeit vollzieht sich in hohem Maße eine Verlagerung des numerischen Rechnens vom Universalrechner auf Vektor- und Parallelrechner, sogenannte Supercomputer. Diese bieten neben den 4 Grundoperationen $+, -, *, /$ in der Regel auch zusammengesetzte Operationen als weitere Grundbefehle an. Dies führt auf eine um Größenordnungen höhere Rechenleistung. Solche Grundbefehle gibt es beispielsweise für:

- multiply and add: $a * b + c$
- multiply and subtract: $a * b - c$
- accumulate: Summierung der Komponenten eines Vektors
- multiply an accumulate: Berechnung des Skalarprodukts zweier Vektoren

und andere.
Die GAMM fordert, daß alle Grundbefehle vom Hersteller so implementiert werden, daß garantierte Schranken für die mögliche Abweichung zwischen dem Gleitpunkt-Resultat und dem exakten Resultat mitgeliefert werden. Erstrebenswert und in der Regel erreichbar ist wiederum, daß das Endresultat einer solchen zusammengesetzten Gleitpunktoperation für alle Daten (die keinen Überlauf bewirken) mit dem gerundeten exakten Endresultat der zusammengesetzten Operation übereinstimmt. In diesem Fall kann auf die explizite Angabe einer Fehlerschranke verzichtet werden. Der Benutzer sollte nicht gezwungen sein, für Grundbefehle, welche der Hersteller bereitstellt, bei jeder Anwendung eine Fehleranalyse durchzuführen.
Zur schnellen Berechnung zuverlässiger und möglichst enger Schranken in numerischen Algorithmen und zur Verifikation der Korrektheit berechneter Ergebnisse sollten alle Grundbefehle auch mit den gerichteten Rundungen zur Verfügung gestellt werden. Es muß in diesem Fall garantiert sein, daß das Gleitpunkt-Endresultat nur in der Richtung der gewählten Rundung vom exakten Ergebnis abweichen kann. Für die skalaren arithmetischen Grundoperationen werden die gerichteten Rundungen bereits in den obengenannten Standards gefordert.

# Literatur

[1] American National Standards Institute / Institute of Electrical and Electronic Engineers: *A Standard for Binary Floating-Point Arithmetic.* ANSI/IEEE Std. 754-1985, New York, 1985.

[2] Bleher, J. H., Rump, S. M., Kulisch, U., Metzger, M., Ullrich, Ch. und Walter, W.: *FORTAN-SC: A study of a FORTRAN Extension for Engineering/Scientific Computation with Acces to ACRITH.* Computing **39**, S. 93 – 110, 1987.

[3] Bohlender, G., Rall, L. B., Ullrich, Ch. und Wolff von Gudenberg, J.: *PASCAL-SC – Wirkungsvoll programmieren, kontrolliert rechnen.* Bibliographisches Institut, Mannheim, 1986.

[4] Bohlender, G. und Teufel, T.: *BAP/SC: A Decimal Floating-Point Processor for Optimal Arithmetic.* In Kaucher, E., Kulisch, U. und Ullrich, Ch. (Hrsg.): *Computer Arithmetic – Scientific Computation and Programming Languages*, S. 31-58, B. G. Teubner, Stuttgart, 1987.

[5] *GAMM-Resolution zur Computer-Arithmetik*, GAMM-Mitteilungen **2**, S. 47, 1987.

[6] *High Accuracy Arithmetic.* Subroutine library, general information manual, IBM Program No. 5664/185.

[7] *High Accuracy Arithmetic*, Subroutine library, program description and user's guide. IBM Program No. 5664/185, Publication No. GC 33/6163.

[8] IBM Deutschland und Institut für Angewandte Mathematik, Universität Karlsruhe: *FORTRAN-SC*, 1. Auflage 1987, 2. Auflage 1989. Kontaktadresse: Dr. J. Middel, IBM Deutschland, Postfach 80 08 80, 7000 Stuttgart 80.

[9] IBM System /370 RPQ, *High Accuracy Arithmetic.* Publication No. SA 22/7093-0.

[10] IBM Systems Journal, Vol. **25** No. 1, 1986.

[11] Kirchner, R. und Kulisch, U.: *Arithmetic for Vector Processors.* Proc. of the 8th Symposium on Computer Arithmetic of the IEEE Computer Society, Como, May 1987.

[12] Kirchner, R. und Kulisch, U.: *Accurate Arithmetic for Vector Processors.* Journal of Parallel and Distributed Computing **5**, S. 250 – 270, 1988.

[13] Kulisch, U.: *Grundlagen des Numerischen Rechnens – Mathematische Begründung der Rechnerarithmetik.* Bibliographisches Institut, Mannheim, 1976.

[14] Kulisch, U. (Ed.): *PASCAL-SC: A Pascal Extension for Scientific Computation*, Information Manual and Floppy Disks, Version IBM PC. B. G. Teubner, Stuttgart, John Wiley & Sons, Chichester, 1987.

[15] Kulisch, U. (Ed.): *PASCAL-SC: A Pascal Extension for Scientific Computation*, Information Manual and Floppy Disks, Version ATARI ST, B. G. Teubner, Stuttgart, 1987.

[16] Kulisch, U. und Miranker, W. L.: *Computer Arithmetic in Theory and Practice.* Academic Press, New York, 1981.

[17] Kulisch, U. und Miranker, W. L.: *A New Approach to Scientific Computation.* Academic Press, New York, 1983.

[18] Kulisch, U. und Miranker, W. L.: *The Arithmetic of the Digital Computer: A New Approach.* SIAM Rev., 1-**40**, 1986.

[19] Miranker, W. L. und Mascagni, M.: *Case Studies for Augmented Floating-Point Arithmetic in Accurate Scientific Computations.* In Miranker, W. L. und Toupin, R. A. (Hrsg.): *Lecture Notes in Computer Science*, Springer, Berlin/New York, 1985.

[20] SIEMENS AG, *Arithmos Benutzerhandbuch.* Bestell-Nr.: U 2900-J-Z 87-1.

[21] Teufel, T.: *Ein optimaler Gleitkommaprozessor.* Dissertation, Universität Karlsruhe, 1984.

# Übersicht über neue Programmiersprachen für wissenschaftliches Rechnen

R. Klatte
Institut für Angewandte Mathematik
Universität Karlsruhe (TH)

**Zusammenfassung**

Höhere Programmiersprachen bieten im Vergleich ein durchweg chaotisches Bild und zeigen hier Ähnlichkeiten mit natürlichen Sprachen. Wahrscheinlich liegen diesem Zustand hier wie dort die gleichen Ursachen und Gesetzmäßigkeiten zugrunde, auf die wir hier nicht näher eingehen möchten. Als Folge davon können wir etwa beobachten, daß zu jeder aus bestimmten Gesichtspunkten heraus entwickelten Programmiersprache (wenn sie etwas taugt und eine gewisse Verbreitung erlangt) in Kürze Dialekte entstehen, die gewissen zusätzlichen individuellen Anforderungen genügen. Aus dieser lebendigen, dynamischen Weiterentwicklung entsteht u. a. die anzutreffende Vielfalt.

Es soll nun zunächst eine Übersicht über die historische Entwicklung von Programmiersprachen und anschließend ein Überblick über einige Grundkonzepte, die in allen Sprachen in irgendeiner Form auftreten, gegeben werden. Diese Konzepte werden außerdem kurz vorgestellt und erörtert. Zum Schluß wird noch etwas näher auf die Entwicklung und den aktuellen Stand von FORTRAN 8x eingegangen werden.

## 1 Historische Entwicklung

Es lassen sich viele Gründe für die Notwendigkeit neuer Programmiersprachen angeben, so z. B. die Anpassung an neue Anwendungen oder das Auftreten neuer Anforderungen. Werden an bestehenden Programmiersprachen Mängel entdeckt oder verändert sich der Stand der Technik, so entsteht ein gewisser Innovationsdrang, der zur Weiterentwicklung führt. Die Entwicklung von FORTRAN-SC und PASCAL-SC kann z. B. unter dem Gesichtspukt „neue Anforderungen" und „Mängel bestehender Programmiersprachen" eingeordnet werden.

Programmiersprachen haben, wie sich herausgestellt hat, teilweise lange Entwicklungszeiten, was in Abb. 1 deutlich wird. So kann man aus Erfahrung

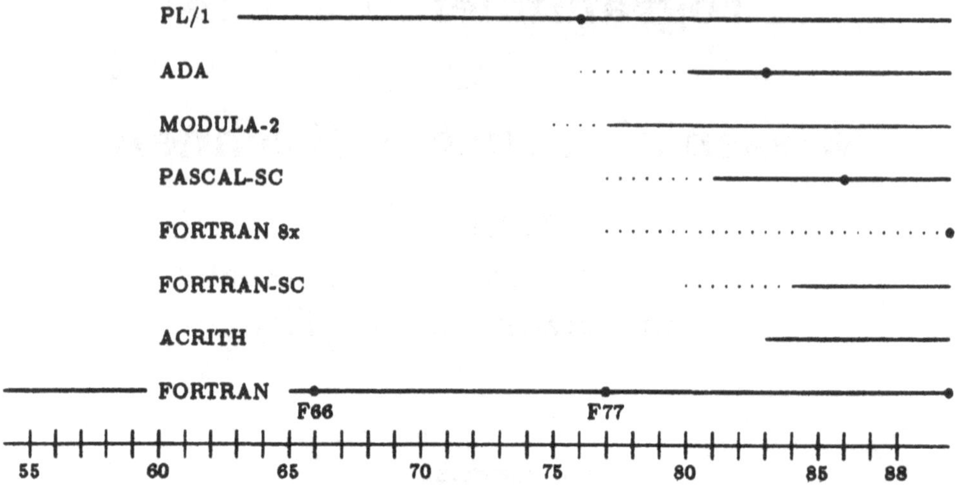


Abbildung 1: Entwicklungszeiten einiger Programmiersprachen
(• : Definitionspunkt)

davon ausgehen, daß die Entwicklungszeit einer neuen Sprache nicht unter 5 Jahren liegen wird. Hinzu kommt das Problem der Akzeptanz einer neuen Sprache, die Frage also, ob genügend viele Anwender diese Sprache überhaupt annehmen und anwenden. Dies hängt von vielen Faktoren ab und kann auch unter dem Gesichtspunkt *Marketing* gesehen werden.

Die Entwicklung von FORTRAN, der ersten höheren, problemorientierten Programmiersprache, hat 1954 bei der Firma IBM begonnen. Die ersten Erfahrungen haben 1960 zur Definition der neuen, blockorientierten Programmiersprache ALGOL 60 durch eine internationale Kommission geführt. 1966 erfuhr die Sprache FORTRAN eine erste Normierung, der 1968 die weiterentwickelte Sprache ALGOL 68 folgte. Seit Erscheinen des FORTRAN 77 Standards arbeitet der ANSI-Ausschuß (American National Standards Institute) X3J3 im Auftrag der ISO (International Standardization Organization) an der Festlegung einer neuen Norm FORTRAN 8x. Auf diese Arbeit, die 1989 abgeschlossen werden soll, wird später noch genauer eingegangen.

Die Entwicklung von PASCAL-SC (PASCAL for Scientific Computation) als Spracherweiterung von PASCAL begann 1977/78, ein erster Compiler auf ZILOG-Z80 Geräten stand 1980 zur Verfügung. Seit Ende 1987 ist eine weiterentwickelte Version PASCAL-SC 2 auf 68000er Prozeßoren verfügbar, dessen wichtigste Neuerungen gegenüber PASCAL-SC 1 dynamische Felder und ein Modulkonzept sind.

Nach dem Vorbild von PASCAL-SC begann ab 1980 die analoge Entwicklung von FORTRAN-SC. Nachdem IBM im Jahre 1983 die FORTRAN-

Unterprogrammbibliothek ACRITH (Accurate Arithmetic), Release 1, als Softwareprodukt auf den Markt gebracht hatte, wurde in den Jahren 1984–1987 die Sprache FORTRAN-SC als Erweiterung von FORTRAN 77 implementiert, wobei die wesentlichen von PASCAL-SC her bekannten Möglichkeiten zur Verfügung gestellt wurden und darüberhinaus die Handhabung der in ACRITH verfügbaren Unterprogramme wesentlich erleichtert wurde.

Die Entwicklung von MODULA-2 und ADA begann Mitte der 70er Jahre, etwa zu dem Zeitpunkt als PL/1 eine Normierung oder Definition erfuhr. Sowohl MODULA als auch ADA stehen seit Beginn der 80er Jahre zur Verfügung.

Zu jeder gängigen Programmiersprache gibt es inzwischen eine Normierungskommission, die regelmäßig tagt und die Sprache weiterentwikkelt. Diese Sprachentwicklungen beeinflussen sich durch den Informationsaustausch gegenseitig, sodaß gewisse Abhängigkeiten entstehen, die im Diagramm von Abb. 2 verdeutlicht werden.

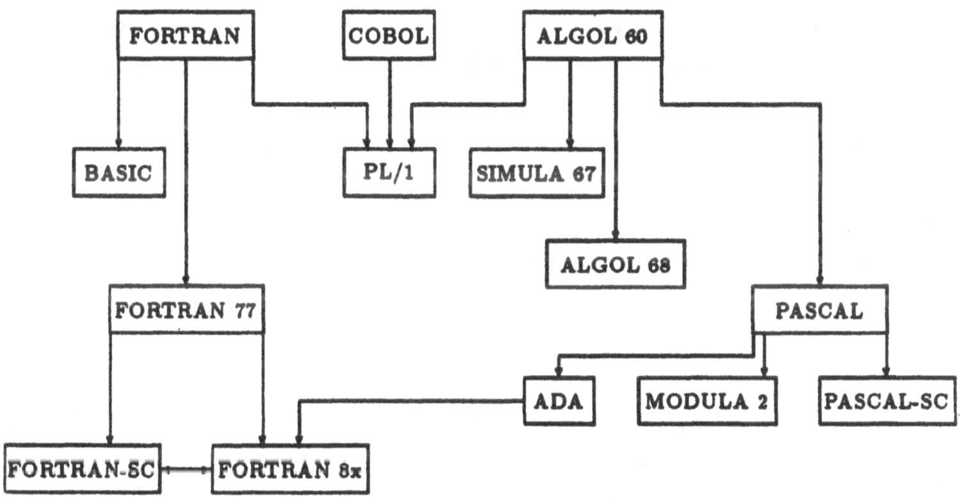


Abbildung 2: Gegenseitige Einflüsse von Programmiersprachen

BASIC hat sich an der FORTRAN-Entwicklung orientiert, FORTRAN 77 wiederum diente als Grundlage für FORTRAN-SC und auch für FORTRAN 8x. Die Entwicklung von COBOL erzeugte zusammen mit FORTRAN die PL/1 Sprache. In der Gruppe der ALGOL-artigen Sprachen findet man auch das Derivat PASCAL, das für PASCAL-SC als Grundlage diente. Auch ADA ist an PASCAL orientiert.

# 2 Sprachkonstrukte und -konzepte

Wie jede Idee viele Nuancen und verschiedene Aspekte besitzt, so treten auch Sprachkonstrukte und -konzepte in verschiedenen höheren Programmiersprachen in allen möglichen Ausprägungen auf. So findet man kaum zwei völlig identische syntaktische Definitionen für ein so einfaches Objekt wie eine *real*-Konstante. Wir erleben, daß für unterschiedliche Dinge gleiche Bezeichnungen verwendet werden und umgekehrt verschiedene Bezeichnungen bei gleicher Bedeutung auftreten. Es werden auch unterschiedliche Konstrukte für den gleichen Zweck aufgeboten.

## 2.1 Unterprogramme

Man kann Sprachkonstrukte und dabei speziell die Unterprogramme nach verschiedenen Arten katalogisieren. Im folgenden wird eine Unterscheidung nach der Art der Abarbeitung zur Laufzeit vorgenommen.

**Einfache Unterprogramme** sind gekennzeichnet durch eine vollständige Abarbeitung in der definerten Reihenfolge, die nicht gleichzeitig mit anderen Programmteilen abläuft. Es treten keine Rekursionen auf.

**Rekursive Unterprogramme** rufen sich direkt oder indirekt selber auf.

**Koroutinen** können in der Abarbeitung unterbrochen werden und bei einem erneuten Aufruf vom vorherigen Unterbrechungspunkt an durch explizite Kontrollübergabe weiter bearbeitet werden. Man hat also quasi Nebenläufigkeit.

**Parallele Unterprogramme (Prozesse)** sind Routinen, bei denen die Übergabe der Ablaufkontrolle implizit nach bestimmten Auswahlregeln erfolgt. Die Koordination erfolgt entweder durch das Einnehmen bestimmter Zustände der einzelnen Prozesse oder durch Prozeßverwaltung. Als Zustände eines einfachen Prozeßmodells kommen in Frage:

| | |
|---|---|
| - existent | Prozeß ist erzeugt, aber noch nicht ablauffähig |
| - bereit | Prozeß ist ablaufbereit, aber die Kontrolle ist noch nicht übergeben |
| - laufend | Prozeß wird ausgeführt |
| - wartend | Prozeß ist nicht ablaufbereit, muß auf das Eintreffen eines oder mehrerer Ereignisse warten. |

Um solche Prozesse bearbeiten zu können, existieren vielfältige Erweiterungen von Sprachen wie z. B. *Prozeß-FORTRAN* oder *Concurrent-PASCAL*. Dabei spielen Begriffe wie Synchronisation (zeitliche Koordination) von Prozessen oder Priorität (Reihenfolge bei konkurrierenden Zugriffen oder Interruptsteuerung) von Prozessen eine wichtige Rolle.

**Generische Unterprogramme** werden nicht allein durch den Bezeichner des Unterprogramms, sondern noch durch zusätzliche Merkmale identifiziert. Solche Merkmale können z. B. sein: Datentyp, Reihenfolge der Operatoren, Anzahl der Parameter, Datentyp eines eventuellen Resultats oder das Vorhandensein von Anfangswerten für spezielle Argumente. In diversen Sprachen gibt es verschiedene Konzepte, wie diese zusätzlichen Daten zur Identifikation heranzuziehen sind.

## 2.2 Modulkonzept

Ein wesentliches Konzept für die Erstellung großer Programmsysteme ist das Modulkonzept. Als Modul bezeichnet man eine Zusammenfassung von Unterprogrammen, Datentyp-Definitionen, Deklarationen usw. zu einer Einheit, die getrennt übersetzt und in Programmbibliotheken gehalten werden kann. Die Kommunikation zwischen verschiedenen Modulen erfolgt ausschließlich über eine Schnittstelle, d. h. es gibt einen expliziten Mechanismus, der regelt, welche Werte und Daten wo bekannt sein sollen.

Oft wird, wie z. B. in ADA oder MODULA-2, zwischen Definitions- und Implementationsmodul unterschieden. Das Hauptprogramm kann bereits übersetzt werden, wenn die Definitionsmodule vorhanden sind, während die Implementationsmodule noch gar nicht geschrieben sein müssen.

Im Zusammenhang mit Modulen spricht man von Import und Export von Objekten, um die gegenseitige Sichtbarkeit zu regeln, von privaten Typen, die außerhalb eines Moduls unbekannt sind, von lokalen und globalen Modulen sowie von Standardmodulen, die zwar nicht in der Sprachdefinition vereinbart sind, die aber doch standardmäßig zur Verfügung gestellt werden. Mit solchen Modulen können nun ganze Bibliotheken formuliert werden.

Module werden beim methodischen Programmieren eingesetzt zur Unterstützung

**des Hierarchieprinzips,** was zu einer überschaubaren Programmstruktur führt und zur Wartungsfreundlichkeit beiträgt,

**des Geheimnisprinzips,** um ein gezieltes Verbergen von Informationen oder die Bekanntmachung aus dem Modul heraus an die „Umwelt" zu ermöglichen und um zur Abstrahierung von Details beizutragen.

**der Schnittstellendefinition,**

**des schrittweisen Verfeinerns,** [1]

**der Standardisierung,** was die Form, Gliederung und Namensgebung betrifft,

**des mehrfachen Verwendens** weniger, logisch eng zusammenhängender Funktionen und Datenstrukturen,

**der Dokumentation** und

**des Korrektheitsnachweises,** indem man die Korrektheit eines Moduls nachweist und diese dann im weiteren Verlauf des Korrektheitsnachweises voraussetzen kann.

## 2.3 Generische Module

Eine Verallgemeinerung der Module sind die generischen Module oder Programmschemata. Unterprogramme beschreiben i. a. eine Problemklasse, wobei die Parameter Werte eines bestimmten Typs sind. Nun kommt es in der Praxis aber oft vor, daß gleiche Anweisungsfolgen, d. h. Unterprogamme, für verschiedene Typen bearbeitet werden sollen, etwa

- die Verwaltung einer Liste, deren Grundtyp eine beliebige Datenstruktur sein kann

oder

- die Matrizenrechnung für reelle, komplexe oder Intervall-Matrizen.

Ein Programmschema ist nun eine mit Typen und Unterprogrammen parametrisierte Programmeinheit. Ein Beispiel aus ADA soll dies verdeutlichen:

```
generic (type t) procedure vertausche (a, b: in out t) is
  hilf: t := constant a;
begin
  a:= b;
  b:= hilf;
end vertausche;
```

[1]Zerlegung eines Problems in mehrere getrennt zu bearbeitende Teilprobleme

Eine solche generische Prozedur kann nicht direkt wie andere Unterprogramme aufgerufen werden, sondern muß zuvor mit einem anderen Namen und mit tatsächlichen Datentypen versehen werden:

```
procedure int_tausch   is new vertausche (integer);
procedure real_tausch  is new vertausche (real);
```

Diese *generische Ersetzung* (ADA: *generic instantiation*) ist also eine Schreibhilfe und wird zur Übersetzungszeit vorgenommen. Durch die Angabe **new** wird einem ADA-Compiler mitgeteilt, daß die Prozedur *vertausche* neu zu übersetzen ist, wobei der angegebene Bezeichner der Prozedur *int_tausch* bzw. *real_tausch* heißen soll (und auch so aufgerufen werden muß). Rekursive generische Klauseln sind selbstverständlich verboten.

## 2.4 Operatorkonzept

Das Operatorkonzept bietet dem Benutzer die Möglichkeit, sich eigene Operatoren zu definieren. Dies geschieht entweder durch Überladen der vorhandenen Operatorzeichen, wobei nach dem Typ der Operanden unterschieden werden muß, oder durch Vereinbarung von eigenen mit Namen versehenen Operatoren. Eine Prioritätsregelung wird durch Übernahme der Prioritäten der Standardoperatoren oder durch Prioritätendefinition getroffen.

## 2.5 Felder

Feldern liegen in den verschiedenen Programmiersprachen die unterschiedlichsten Erscheinungsformen zugrunde. Man bezeichnet die Felder als

**statisch,** wenn sie im Vereinbarungsteil des Programms oder Unterprogramms in ihrer Größe festgelegt werden müssen, z. B.

```
type matrix = array [1..10, 1..10] of real;
```

**anpaßbar (conformant),** wie z. B. in einer Ergänzung zum PASCAL-Standard formuliert, wenn man zumindest in Unterprogrammen eine quasi-dynamische Formulierung hat, z. B.

```
function norm (var a : array[u..o : integer] of real):real;
var i : integer;
begin
  for i:= u to o do
     ⋮
end;
```

Der Aufruf kann dann mit verschiedenen statisch vereinbarten Feldern erfolgen.

**dynamisch,** wie man es z. B. von ALGOL oder PASCAL-SC 2 her kennt, wenn man sie in einem Block mit variablen Grenzen, welche erst bei Ausführung des Blockes einen definierten Wert erhalten, vereinbaren kann, z. B.

```
program dynamik (input, output);
  type
    polynom = dynamic array [*] of real;
  function norm (a : polynom) : real;
  var
    i : integer;
  begin
      :
    for i:= lbound(a) to ubound(a) do
      :
  end;

  procedure block (n : integer);
  var
    r,s : real;
    p,q : polynom [0..n];
  begin
      :
    r := norm (p);
    s := norm (q);
      :
  end;

begin { Hauptprogramm }
  read (n);
  while n >=0 do
  begin
    block (n);
    read (n);
  end;
end.
```

**flexibel,** wenn es dynamisch vereinbart ist und zu jedem Zeitpunkt im Programm ein Feld allokiert oder wieder gelöscht werden kann, z. B.

```
dynamic / complex(:,:) / a,b
   ⋮
allocate a,b (1:10,1:10)
   ⋮
resize a,b (1:20,1:20)
```

Weiterhin ist oft von Interesse, ob man Teilfelder herausgreifen kann oder ob vordefinierte Feldoperationen vorhanden sind.

# 3 PASCAL-SC

Die Programmiersprache PASCAL-SC wurde mit dem Ziel entwickelt, für numerische Anwendungen eine Sprache zur Verfügung zu stellen, in der eine mathematisch fundierte Rechnerarithmetik in allen Räumen des numerischen Rechnens vorhanden ist. Mit den hier zur Verfügung stehenden Werkzeugen können dann numerische Algorithmen formuliert werden, die hochgenaue und automatisch verifizierte Ergebnisse liefern. Als wesentliche Erweiterungen sind hier zu nennen

**Zusätzliche Konzepte:**

- Modulkonzept
- Universelles Operatorkonzept (benutzerdefinierte Operatoren)
- Dynamische Felder
- Überladen von Prozeduren, Funktionen und Operatoren
- Funktionen mit beliebigem Ergebnistyp
- Stringkonzept

**Arithmetik:**

- Optimale (hochgenaue) Arithmetik
- Kontrollierte Rundung
- Optimales (exaktes) Skalarprodukt

- Standarddatentyp DOTPRECISION (den Gleitkommabereich überdeckendes Festkommaformat)
- Sogenannte *dot product* Ausdrücke, d. h. hochgenaue Ausdrucksauswertung
- Hochgenaue Standardfunktionen
- Arithmetikmodule für Intervallarithmetik, komplexe Arithmetik, komplexe Intervallarithmetik sowie Vektor- und Matrixarithmetik über diesen Räumen.

Zusätzlich werden Module angeboten für die verifizierte und hochgenaue Lösung von Standardproblemen aus der Numerik, wie z. B.

- Lineare Gleichungssysteme (dicht oder spärlich besetzt)
- Nichtlineare Gleichungssysteme
- Eigenwerte und Eigenvektoren
- Auswertung von arithmetischen Ausdrücken
- Auswertung von Polynomen und Nullstellenbestimmung
- usw.

Eine detailliertere Darstellung ist in dem Beitrag *PASCAL-SC – Eine PASCAL-Erweiterung für wissenschaftliches Rechnen* von M. Neaga, S. 69 in diesem Band, zu finden.

# 4 FORTRAN-SC

Die Sprache FORTRAN-SC ist eine FORTRAN 77 Erweiterung, welche die Möglichkeiten von PASCAL-SC in einer FORTRAN-Umgebung zur Verfügung stellt. Dementsprechend sind auch in FORTRAN-SC neue Konzepte notwendig geworden, wie z. B.

- Flexible Felder (beliebige dynamische Änderung zur Laufzeit möglich)
- Teilfelder
- Vektor-/Matrix-Operationen

- Funktionen mit beliebigem Ergebnistyp
- Benutzerdefinierte Operatoren mit Überladen der Standardoperatoren
- Neue Standarddatentypen INTERVAL, DOUBLE INTERVAL, COMPLEX INTERVAL, DOUBLE COMPLEX INTERVAL, DOTPRECISION und DOTPRECISION COMPLEX
- Optimale Arithmetik für die neuen Datentypen und auch für Vektoren und Matrizen über diesen Typen
- *Dot Product Expressions* (hochgenaue Auswertung von Ausdrücken).

Darüberhinaus stehen zur Verfügung

- Standardfunktionen hoher garantierter Genauigkeit für alle arithmetischen Typen
- Standardoperatoren und Konstanten mit gerichteten Rundungen
- Ein-/Ausgabe-Konvertierungen mit kontrollierter Rundung
- Namen, die bis zu 31 Buchstaben lang sein können
- **while**- und **repeat**-Schleifen.

Für die verifizierte und hochgenaue Lösung von Standardproblemen der Numerik werden die Unterprogramme der ACRITH Subroutine Library (Programmprodukt von IBM) in wesentlich vereinfachter Handhabung angeboten. Eine ausführlichere Beschreibung ist in dem Beitrag *FORTRAN-SC – Eine FORTRAN-Erweiterung für wissenschaftliches Rechnen* von M. Metzger und W. Walter, S. 45 in diesem Band, zu finden.

# 5 FORTRAN 8x

Der Entwurf von FORTRAN 8x mit Stand April 1987 ist der letzte, d. h. neueste, vorgestellte Entwurf. Als wesentliche Erweiterungen gegenüber FORTRAN 77 enthält er

**Array-Operationen,** d. h. Operationen für Felder und Teilfelder. Hierzu werden die arithmetischen, logischen und *character* Operationen sowie die Standardfunktionen erweitert auf array-wertige Konstanten, Ausdrücke und Funktionen sowie Standardfunktionen zur Manipulation von Feldern.

**Derived data types (Records),** also benutzerdefinierte Datenstrukturen und Operationen auf diesen Datenstrukturen. Zusammen mit der Operator-Definition bilden sie ein geeignetes Mittel zur Definition von abstrakten Datentypen.

**Modulkonzept,** mit dem Modul als neue Programmeinheit, die

- Datenobjektvereinbarungen
- Datentypdefinitionen
- Prozeduren
- Interface Information

beinhaltet. Ein Modul kann als Verallgemeinerung der Block-Data Programmeinheit angesehen werden.

Auf ein Modul kann von jeder Programmeinheit aus zugegriffen und sein Inhalt dieser Programmeinheit verfügbar gemacht werden. Module gestatten es, globale Daten, Prozedurpakete sowie abstrakte Datentypen zu definieren.

Die in diesem Zusammenhang auftretenden Begriffe, wie z. B. *use*, *use only*, *public*, *private*, die praktisch bei allen Programmiersprachen mit Modulkonzept auftreten, sind bei allen Sprachen unterschiedlich definiert, obwohl sie oft genau das gleiche bedeuten (ähnliches findet man z. B. bei der Definition der *real*-Konstanten).

**Sprachentwicklungskonzept,** mit einer Einteilung des gesamten Sprachumfangs von FORTRAN 8x in

**primary features,** d. h. dauerhafte Konstrukte

**incremental features,** d. h. neue Konstrukte, die aus vorhandenen Erweiterungen und anderen Sprachen entnommen wurden,

**decremental features,** d. h. veraltete Konstrukte, die bei zukünftigen Standards gestrichen werden sollen.

In Fortran 8x gibt es noch keine Streichungen, da FORTRAN 77 voll enthalten sein soll. Es wird aber empfohlen, bestimmte features nicht mehr zu verwenden, so daß sie nach einer gewissen Zeit aus der Sprache verschwunden sein werden und man sie bei einem neuen Standard nicht mehr zu berücksichtigen braucht.

# 6 Übersicht

Die folgende Tabelle gibt einen Überblick über die in den verschiedenen Programmiersprachen zur Verfügung stehenden features.

| | F77 | FSC | F8x | PSC I | PSC II | MOD | ADA |
|---|---|---|---|---|---|---|---|
| einfache UP | + | + | + | + | + | + | + |
| rekursive UP | − | − | + | + | + | + | + |
| Koroutinen | − | − | − | − | − | + | + |
| parallele UP | − | − | − | − | − | + | + |
| generische UP | − | − | + | − | + | − | + |
| Modulkonzept | − | − | + | − | + | + | + |
| generische Module | − | − | − | − | − | − | + |
| Operatorkonzept | − | + | + | + | + | − | + |
| Felder | | | | | | | |
| - statisch | + | + | + | + | + | + | + |
| - conformant | − | + | + | + | + | (+) | + |
| - dynamisch | − | + | + | − | + | − | + |
| - flexibel | − | + | + | − | − | − | − |
| Teilfeldzugriff | − | + | + | (+) | + | (+) | (+) |
| Feldoperationen | − | − | + | − | − | − | + |
| benutzerdefinierte Datentypen | − | (+) | + | + | + | + | + |
| präzise Arithmetik | − | + | − | + | + | − | + |

**Bemerkungen:**

1. Der geklammerte Eintrag in der MODULA-Spalte bei den *conformant* Feldern soll darauf hinweisen, daß es in MODULA nur eindimensionale offene Felder gibt.
2. Die Klammerung in der Zeile „Teilfeldzugriff" steht für eingeschränkten Teilfeldzugriff, wie z. B. in PASCAL bzw. PASCAL-SC, wo man nur spezielle Teilfelder bilden kann, indem man die letzte Komponente offen läßt.
3. Mit Feldoperationen sind spezielle, für beliebige Felder definierte Operationen, gemeint.
4. In FORTRAN-SC gibt es eine eingeschränkte Möglichkeit, Datentypen zu definieren, da man Feldern einen Namen zuordnen kann.

5. In ADA besteht die Möglichkeit, die gesamte optimale Arithmetik in ADA selbst zu formulieren (vgl. [6],[7], [8]).

# 7 Zukunft

Um übertragbare verifizierende Software erstellen zu können, muß die Entwicklung von FORTRAN 8x und ADA weiter verfolgt werden. Des weiteren muß eine breite Sprachbasis geschaffen werden, wozu eine derzeit in Arbeit befindliche PASCAL-SC nach C Präcompilerversion beitragen soll.

Ein weiterer Ausbau der Skalarproduktausdrücke in FORTRAN-SC und PASCAL-SC zu sogenannten *accurate*-Blöcken könnte es erlauben, ganze Programmteile einzugrenzen und diese dann maximal genau bzw. verifiziert zu berechnen.

Sprachen wie PASCAL-SC und FORTRAN-SC oder das von Herrn Rump auf Seite 85 in diesem Band vorgestellte interaktive Programmiersystem CALCULUS, mit all ihren Möglichkeiten wie Intervallrechnung, exaktes Skalarprodukt sowie Operator- und Modulkonzept, dienen dem Entwickler als Programmierwerkzeug. Für Anwender wird jedoch trotz bequemer und mächtiger Programmierwerkzeuge die mathematisch-logisch anspruchsvolle Aufgabe, verifizierte Ergebnisse durch den gesamten Lösungsweg hindurch zu erzeugen, nicht einfacher. Nachdem für viele Grundaufgaben der Numerik bereits Algorithmen mit Ergebnisverifikation vorliegen, müssen deshalb Problemlösungen aus den verschiedenen Ingenieurbereichen mit Verifikation der Ergebnisse in Angriff genommen werden. Damit werden numerische Berechnungen auf eine neue Qualitätsstufe gehoben und es können Aussagen wie etwa über Parameteridentifikation, Verfahrensfehler, Modellfehler usw. gewonnen werden.

# Literatur


[1] American National Standards Institute: *American National Standard Programming Language FORTRAN*, Draft S8, Version 104. ANSI X3.9-198x, 1987.

[2] Bohlender, G., Rall, L. B., Ullrich, Ch. und Wolff von Gudenberg, J.: *PASCAL-SC – Wirkungsvoll programmieren, kontrolliert rechnen*. Bibliographisches Institut, Mannheim, 1986.

[3] *FORTRAN-SC, A Study of a FORTRAN Extension for Engineering/Scientific Computation with Access to ACRITH*, Language Refer-

ence and User's Guide. IBM Development Laboratory Böblingen, Germany, 1988.

[4] Hahn, R.: *Höhere Programmiersprachen im Vergleich.* Akademische Verlagsgesellschaft, Wiesbaden, 1981.

[5] IBM *High-Accuracy Arithmetic Subroutine Library* (ACRITH). Program Description and User's Guide, SC 33-6164-02, 3rd Edition, 1986.

[6] Klatte, R., Wolff v. Gudenberg, J. und Ullrich, Ch.: *Arithmetic Specification for Scientific Computation in ADA.* IEEE Transactions on Computers, Vol. C–34, No. **11**, Nov. 1985.

[7] Klatte, R., Wolff v. Gudenberg, J. und Ullrich, Ch.: *Optimal Arithmetic and ADA*, Computer Systems: Performance and Simulation. North-Holland, Amsterdam, 1986.

[8] Klatte, R., Wolff v. Gudenberg, J. und Ullrich, Ch.: *Implementation of Arithmetic for Scientific Computation in ADA*, Journal of Pascal, Ada and Modula-2. Erscheint 1989.

[9] Klatte, R. und Ullrich, Ch.: *MODULA-2*, Reihe Programmiersprachen im Griff, Bd. **9**. B.I. Wissenschaftsverlag, Mannheim, 1988.

[10] Kulisch, U. (Ed.): *PASCAL-SC: A Pascal Extension for Scientific Computation*, Information Manual and Floppy Disks, Version IBM PC. B. G. Teubner, Stuttgart, John Wiley & Sons, Chichester, 1987.

[11] Kulisch, U. (Ed.): *PASCAL-SC: A Pascal Extension for Scientific Computation*, Information Manual and Floppy Disks, Version ATARI ST, B. G. Teubner, Stuttgart, 1987.

[12] Neaga, M. und Wolff von Gudenberg, J.: *The PASCAL-SC (Level 2) Compiler Architecture and Implementation Description.* DIAMOND Deliverable D1-1, 1988.

[13] Schneider, H. J.: *Problemorientierte Programmiersprachen.* B. G. Teubner, Stuttgart, 1981.

# FORTRAN–SC
# Eine FORTRAN–Erweiterung für wissenschaftliches Rechnen

M. Metzger und W. Walter
Institut für Angewandte Mathematik
Universität Karlsruhe (TH)

**Zusammenfassung**

FORTRAN–SC ist eine vollständig implementierte Erweiterung von FORTRAN 77. Die Sprache eignet sich besonders für das Programmieren numerischer Anwendungen. Insbesondere können in FORTRAN–SC Algorithmen formuliert werden, die hochgenaue und automatisch verifizierte Ergebnisse liefern. Durch Intervallarithmetik kann die exakte Lösung eines Problems eingeschlossen werden. Das genaue Skalarprodukt vermeidet Auslöschung und verbessert die Genauigkeit der Ergebnisse oft erheblich. Intervalloperatoren und Vektor-Matrix-Operatoren sind in FORTRAN–SC vordefiniert. Alle arithmetischen Operatoren, insbesondere auch Produkte von Vektoren und Matrizen, sind bis auf eine Einheit in der letzten Stelle genau.

Einige FORTRAN–SC Konzepte sind denen des im wesentlichen beschlossenen FORTRAN 88–Standards sehr ähnlich. So ermöglichen dynamische Felder eine einfache Handhabung von Feldern variabler Größe und eine optimale Speichernutzung. Außerdem können Funktionen und Operatoren auch ein Feldergebnis haben. Dadurch wird eine mathematische Schreibweise für Vektor- und Matrix-Ausdrücke ermöglicht, die durch benutzerdefinierte Operatoren erweiterbar ist.

Eine Auswahl typischer Anwendungsbeispiele aus dem technisch-wissenschaftlichen Bereich soll die vereinfachte Programmierung mit den neuen Konzepten aufzeigen.

## 1 Einführung

Die Programmiersprache FORTRAN–SC ist eine Erweiterung von Standard–FORTRAN für die Anwendung im Bereich des wissenschaftlichen Rechnens (Scientific Computation). FORTRAN–SC wird bereits seit 1982 am Institut für Angewandte Mathematik der Universität Karlsruhe entwickelt. Den Ausgangspunkt für die Definition der Sprache bildete der zwischen 1976 und 1980 in Karlsruhe und Kaiserslautern entwickelte PASCAL-SC Compiler (vgl. [9]), der den Wunsch nach ähnlichen Programmierhilfsmitteln für Großrechner aufkommen ließ. Mit der Implementierung von FORTRAN–SC für IBM /370 Systeme unter VM/CMS wurde 1984 im Auftrag von IBM Deutschland begonnen. Seit 1987 wird der Compiler in Lehre und Forschung an

verschiedenen deutschen und internationalen Universitäten und Forschungseinrichtungen eingesetzt.
Die wichtigsten Konzepte von FORTRAN–SC sind:

- Intervallarithmetik
- Konstanten- und Datenkonversion
- Vektor-Matrix-Arithmetik
- Dynamische Felder
- Teilfelder
- Operatorkonzept
- Skalarproduktausdrücke

Damit lassen sich in FORTRAN–SC Rundungsfehler erfassen, Ergebnisse in Schranken einschließen und Algorithmen in einfacher Notation formulieren. Das Konzept der dynamischen Felder ermöglicht es dem Benutzer, Algorithmen unabhängig von der Dimension des Problems zu formulieren. Mit den zuletzt genannten Skalarproduktausdrücken wird es außerdem möglich, die Genauigkeit bei der Berechnung von Ausdrücken zu erhöhen. Eine umfassende Sprach- und Systembeschreibung liegt in [14] vor. Im folgenden sollen nun die neuen Konzepte vorgestellt und ihre Anwendung anhand von Beispielen demonstriert werden.

# 2 Intervallarithmetik und Datenkonversion

## 2.1 Intervallarithmetik

FORTRAN–SC stellt folgende Gleitkomma-Datentypen vordefiniert zur Verfügung:

| | |
|---:|---:|
| REAL | INTERVAL |
| DOUBLE REAL | DOUBLE INTERVAL |
| COMPLEX | COMPLEX INTERVAL |
| DOUBLE COMPLEX | DOUBLE COMPLEX INTERVAL |

Mit Hilfe der Intervalldatentypen und den zugehörigen vordefinierten Operatoren und Standardfunktionen kann die Lösung eines Problems in garantierte Schranken eingeschlossen werden. Außerdem können auch Stabilitäts- und

Sensitivitätsanalysen auf dem Computer durchgeführt werden. Die Behandlung von Problemen mit toleranzbehafteten Daten sowie die Einschließung der Lösungsmenge wird ebenfalls ermöglicht.

Für die reellen und komplexen Intervalle existieren neben den üblichen Grundoperationen +, −, ∗, / auch die Operatoren .IS. (InterSection) und .CH. (Convex Hull) sowie die Vergleichsoperatoren .EQ., .NE., .SB. (SuBset), .SP. (SuPerset), .DJ. (DisJoint) und .IN. (Zahl IN Intervall).
Die Standardfunktionen

| | | | | |
|---|---|---|---|---|
| SQR | SQRT | EXP | LOG | LOG10 |
| SIN | COS | TAN | COT | |
| ASIN | ACOS | ATAN | ACOT | ATAN2 |
| SINH | COSH | TANH | COTH | |
| ARSINH | ARCOSH | ARTANH | ARCOTH | |
| ABS | ARG | | | |

sind in FORTRAN-SC auch für reelle und für komplexe Intervalle verfügbar. Darüber hinaus werden die Transferfunktionen

IVAL INF SUP

zur Datentypkonversion bereitgestellt, die mit den anderen Typkonversionen zu einer Vielzahl von neuen Transferfunktionen kombiniert zur Verfügung stehen. IVAL liefert zu einem Infimum und einem Supremum ein entsprechendes Intervall bzw. zu einer einzelnen Gleitkommazahl ein Punktintervall. Umgekehrt liefert INF das Infimum eines Intervalls und SUP das Supremum. Transferfunktionen können in FORTRAN-SC auf skalare Werte und auf ganze Felder angewendet werden.

Sämtliche arithmetischen Operatoren liefern Ergebnisse mit einer Genauigkeit von 1 ulp. Die Standardfunktionen liefern im ungünstigsten Fall ein Ergebnis mit 2 ulp Genauigkeit. Dabei steht ulp für *unit in the last place*, also eine Einheit in der letzten Mantissenstelle.

## 2.2 Datenkonversion

Bei der Konversion von Daten und Konstanten berücksichtigt FORTRAN-SC die spezielle Art der Rundung. Bei reellen und komplexen Konstanten erfolgt die Konversion mit

- Rundung zur nächstgelegenen Gleitkommazahl durch Darstellung der Konstanten wie in Standard-FORTRAN gerichteter Rundung durch:

| nach unten | nach oben | |
|---|---|---|
| (< 3.14159265359) | (> 3.14159265359) | reell |
| (< −(0.1, −1.0E−3)) | (> −(0.1, −1.0E−3)) | komplex |

Dabei ist die äußere Klammerung bei gerichteter Rundung notwendig. Die Konversion erfolgt mit einer Genauigkeit von 1 ulp, bei der Rundung zur nächstgelegenen Gleitkommazahl sogar mit 1/2 ulp. Bei Intervallkonstanten erfolgt die Konversion durch

| | |
|---|---|
| (< −1E−15, +1E−15>) bzw. (< 2.3D0 >) | reell |
| (< (1, −0.1), (1.001, 0) >) | komplex |

Hierbei ist zu beachten, daß ein komplexes Intervall durch ein Paar komplexer Zahlen, nämlich das Infimum und das Supremum, dargestellt wird. Auch hier wird eine Genauigkeit von 1 ulp garantiert.

Diese Schreibweise für Konstanten kann sowohl im Programm selbst als auch zur Laufzeit bei der Ein-/Ausgabe von Daten verwendet werden. Die Intervallrundung sorgt dabei stets dafür, daß das engstmöglich einschließende Intervall im maschineninternen Gleitkommaformat berechnet wird.

## 2.3 Beispiel: Intervall-Newton-Verfahren

Die Anwendung der Intervallarithmetik soll anhand des Intervall-Newton-Verfahrens demonstriert werden. Dieses Verfahren wird bekanntermaßen dazu verwendet, die Einschließung einer Nullstelle einer reellwertigen Funktion $f(x)$ zu berechnen. Voraussetzung dafür ist, daß $f'(x)$ stetig auf dem Intervall $[a, b]$ ist und daß gilt:

$$0 \notin \{f'(x) : x \in [a, b]\} \quad \text{und} \quad f(a) \cdot f(b) < 0.$$

Ist $X$ eine bereits bekannte Einschließung einer Nullstelle der Funktion $f(x)$, dann kann eine schärfere Einschließung mittels folgender Formel berechnet werden (vgl. [12],[15]):

$$Y = \left( M(X) - \frac{F(M(X))}{F'(X)} \right) \cap X$$

Dabei bezeichnet $M(X)$ den Mittelpunkt des Intervalles $X$ und $F$ bzw. $F'$ die Intervallauswertungen von $f$ bzw. $f'$.

Als Beispielfunktion wurde

$$f(x) = x^2\left(\frac{x^2}{3} + \sqrt{2}\sin(x)\right) - \frac{\sqrt{3}}{19}$$

gewählt, deren Darstellung im FORTRAN-SC Quelltext aufgrund der vordefinierten Operatoren auch in der Intervallform nahezu der mathematischen Schreibweise entspricht. Nachfolgend nun das entsprechende FORTRAN-SC Programm INEWT.

```
      P R O G R A M   I N E W T
      INTERVAL X, Y, M, DERIV, F
      LOGICAL CRITER

1     WRITE(*,*)'Please enter starting interval'
      READ(*,*,END=999) Y
      IF ( CRITER(Y) ) THEN
        REPEAT
          X = Y
          WRITE(*,*) X
          Y = ( M(X) - F(M(X))/DERIV(X) ) .IS. X
        UNTIL ( X .EQ. Y )
      ELSE
        WRITE(*,*)'Criterion not satisfied'
      END IF
      GOTO 1
999   STOP
      END

      F U N C T I O N   F (X)
      INTERVAL F, X
      F = X*X*(X*X/3+SQRT( (<2>) )*SIN(X)) - SQRT( (<3>) )/19
      RETURN
      END

      F U N C T I O N   D E R I V (X)
      INTERVAL DERIV, X
      DERIV = X*(4./3*X*X + SQRT( (<2>) )*(2*SIN(X)+X*COS(X)))
      RETURN
      END

      F U N C T I O N   M (X)
      INTERVAL M, X
      M = IVAL ( INF(X) + (SUP(X) -< INF(X))/<2 )
      RETURN
      END

      F U N C T I O N   C R I T E R (X)
      LOGICAL CRITER
      INTERVAL X, F, DERIV
      CRITER = ( 0. .IN. F(X) .AND. .NOT. (0. .IN. DERIV(X))
      RETURN
      END
```

Die Ausführung dieses Programms liefert:

```
Please enter starting interval

(<-2,-1.8>)

(< -0.20000000E+01 , -0.17999992E+01 >)
(< -0.20000000E+01 , -0.19734134E+01 >)
(< -0.19872942E+01 , -0.19872465E+01 >)
(< -0.19872704E+01 , -0.19872674E+01 >)


Please enter starting interval

(<0.1,1>)

(<  0.99999964E-01 ,  0.10000000E+01 >)
(<  0.99999964E-01 ,  0.51817775E+01 >)
(<  0.34555864E-01 ,  0.51877775E+01 >)
(<  0.37398600E-01 ,  0.40756155E+01 >)
(<  0.39224779E-01 ,  0.39254433E+01 >)
(<  0.39237916E-01 ,  0.39237971E+01 >)
(<  0.39237922E-01 ,  0.39237971E+01 >)
```

# 3 Vektor-Matrix-Operationen und dynamische Felder

## 3.1 Vektor-Matrix-Operationen

In FORTRAN-SC sind die in der Mathematik üblichen Vektor-Matrix-Operationen als Operatoren vordefiniert, so daß man Vektor- und Matrixausdrücke wie gewohnt schreiben und unnötige Subroutine-Calls vermeiden kann. Die Operatoren + und − für beliebige numerische Vektoren und Matrizen, sowie .IS. und .CH. sind elementweise definiert, entsprechend die Multiplikation mit einem Skalar und die Division durch einen Skalar. Die Produkte

$$\text{Vektor} * \text{Vektor}, \quad \text{Matrix} * \text{Vektor}, \quad \text{Matrix} * \text{Matrix}$$

werden mit dem exakten Skalarprodukt berechnet und liefern daher ebenfalls immer eine Genauigkeit von 1 ulp.

Die arithmetischen Operatoren $+, -, *, /$ können auch mit der Rundung zur nächstkleineren bzw. zur nächstgrößeren Gleitkommazahl verwendet werden, indem man ein $<$ oder ein $>$ an den Operator anhängt (z. B. $+<$, $*>$). Die Vergleichsoperatoren

.EQ., .NE., .DJ., .SB., .SP. und .IN.

werden zunächst grundsätzlich elementweise ausgewertet. Die Operatoren .NE. und .DJ. liefern „wahr", sobald mindestens ein Vergleich „wahr" ergeben hat, während die anderen Vergleiche nur dann „wahr" liefern, wenn alle Vergleiche „wahr" ergeben haben.

## 3.2 Dynamische Felder

In FORTRAN-SC können Felder vereinbart werden, ohne daß die Indexgrenzen zur Übersetzungszeit festgelegt werden müssen. FORTRAN-SC besitzt eine automatische Speicherverwaltung für dynamische Felder, so daß der Speicherplatz für diese zur Laufzeit in der gewünschten Größe angelegt und auch wieder freigegeben werden kann. Somit läßt sich der Speicher ökonomisch ausnutzen, und der Benutzer kann stets mit Feldern der gerade benötigten Größe arbeiten.

Das dynamische Konzept in FORTRAN-SC ist so angelegt, daß die dynamischen Felder mit den statischen (herkömmlichen) Feldern kompatibel sind. Es wird eine Indexüberprüfung beim Indizieren von Feldern sowie eine Typüberprüfung bei der Übergabe von Argumenten angeboten.

Durch die Verwendung dynamischer Felder entfällt für den Benutzer die wiederholte Compilierung von Programmen für verschiedene Dimensionen. Außerdem werden Arbeitsfelder, die der Programmierer selbst als Arbeitsspeicher verwalten muß, überflüssig. In vielen Fällen können COMMON-Blöcke und zusätzliche Argumente für Indexgrenzen vermieden werden. Weiterhin ist es in FORTRAN-SC möglich, Funktionen und Operatoren, welche ein Feld als Ergebnis haben, zu vereinbaren.

Die Vereinbarung von dynamischen Feldern erfolgt in der DYNAMIC-Anweisung, in der Typname, Elementtyp und Anzahl der Dimensionen, nicht aber Größe und Indexgrenzen eines Feldes festgelegt werden. Zum Beispiel werden durch

```
DYNAMIC / COMPLEX INTERVAL (:,:) / DYNMAT,
        / VECTOR = REAL(:) /
DYNAMIC / POLYNOMIAL = REAL(:) / POLY,
        / VECTOR / X, Y, Z
```

die komplexe Intervallmatrix `DYNMAT`, die reellen Vektoren `X`, `Y`, `Z` vom Typ `VECTOR` und das Polynom mit reellen Koeffizienten `POLY` vom Typ `POLYNOMIAL` definiert.

Mit der ALLOCATE-Anweisung wird der Speicherplatz für die dynamischen Felder zur Laufzeit bereitgestellt. Durch

```
ALLOCATE DYNMAT (5,-5:5),
         POLY (0:10)
ALLOCATE X,Y (= POLY)
```

werden **DYNMAT** als 5×11-Matrix, **POLY** als Polynom zehnten Grades und **X**, **Y** als Vektoren mit demselben Indexbereich wie **POLY** allokiert. Außerdem bietet FORTRAN–SC auch die automatische Allokierung des Ergebnisses bei einer Zuweisung an, so daß mit

```
Z = X - Y
```

die Variable **Z** implizit als **Z(0:10)** allokiert wird. Mit der FREE-Anweisung kann der Speicherplatz eines dynamischen Feldes wieder freigegeben werden.

Sowohl bei statischen als auch bei dynamischen Feldern bietet die Sprache FORTRAN–SC die Möglichkeit, auf Teilfelder zuzugreifen. Darunter versteht man zusammenhängende „rechteckige" Teilbereiche von Feldern. In FORTRAN–SC sind Teilfelder mit ganzen Feldern kompatibel. In Abbildung 1 wird anhand eines Beispiels die Notation für Teilfelder demonstriert.

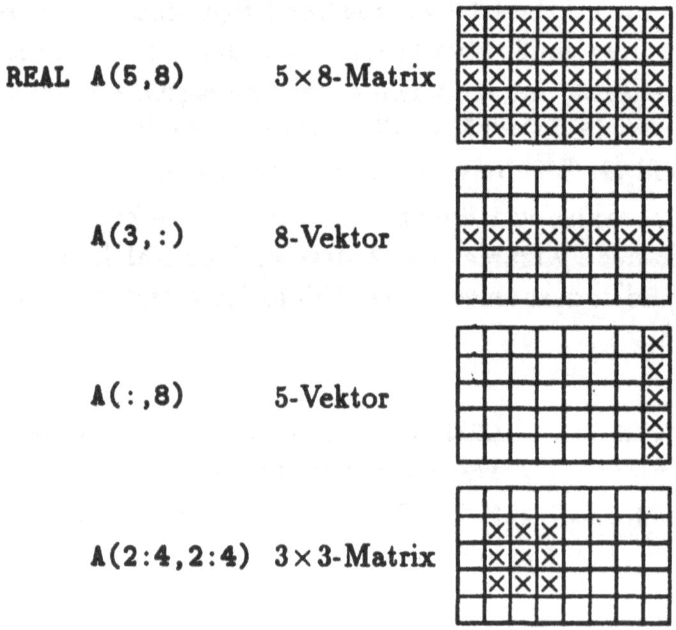


Abbildung 1: Zugriff auf Teilfelder in FORTRAN–SC

## 3.3 Beispiele

### 3.3.1 Runge-Kutta-Verfahren

Als Beispiel für die Anwendung von Vektor-Matrix-Operationen und dynamischen Feldern soll zunächst das Runge-Kutta-Verfahren (vgl. [19]) dienen. Dieses Verfahren wird benutzt zur approximativen Lösung von Anfangswertaufgaben der Form

$$y' = f(x, y),$$

$$y(x^0) = y^0$$

im skalaren Fall mit nur einer Differentialgleichung bzw.

$$Y' = F(x, Y),$$

$$Y(x^0) = Y^0$$

im Falle eines Systems von Differentialgleichungen, d. h. mit

$$Y = \begin{pmatrix} y_1(x) \\ \vdots \\ y_n(x) \end{pmatrix}, \quad Y' = \begin{pmatrix} y_1'(x) \\ \vdots \\ y_n'(x) \end{pmatrix} \quad \text{und}$$

$$F(x, Y) = \begin{pmatrix} f_1(x, y_1, \ldots, y_n) \\ \vdots \\ f_n(x, y_1, \ldots, y_n) \end{pmatrix}.$$

Eine Näherung der Lösung $Y$ an der Stelle $x + h$ ist mit den durch

$$\begin{aligned} K_1 &= h * F(x, Y) \\ K_2 &= h * F(x + \tfrac{h}{2}, Y + \tfrac{K_1}{2}) \\ K_3 &= h * F(x + \tfrac{h}{2}, Y + \tfrac{K_2}{2}) \\ K_4 &= h * F(x + h, Y + K_3) \end{aligned}$$

definierten Koeffizienten $K_i$ gegeben durch die Formel

$$Y(x + h) = Y(x) + (K_1 + 2K_2 + 2K_3 + K_4)/6.$$

In der mathematischen Schreibweise unterscheiden sich die Formeln für die Vektoren $K_i$ und $Y$ nicht von denen des skalaren Falls.

Jeder FORTRAN Anwender aber weiß, daß an die Stelle dieser Formeln für die $K_i$ und für $Y(x+h)$ im FORTRAN Programm mehrere Unterprogrammaufrufe oder Schleifen treten müssen, was das Programm sofort unleserlich macht. In FORTRAN–SC hingegen ist es mittels der vordefinierten Vektor-Matrix-Operationen möglich, den Algorithmus im Programmtext genau der mathematischen Schreibweise entsprechend zu formulieren.

Um das entsprechende Programm für das Runge-Kutta-Verfahren unabhängig von der Dimension zu machen, kann man nun $F$, $Y$ und die $K_i$ als dynamische Felder vereinbaren. Somit wird im Programm RUNGE, das im folgenden angegeben ist, lediglich ein Unterprogramm INIT benötigt, das für $Y$ die Dimension festlegt und die Startwerte einliest, während das Hauptprogramm unabhängig von den Dimensionsangaben formuliert werden kann.

```
      PROGRAM RUNGE
      INTEGER n
      DYNAMIC / REAL(:) / F, Y, K1, K2, K3, K4
      REAL x, h
      EXTERNAL F
C     Initialisation of the system
      CALL INIT (x,Y,h)
C     Main loop (10 steps)
      DO  100 n=1,10
        K1 = h * F(x,Y)
        K2 = h * F(x + h/2, Y + K1/2)
        K3 = h * F(x + h/2, Y + K2/2)
        K4 = h * F(x + h, Y + K3)
        Y = Y + (K1 + 2*K2 + 2*K3 + K4)/6
        x = x + h
C       Output
        CALL PRINTV(x,Y)
100   CONTINUE
      STOP
      END
```

### 3.3.2 Gauß-Elimination

Als weiteres Beispiel soll das Gaußsche Eliminationsverfahren zur Lösung eines linearen Gleichungssystems (vgl. [18]) dienen. In diesem Verfahren wird ein System

$$Ax = b \text{ mit } A \in \mathbb{R}^{n \times n},\ b \in \mathbb{R}^n$$

durch geeignete Vertauschungen und Linearkombinationen der Zeilen schrittweise in ein Gleichungssystem der Form

$$Rx = c \text{ mit } R \in \mathbb{R}^{n \times n},\ c \in \mathbb{R}^n$$

transformiert, wobei die Matrix $R$ obere Dreiecksgestalt besitzt. Dieses neue System besitzt dieselbe Lösung wie das ursprüngliche System. Diese ist unter der Voraussetzung $r_{ii} \neq 0$ für $i = 1, \ldots, n$ gegeben durch

$$x_i = \frac{\left(c_i - \sum_{j=i+1}^{n} r_{ij} x_j\right)}{r_{ii}}, \; i = n, n-1, \ldots, 1.$$

Da man bei der Transformation auf obere Dreiecksgestalt die Addition der i-ten Zeile nur für die Elemente rechts der i-ten Spalte durchführen muß, kann bei der Programmierung auf das Teilfeldkonzept von FORTRAN-SC zurückgegriffen werden. Der i-te Transformationsschritt läßt sich dann so formulieren:

```
      DO 10 j = i+1,n
        factor  = R(j,i)/R(i,i)
        R(j,i+1:) = R(j,i+1:) - factor*R(i,i+1:)
10    CONTINUE
```

Das vollständige FORTRAN-SC Programm zum Gauß-Algorithmus lautet dann wie folgt:

```
      P R O G R A M   G A U S S
      DYNAMIC / REAL(:,:) / A, R, / REAL(:) / b, x
      INTEGER dim, i, j
      REAL factor

      WRITE(*,*)'Please enter the dimension of the system'
      READ(*,*) dim
      ALLOCATE A(dim,dim), b(dim)
      WRITE(*,*)'Please enter the matrix A'
      READ(*,*) A
      WRITE(*,*)'Please enter the right-hand side b'
      READ(*,*) b

      ALLOCATE x(=b)

      R = A
      c = b
      DO 10 i = 1,dim
        DO 10 j = i+1,dim
          factor  = R(j,i)/R(i,i)
          R(j,i+1:) = R(j,i+1:) - factor*R(i,i+1:)
          c(j)      = c(j)      - factor*c(i)
10    CONTINUE

      x(dim) = c(dim)/R(dim,dim)
      DO 20 i = dim-1,1,-1
        x(i) = (c(i) - R(i,i+1:)*x(i+1:))/R(i,i)
20    CONTINUE

      WRITE(*,*)'The solution is:'
      WRITE(*,*) x
      END
```

Als Beispiel für die Durchführung des Programms soll als Matrix $A$ eine sogenannte *Boothroyd/Dekker-Matrix* (vgl. [21]) und als rechte Seite $b$ der Vektor, dessen Komponenten sämtlich 1 sind, verwendet werden. Die Elemente einer Boothroyd/Dekker-Matrix $A = (a_{ij})$ der Dimension $n$ sind gegeben durch

$$a_{ij} = \binom{n+i-1}{i-1}\binom{n-1}{n-j}\frac{n}{i+j-1},$$

die Elemente der Inversen $C = A^{-1}$ ergeben sich als

$$c_{ij} = (-1)^{i+j} a_{ij}.$$

Demnach ergibt sich als Lösungsvektor $x$ des Gleichungssystems $Ax = b$ der Vektor

$$x = Cb = \begin{pmatrix} 1 \\ -1 \\ 1 \\ -1 \\ \vdots \end{pmatrix}$$

Die mit dem Gauß-Programm tatsächlich berechneten Näherungen sind dem folgenden Ein/Ausgabe-Protokoll zu entnehmen.

```
Please enter the dimension of the system

6

Please enter the matrix A

 6  21  56 126  252  462
15  70 210 504 1050 1980
20 105 336 840 1800 3465
15  84 280 720 1575 3080
 6  35 120 315  700 1386
 1   6  21  56  126  252

Please enter the right-hand side b

 1  1  1  1  1  1

The solution is:

 0.99962759E+00
-0.99806309E+00
 0.99403381E+00
-0.98556519E+00
 0.96968079E+00
-0.94213867E+00
```

# 4 Funktionen und Operatoren mit allgemeinem Ergebnistyp

## 4.1 Von Standard–FORTRAN zu FORTRAN–SC

Zunächst soll nochmals anhand eines Beispiels demonstriert werden, welche Vereinfachungen in der Programmiertechnik sich durch die Einführung eines allgemeinen Ergebnistyps für Funktionen und Operatoren ergeben. Will man zum Beispiel den Intervallausdruck

$$R = (X - Y) * (X + F(Z))$$

für die Intervalle $X, Y, Z$ und für die intervallwertige Funktion $F$ berechnen, so könnte ein FORTRAN 77-Programmierer wie folgt vorgehen:

```
      . . .
      REAL RLB, RUB, XLB, XUB, YLB, YUB, ZLB, ZUB
      REAL T1LB, T1UB, T2LB, T2UB
      INTEGER IER
      . . .
      CALL ISUB(XLB,XUB,YLB,YUB,T1LB,T1UB,IER)
      IF (IER .NE. 0) GOTO 999
      CALL F(ZLB,ZUB,T2LB,T2UB)
      CALL IADD(XLB,XUB,T2LB,T2UB,T2LB,T2UB,IER)
      IF (IER .NE. 0) GOTO 999
      CALL IMUL(T1LB,T1UB,T2LB,T2UB,RLB,RUB,IER)
      IF (IER .NE. 0) GOTO 999
      . . .
999   WRITE(*,*)'Overflow occurred during evaluation'
      STOP
      . . .
      END

      SUBROUTINE F(ARGLB,ARGUB,RESLB,RESUB)
      REAL ARGLB,ARGUB,RESLB,RESUB
      . . .
      END
```

Ein FORTRAN–SC-Anwender hat es schon allein dadurch leichter, daß ihm Intervalle als Standardtyp zur Verfügung stehen und daß Funktionen mit jedem beliebigen Ergebnistyp definiert werden können. Somit lassen sich MUL, SUB, ADD und F als Funktionen vereinbaren und das Programm vereinfacht sich zu

```
      INTERVAL R, X, Y, Z, F
      EXTERNAL F
      . . .
      R = MUL(SUB(X,Y),ADD(X,F(Z)))
      . . .
      END
```

```
FUNCTION F(ARG)
INTERVAL ARG, F
. . .
END
```

Aufgrund des Operatorkonzepts in FORTRAN-SC wird es noch einfacher, da sich MUL, SUB und ADD auch als Operatoren definieren lassen bzw. bereits vordefiniert sind. Im Programm kann also letztendlich die mathematische Schreibweise verwendet werden:

```
INTERVAL R, X, Y, Z, F
EXTERNAL F
. . .
R = (X-Y)*(X+F(Z))
. . .
END

INTERVAL FUNCTION F(ARG)
INTERVAL ARG
. . .
END
```

## 4.2 Funktionen und Operatoren für beliebige Datentypen

In obigem Beispiel wurde mit Operatoren gearbeitet, die in FORTRAN-SC ohnehin standardmäßig zur Verfügung stehen. Nun kann es aber sein, daß der Anwender Operationen auf einem beliebigen Datentyp benötigt und diese ebenfalls gerne in übersichtlicher Schreibweise programmieren möchte. Für diesen Fall können in FORTRAN-SC für beliebige Funktionen mit ein bzw. zwei Argumenten monadische bzw. dyadische Operatoren vereinbart werden. Sowohl die Neudefinition von Standardoperatoren und das Überladen existierender Operatoren für andere Operandentypen als auch die Definition neuer Operatornamen (in Punkte eingeschlossen) ist möglich.

Will man als Anwender z. B. einen Operator für eine „Division" von Intervallmatrizen gemäß $A/B := A * B^{-1}$ definieren, so muß man zunächst die Operation als Funktion definieren und diese Funktion mit dem Operatorzeichen / in einer OPERATOR-Anweisung assoziieren.

```
F U N C T I O N  M A T D I V (LEFTMAT, RIGHTMAT)
DYNAMIC / INTERVAL(:,:) / MATDIV, LEFTMAT, RIGHTMAT
MATDIV = LEFTMAT * IINVO (RIGHTMAT)
END

P R O G R A M  P R O G
DYNAMIC / INTERVAL(:,:) / A,B
OPERATOR / = MATDIV(INTERVAL(:,:), INTERVAL(:,:))
&                       INTERVAL(:,:)
```

Grundsätzlich kann jeder Datentyp (vordefiniert oder selbstdefiniert) Ergebnistyp von Funktionen und damit auch von Operatoren sein.

## 4.3 Beispiel: Differentiationsarithmetik

Ein typisches Beispiel einer benutzerdefinierten Arithmetik ist die Differentiationsarithmetik von Rall (vgl. [17]), mit deren Hilfe die Technik des sogenannten automatischen Differenzierens implementiert wird. Diese Arithmetik ist, wie auch die der komplexen Zahlen, eine Arithmetik geordneter Paare der Form

$$U = (u, u') \quad \text{mit} \quad u, u' \in I\!R.$$

In der ersten Komponente von $U$ steht der Funktionswert, in der zweiten der Wert der Ableitung. Die Regeln für die Arithmetik lauten dann

$$\begin{aligned}
U + V &= (u, u') + (v, v') &&= (u + v, u' + v') \\
U - V &= (u, u') - (v, v') &&= (u - v, u' - v') \\
U * V &= (u, u') * (v, v') &&= (u * v, u * v' + u' * v) \\
U/V &= (u, u')/(v, v') &&= (u/v, (u' - u * v'/v)/v), \quad v \neq 0,
\end{aligned}$$

wobei in der zweiten Komponente jeweils die entsprechende Differentiationsregel verwendet wird. Für die unabhängige Variable $x$ und eine beliebige Konstante $c$ folgt wegen $\frac{dx}{dx} = 1$ und $\frac{dc}{dx} = 0$

$$X = (x, 1) \quad \text{und} \quad C = (c, 0).$$

Für $X * X - 2$ ergibt sich z. B.

$$\begin{aligned}
X * X - 2 &= (x, 1) * (x, 1) - (2, 0) \\
&= (x * x, x * 1 + 1 * x) - (2, 0) \\
&= (x * x - 2, 2 * x)
\end{aligned}$$

Da sich die Regeln der Differentiationsarithmetik leicht auf höhere Ableitungen erweitern lassen, sind im folgenden Demonstrationsprogramm die geordneten Paare $(u, u')$ als dynamische Felder implementiert. Dafür müssen dann lediglich die Funktionen, welche mit den Operatoren assoziiert sind, geändert werden. Das Hauptprogramm kann unverändert bleiben. Neben den Operatoren für die Verknüpfung der Tupel untereinander sind im Programm DIFF auch Operatoren für die Verknüpfung von REAL-Konstanten mit Tupeln definiert. Damit läßt sich die Beispielfunktion

$$\frac{1}{4}x^3 + 3x^2 + 7x - 5$$

einfach als

```
1/4.*X*X*X + 3.*X*X + 7.*X - 5.
```

schreiben, wobei die Operatorzeichen nun eben nicht für die herkömmlichen Operationen, sondern für die der Differentiationsarithmetik stehen.

```
          P R O G R A M   D I F F

          INTERVAL range
          INTEGER  screenwidth, i
          PARAMETER (screenwidth = 80)
          DYNAMIC / REAL(:) / X, / REAL(:,:) / RESULT

          OPERATOR + = add    (REAL(:),REAL(:)) REAL(:)
          OPERATOR + = addn1  (REAL   ,REAL(:)) REAL(:)
          OPERATOR + = addn2  (REAL(:),REAL   ) REAL(:)
          OPERATOR - = sub    (REAL(:),REAL(:)) REAL(:)
          OPERATOR - = subn1  (REAL   ,REAL(:)) REAL(:)
          OPERATOR - = subn2  (REAL(:),REAL   ) REAL(:)
          OPERATOR * = mul    (REAL(:),REAL(:)) REAL(:)
          OPERATOR * = muln1  (REAL   ,REAL(:)) REAL(:)
          OPERATOR * = muln2  (REAL(:),REAL   ) REAL(:)
          OPERATOR / = div    (REAL(:),REAL(:)) REAL(:)
          OPERATOR / = divn1  (REAL   ,REAL(:)) REAL(:)
          OPERATOR / = divn2  (REAL(:),REAL   ) REAL(:)

          ALLOCATE X(0:1), RESULT(screenwidth,0:1)

20        WRITE(*,*)'Please enter range to be displayed'
          READ (*,*,END=999) range

          X(1) = 1
          DO 10 i=1,screenwidth
            X(0) = (INF(range)*(screenwidth-i)+SUP(range)*(i-1))
         &                    /(screenwidth-1)
            RESULT(i,:) = 1/4.*X*X*X + 3.*X*X + 7.*X - 5.
10        CONTINUE

          CALL image(RESULT(:,0), RESULT(:,1), range)

          GOTO 20
999       STOP
          END
```

Am Beispiel des Operators + soll gezeigt werden, wie die Operatoren bzw. die entsprechenden Funktionen definiert sind. Zu beachten ist, daß der Speicherbereich des Funktionsergebnisses entsprechend der Funktionsargumente allokiert wird, wobei `ADD` implizit durch die Zuweisung angelegt wird, während `ADDN1` explizit genauso groß angelegt wird wie das Argument `V`.

Eigentlich sind die Funktionen `ADD` und `SUB` samt den beiden zugehörigen Operatordefinitionen gar nicht erforderlich, da in diesen beiden Fällen die gewünschten Operationen identisch mit den Standardoperatoren + und - für reelle Vektoren sind.

```
      F U N C T I O N   A D D (U,V)

      DYNAMIC / REAL(:) / ADD, U, V
      ADD = U + V
      RETURN
      END


      F U N C T I O N   A D D N 1 (R,V)

      DYNAMIC / REAL(:) / ADDN1, V
      REAL R
      ALLOCATE ADDN1(=V)
      ADDN1(0) = R + V(0)
      ADDN1(1) = V(1)
      RETURN
      END
```

Die im Hauptprogramm benutzte Routine **image** gibt die in der zweispaltigen Matrix `RESULT` abgespeicherten Werte der Funktion (*) und ihrer Ableitung (=) im angegebenen Bereich aus. Die Ausführung des Programms liefert:

```
Please enter range to be displayed
(<-9.1,1.9>)
```

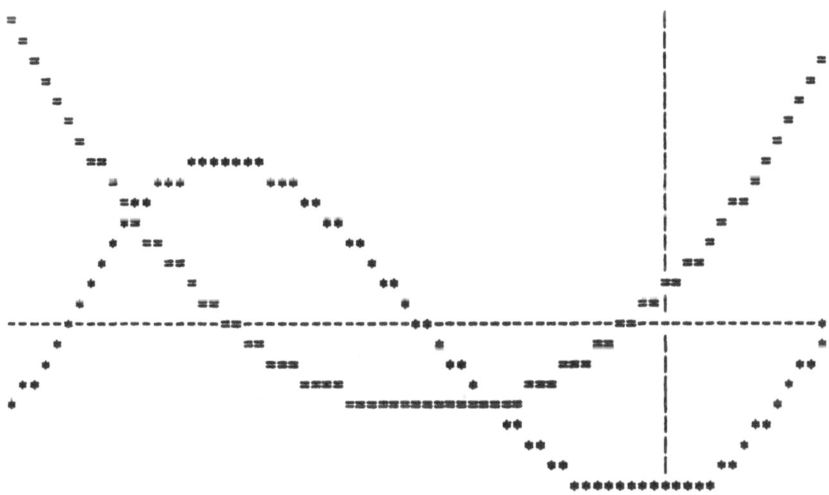

# 5 Skalarproduktausdrücke

## 5.1 Verwendung und Formulierung von Skalarproduktausdrücken

Die exakte Auswertung von Skalarprodukten in der Vektor-Matrix-Arithmetik und in Algorithmen, die eine hohe Genauigkeit verlangen, ist von großer Bedeutung. Skalarproduktausdrücke stellen eine spezielle Klasse von Ausdrücken dar. Sie können mit Hilfe des exakten Skalarprodukts in einem langen Akkumulator exakt ausgewertet werden. Syntaktisch ist ein Skalarproduktausdruck eine Summe von einfachen Ausdrücken. Solch ein einfacher Ausdruck ist entweder eine Konstante, eine Variable oder ein einfaches Produkt davon. Als Variablen sind sowohl Skalare als auch Vektoren und Matrizen zulässig. Je nach Ergebnisform spricht man von einem skalaren, einem Vektor- oder einem Matrix-Skalarproduktausdruck.

Ein Skalarproduktausdruck, welcher in Klammern eingeschlossen und durch das spezielle Symbol # gekennzeichnet ist, wird zunächst exakt ausgewertet. Er kann nach der exakten Auswertung entweder als sogenannter DOTPRECISION-Wert gespeichert oder zu einer Gleitkommazahl (nächstliegend, auf- oder abgerundet) bzw. zum engstmöglich einschließenden Intervall gerundet werden. Dies erfolgt durch

| | |
|---|---|
| # | exakt (DOTPRECISION), nur skalar |
| #* | gerundet (nächstgelegen, 1/2 ulp) |
| #< (#>) | gerundet (nach unten (nach oben), 1 ulp) |
| ## | gerundet (zum Intervall, 1 ulp) |

Hat man z. B. die Vektoren U und V und die Zahlen X, Y und Z gemäß

```
DOUBLE COMPLEX U(100), V(100), X, Y, Z
```

vereinbart, dann kann man durch

```
M = ##(U*V + X*Y + Z)
```

das engstmöglich einschließende Intervall M vom Typ DOUBLE COMPLEX INTERVAL für den Ausdruck berechnen. Innerhalb eines Skalarproduktausdrucks kann auch die Summenschreibweise

```
SUM (A(i,i)*B(i,i), i=1,DIM)
```

verwendet werden, die der mathematischen Summenschreibweise entspricht.

## 5.2 Beispiel: Spur einer Produktmatrix

Berechnet werden soll die Spur der Produktmatrix $C = AB$, also

$$SPUR = \sum_{i=1}^{n} c_{ii} = \sum_{i=1}^{n} \sum_{k=1}^{n} a_{ik} b_{ki}.$$

Ein entsprechendes FORTRAN 77 Programm wäre z. B.

```
      SPUR = 0
      DO 10 I=1,N
        DO 20 K=1,N
          SPUR = SPUR + A(I,K)*B(K,I)
20      CONTINUE
10    CONTINUE
```

Es hat aber leider den Nachteil, daß die Genauigkeit des berechneten Wertes unbekannt ist. In FORTRAN-SC kann dasselbe Programmstück in einer Zeile geschrieben werden:

```
      SPUR = #*(SUM(A(i,:)*B(:,i),i=1,N))
```

Dieser Ausdruck wird mit einer garantierten Genauigkeit von 1/2 ulp ausgewertet.

Auch bei der bereits erwähnten Gauß-Elimination treten Skalarproduktausdrücke auf, welche exakt berechnet werden können. Dort kann die Rückwärtssubstitution, also die Berechnung von

$$x_i = \frac{\left(c_i - \sum_{j=i+1}^{n} r_{ij} x_j\right)}{r_{ii}}, \quad i = n, n-1, \ldots, 1$$

entsprechend durch

```
      DO 20 i = n,1,-1
20      x(i) = #*(c(i) - SUM(R(i,j)*x(j), j=i+1,n))/R(i,i)
```

realisiert werden.

# 6 Kurzüberblick über den FORTRAN-SC Compiler und die Laufzeitbibliothek

Abschließend sollen die wichtigsten Komponenten des FORTRAN-SC Compilers und die in der Laufzeitbibliothek zur Verfügung gestellten Operatoren, Funktionen und Routinen angegeben werden.

## 6.1 FORTRAN–SC Compiler

Der am Institut für Angewandte Mathematik der Universität Karlsruhe entwickelte FORTRAN–SC Compiler besteht aus den folgenden Komponenten:

- komplettes „Front End"
  - vollständige Sprachanalyse
- Codegenerator
  - generiert VS FORTRAN Code (IBM)
  - wahlweise eingefügter FORTRAN–SC Quelltext
- Listinggenerator
  - präzise Fehlermeldungen
  - genaue Fehlerposition (Zeile und Spalte)
- Cross-Reference Generator
  - Namen und Operatoren
  - Blockstruktur
  - Marken Cross-Reference Listing

## 6.2 FORTRAN–SC Laufzeitbibliothek

Die FORTRAN–SC Laufzeitbibliothek stellt folgende *features* zur Verfügung:

- Arithmetische Operatoren
  - 1 ulp Genauigkeit
- Vergleichsoperatoren
  - Ergebnistyp logical (skalar)
- Dynamische Feldbehandlung
  - in alle Feldoperatoren integriert
  - explizite Feldbehandlung (ALLOCATE, LB, UB, FREE, ...)
- Typkonversionsfunktionen

- Mathematische Standardfunktionen
  - Punktergebnis: 1 ulp
  - Intervallergebnis: 2 ulp
- Problemlöse-Routinen (ACRITH-ähnlich)
  - Auswertung von arithmetischen Ausdrücken
  - Matrixinversion, lineare Gleichungssysteme
  - Eigenwerte, Eigenvektoren
  - nichtlineare Gleichungssysteme
  - lineare Optimierung
  - Auswertung und Nullstellen von Polynomen
- Vollintegrierte Fehlerbehandlung

# Literatur

[1] Alefeld, G. und Herzberger, J.: *Introduction to Interval Analysis.* Academic Press, New York, 1983.

[2] American National Standards Institute: *American National Standard Programming Language FORTRAN.* ANSI X3.9-1978, 1978.

[3] American National Standards Institute: *American National Standard for Information Systems Programming Language Fortran.* Draft S8, Version 111, ANSI X3.9-198x, 1989.

[4] Bleher, J. H., Rump, S. M., Kulisch, U., Metzger, M., Ullrich, Ch. und Walter, W.: *FORTRAN-SC: A Study of a FORTRAN Extension for Engineering/Scientific Computation with Access to ACRITH.* Computing **39**, S. 93 - 110, Springer, 1987.

[5] Bohlender, G., Kaucher, E., Klatte, R., Kulisch, U., Miranker, W.L., Ullrich, Ch. und Wolff von Gudenberg, J.: *FORTRAN for Contemporary Numerical Computation.* IBM Research Report RC 8348. Computing **26**, S. 277–314, Springer, 1981.

[6] IBM *High-Accuracy Arithmetic Subroutine Library* (ACRITH). General Information Manual, GC 33-6163-02, 3rd Edition, 1986.

[7] IBM *High-Accuracy Arithmetic Subroutine Library* (ACRITH). Program Description and User's Guide, SC 33-6164-02, 3rd Edition, 1986.

[8] IBM *System /370 RPQ, High-Accuracy Arithmetic.* SA 22-7093-0, 1984.

[9] Kulisch, U. (ed.): *PASCAL-SC: A Pascal Extension for Scientific Computation*, Information Manual and Floppy Disks, Version IBM PC. B. G. Teubner, Stuttgart, John Wiley & Sons, Chichester, 1987.

Kulisch, U. (ed.): *PASCAL-SC: A Pascal Extension for Scientific Computation*, Information Manual and Floppy Disks, Version ATARI ST. B. G. Teubner, Stuttgart, 1987.

[10] Kulisch, U. und Miranker, W. L.: *Computer Arithmetic in Theory and Practice.* Academic Press, New York, 1981.

Kulisch, U.: *Grundlagen des numerischen Rechnens: Mathematische Begründung der Rechnerarithmetik.* Reihe Informatik, Bd. **19**, Bibliographisches Institut, Mannheim, Wien, Zürich, 1976.

[11] Kulisch, U. und Miranker, W. L.: *A New Approach to Scientific Computation.* Academic Press, New York, 1983.

[12] Mayer, G.: *Grundbegriffe der Intervallrechnung.* In diesem Band, S. 101 ff., 1988.

[13] Metzger, M.: *FORTRAN-SC - A FORTRAN Extension for Engineering/Scientific Computation with Access to ACRITH,* Demonstration of the Compiler and Sample Programs. In [16], S. 63-79, 1988.

[14] Metzger, M., Walter, W.: *FORTRAN-SC - A FORTRAN Extension for Engineering/Scientific Computation with Access to ACRITH,* Language Reference and User's Guide. Second Edition, IBM Deutschland GmbH, Stuttgart, 1989.

[15] Moore, R. E.: *Interval Analysis.* Prentice Hall, Englewood Cliffs, N. J., 1966.

[16] Moore, R. E. (ed.): *Reliability in Computing, The Role of Interval Methods in Scientific Computing,* Perspectives in Computing **19**, Academic Press, San Diego, London, 1988.

[17] Rall, L. B.: *Automatic Differentiation: Techniques and Applications.* Lecture Notes in Computer Science **120**, Springer, Orlando, 1981.

[18] Stoer, J.: *Einführung in die Numerische Mathematik I.* Heidelberger Taschenbücher, Bd. **105**, Springer, Heidelberg, 1979.

[19] Stoer, J. und Bulirsch, R.: *Einführung in die Numerische Mathematik II.* Heidelberger Taschenbücher, Bd. **114**, Springer, Heidelberg, 1978.

[20] Walter, W.: *FORTRAN-SC - A FORTRAN Extension for Engineering/Scientific Computation with Access to ACRITH,* Language Description with Examples. In [16], S. 43-62, 1988.

[21] Zurmühl, R. und Falk, S.: *Matrizen und ihre Anwendungen*, Teil 2: *Numerische Methoden.* Springer, Berlin, 1984.

# PASCAL-SC
# Eine PASCAL-Erweiterung für wissenschaftliches Rechnen

M. Neaga
Institut für Angewandte Mathematik
Universität Karlsruhe (TH)

**Zusammenfassung**

Die hier vorgestellte Erweiterung der Programmiersprache PASCAL erlaubt es, auf relativ einfache Weise mathematische Algorithmen umzusetzen und unter Verwendung der Intervall-mathematischen Module Lösungen vom Rechner selbst verifizieren zu lassen. Dies wird gewährleistet durch ein Operatorkonzept ähnlich ADA oder ALGOL 68, mittels einer hochgenauen Dezimalarithmetik mit Rundungsoperationen und durch ein Modulkonzept ähnlich dem von MODULA 2. Das Rechnen mit volldynamischen Feldern gestattet gerade im Hinblick auf die Matrix/Vektor-Rechnung eine große Flexibilität in der Verwendbarkeit von Unterprogrammen. Ein sehr wesentlicher Vorteil der Erweiterung liegt darin, daß die Programme erheblich leichter zu lesen sind, da alle Operationen - auch die in höheren mathematischen Räumen - in mathematischer Notation im Programm wiedergegeben werden können.

## 1 Einleitung

PASACL-SC stellt eine Erweiterung der Programmiersprache PASCAL für wissenschaftliches Rechnen (Scientific Computation) dar und ist bereits seit 1980 auf dem Markt erhältlich. Seitdem wurde die Sprache kontinuierlich weiterentwickelt und liegt nun in einer zweiten, gegenüber der ersten Version um einige wesentliche Sprachkonzepte erweiterten Fassung vor. Im einzelnen umfaßt PASCAL-SC folgende Konzepte:

- Standard PASCAL
- Allgemeines Operatorkonzept
- Funktionen und Operatoren mit beliebigem Ergebnistyp
- Überladen von Prozedur-, Funktions- und Operatornamen
- Modulkonzept

- Dynamische Felder
- Zugriff auf Teilfelder
- Skalarprodukt-Ausdrücke
- Hochgenaue Dezimal-Arithmetik mit Rundungsoperatoren
- Stringkonzept

Die gegenüber der ersten Version erweiterten bzw. neu eingeführten Sprachkonzepte werden in den folgenden Abschnitten beschrieben.

# 2 Das allgemeine Operatorkonzept

In PASCAL-SC stehen 29 vordefinierte Standardoperatoren zur Verfügung:

- Multiplikationsoperatoren

  $*,\ /,\ \textbf{div},\ \textbf{mod},\ \textbf{and},\ **,\ *<,\ *>,\ /<,\ />$

- Additionsoperatoren

  $+,\ -,\ \textbf{or},\ +*,\ +<,\ +>,\ -<,\ ->$

- Relations-Operatoren

  $=,\ <>,\ <,\ >,\ <=,\ >=,\ \textbf{in},\ ><$

- Monadische Operatoren

  $+,\ -,\ \textbf{not}$

Bei den gegenüber Standard-PASCAL hinzugekommenen 11 Operatoren handelt es sich um die Rundungsoperatoren $\circ<$ bzw. $\circ>$, $\circ \in \{+,-,*,/\}$ für die Verknüpfung mit anschließender gerichteter Rundung nach unten bzw. oben und um die für die Intervallrechnung benötigten Operatoren $**$, $+*$, $><$ für den Schnitt, die Vereinigung bzw. den Test auf Disjunktion zweier Intervalle. An dem einfachen Beispiel der Intervalladdition werden die Vorteile, die ein allgemeines Operatorkonzept mit sich bringt, deutlich. Ohne die Möglichkeit, selbstdefinierte Operatoren zu verwenden, würde man die Addition zweier Intervalle als Prozedur

```
type interval = record inf,sup: real;
procedure intadd(a,b: interval; var c: interval);
begin
  c.inf := a.inf +< b.inf;
  c.sup := a.sup +> b.sup
end;
```

$$\boxed{z \leftarrow a + b + c + d \quad \Longrightarrow \quad \left\{ \begin{array}{l} \texttt{intadd(a,b,z);} \\ \texttt{intadd(z,c,z);} \\ \texttt{intadd(z,d,z);} \end{array} \right.}$$

oder als Funktion

```
function intadd(a,b: interval): interval;
begin
  intadd.inf := a.inf +< b.inf;
  intadd.sup := a.sup +> b.sup
end;
```

$$\boxed{z \leftarrow a + b + c + d \quad \Longrightarrow \quad z := \texttt{intadd(intadd(intadd(a,b),c),d);}}$$

formulieren. In beiden Fällen wird die Beschreibung mathematischer Formeln sehr umständlich. Implementiert man dagegen in PASCAL-SC den Operator

```
operator + (a,b: interval) intadd: interval;
begin
  intadd.inf := a.inf +< b.inf;
  intadd.sup := a.sup +> b.sup
end;
```

$$\boxed{z \leftarrow a + b + c + d \quad \Longrightarrow \quad \texttt{z := a + b + c + d;}}$$

dann läßt sich das ursprüngliche Problem in der gewohnten mathematischen Notation beschreiben.

Neben der Möglichkeit, Operatorsymbole zu überladen, kann man in PASCAL-SC auch Operatoren mit Namen definieren. Solchen Operatoren muß eine Prioritätsvereinbarung vorausgehen. Es gibt dazu vier Prioritätsstufen, die durch folgende Zeichen kenntlich gemacht werden:

| | | |
|---|---|---|
| • monadisch | ↑ | Stufe 3 = höchste Priorität |
| • multiplikativ | * | Stufe 2 |
| • additiv | + | Stufe 1 |
| • relational | = | Stufe 0 |

So kann man einen Operator zur Berechnung des Binomialkoeffizienten $\binom{n}{k}$ z. B. folgendermaßen definieren

```
priority choose = *;    {Prioritätsdefinition}
operator choose(n,k: integer) binomial: integer;
var i,r : integer;
begin
  if k > n div 2 then k := n-k;
  r := 1;
  for i := 1 to k do
    r := r * (n - i + 1) div i;
  binomial := r;
end;
```

| $c \leftarrow \binom{n}{k}$ $\Longrightarrow$ c := n choose k |
|---|

Das in PASCAL-SC realisierte Konzept erlaubt es

- beliebig viele Operatoren zu definieren
- Operatorsymbole und -namen beliebig oft zu überladen
- rekursive Operatoren zu implementieren.

Dabei geschieht die Identifikation des passenden Operators durch

1. die Anzahl
2. den Typ

der Operanden gemäß folgender Gewichtungs-Regel

*Von zwei Operatoren, deren formale Parameterliste zu der aktuellen passen, ist derjenige der richtige, der den ersten „besser" passenden Parameter besitzt. Besser passend heißt dabei, daß die Typen verträglich und nicht nur anpaßbar sind.*

**Beispiel:**

```
operator +* (a: integer; b: real) irres: real;


operator +* (a: real; b: integer) rires: real;


var  x     integer;
     y     real;


x +* y  ==>  1. Operator
y +* x  ==>  2. Operator
x +* x  ==>  1. Operator
y +* y  ==>  nicht möglich !
```

# 3 Überladen von Unterprogrammen

Standard-PASCAL stellt die mathematischen Standard-Funktionen

*sin, cos, exp, ln, arctan* und *sqrt*

nur für *real*-Zahlen zur Verfügung. Wenn man nun eine Sinus-Funktion für Intervallargumente implementieren wollte, müßte man diese etwa *isin(...)* nennen, weil der Name *sin* nicht überladen werden darf.

PASCAL-SC erlaubt dagegen das Überladen von Funktions- und Prozedurnamen. Dadurch wird ein generisches Namenskonzept in die Sprache eingeführt, das es dem Benutzer z. B. erlaubt die Bezeichner

*sin, cos, exp, ln, arctan* und *sqrt*

außer für *real*-Zahlen auch für Intervalle, komplexe Zahlen und andere mathematische Räume zu verwenden. Dabei werden Funktions- und Prozedurnamen unterschieden durch

- die Anzahl
- den Typ
- die Gewichtung

der Parameter in Analogie zu dem Vorgehen bei der Identifikation von Operatoren. Der Ergebnistyp wird allerdings *nicht* zur Unterscheidung herangezogen.

**Beispiel:**

> **procedure** rotate(**var** a,b: real);
>
> **procedure** rotate(**var** a,b,c: complex);
>
> **procedure** rotate(**var** a,b,c,d,e: interval);

# 4 Das Modulkonzept

Ein wesentlicher Teil der Arbeit für die Entwicklung des neuen PASCAL-SC ist in die Realisierung eines Modulkonzeptes geflossen. Das neue Konzept ermöglicht

- Modulares Programmieren,
- eine Kontrolle der Syntax und der Semantik über Modulgrenzen hinweg durchzuführen
- die Implementierung von Arithmetik-Paketen als Standard-Module.

Es wurden drei neue Wortsymbole in die Sprache aufgenommen:

| | |
|---|---|
| **module** | leitet ein Modul ein |
| **global** | kennzeichnet Größen, die nach außen weitergereicht werden |
| **use** | bezeichnet Module, die von anderen Modulen importiert werden |

Module beginnen mit dem Wortsymbol **module** gefolgt von einem Namen und einem Strichpunkt. Der Rumpf ist wie bei einem herkömmlichen PASCAL-Programm aufgebaut mit der einen Ausnahme, daß das Wortsymbol **global** nur unmittelbar vor

> **const, type, var, procedure, function** und **operator**

und unmittelbar nach

> **use** und dem Gleichheitszeichen bei Typdeklarationen

stehen darf. So ist es möglich, anonyme und nicht anonyme Typen zu deklarieren. Ein anonymer Typ gibt nach außen seine innere Struktur nicht bekannt und ist nur über Unterprogrammaufrufe beeinflußbar. Ein anonymer Typ *complex* könnte z. B. als

**global type** complex = **record** re,im: real **end;**

oder als

**global type** complex = **record** r,phi: real **end;**

vereinbart werden. Der Benutzer, der ein Paket mit diesen Deklarationen importiert hat, kann nicht auf die *record*-Komponenten zugreifen. Wurde dagegen eine Vereinbarung der Form

**global type** interval = **global record** inf,sup : real **end;**

verwendet, dann ist der Typ nicht anonym und auf die *record*-Komponenten inf, sup kann von außen zugegriffen werden.

Ein Modul hat folgenden schematischen Aufbau

**module** m1;

**use** <andere Module>

<globale und lokale Deklarationen>

**begin**

<Initialisierung des Moduls>

**end.**

Für das Importieren von Modulen mit der *use* - bzw. *use global*-Klausel gelten die folgenden Transitivitätsregeln

M1 **use** M2 und M2 **use** M3 $\not\Rightarrow$ M1 **use** M3

aber

M1 **use** M2 und M2 **use global** M3 $\Rightarrow$ M1 **use** M3.

**Beispiel:** Es sei eine Modulhierarchie mit folgendem Aufbau gegeben.

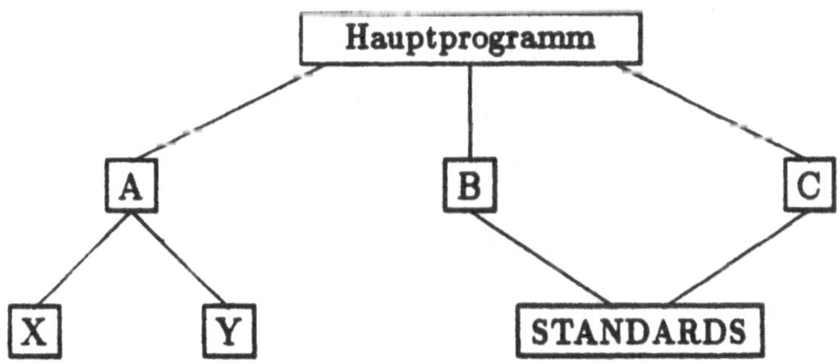

Im Hauptprogramm sind alle globalen Objekte der Module A, B und C sichtbar, während die mit **global** vereinbarten Objekte von X, Y und STANDARDS nicht ansprechbar sind. Um z. B. die globalen Größen von X auch für das Hauptprogramm sichtbar zu machen, gibt es zwei Möglichkeiten:

1. Im Hauptprogramm die Anweisung **use X** absetzen
2. Das Modul X in A mit **use global** importieren.

# 5 Dynamische Felder

In Standard PASCAL gibt es keine Möglichkeit, dynamische Größen zu deklarieren. Das hat vor allem bei der Implementierung von Programmpaketen, die Vektor- und Matrixoperationen verwenden, große Nachteile. Man muß diese Pakete mit einer festen maximalen Dimension dem Benutzer zur Verfügung stellen. Wenn dann Probleme mit niedrigerer Dimension gelöst werden, so wird nur ein Teil des allokierten Speicherplatzes genutzt. Diese Ineffizienz wird mit dem Konzept der dynamischen Felder beseitigt. Im einzelnen wird das neue Konzept durch folgende Merkmale charakterisiert:

- Unterprogramme können voll dynamisch realisiert werden
- Automatische Allokierung und Freigabe von lokalen dynamischen Variablen
- Speicherplatz wird optimal ausgenutzt
- Zeilen- und Spaltenzugriff sind möglich
- Kompatibilität zu statischen Feldern

Dynamische Felder werden durch das neue Wortsymbol **dynamic** gekennzeichnet.

Die von Standard-PASCAL zur Verfügung gestellten *conformant array*-Schemata haben den großen Nachteil, daß sie nur für Parameter, aber nicht für Variablen und Funktionsergebnisse zugelassen sind. Von echter Dynamik kann deshalb nicht die Rede sein. PASCAL-SC bietet für dynamische Felder die gleichen Verwendungsmöglichkeiten an wie für statische *arrays*. Ein Nachteil liegt im Moment noch darin, daß dynamische Felder nur auf oberster Stufe als Datenstruktur verwendet werden dürfen. Syntaktisch ausgedrückt heißt das, daß das Wortsymbol **dynamic** nur unmittelbar nach dem Gleichheitszeichen in einer Typdefinition oder unmittelbar nach dem Doppelpunkt bei einer Variablendeklaration stehen darf. Es ist z. B. nicht erlaubt, dynamische Felder als Komponenten eines *records* zu deklarieren.

Ein zweidimensionales Feld kann in der folgenden Form als Typ vereinbart werden

**type** matrix = **dynamic array**[*,*] **of** real;

Es ist auch möglich verschiedene dynamische Typen mit gleicher syntaktischer Struktur zu definieren, z. B. ist es manchmal sinnvoll, die Koeffizienten eines Polynoms mit den Komponenten eines Vektors zu identifizieren und umgekehrt. Da PASCAL eine streng typorientierte Sprache ist, können solche strukturgleichen Felder nur nach vorangegangener Typanpassung miteinander verknüpft werden. Das folgende Beispiel zeigt die Definition eines Polynom- bzw. Vektor-Typs, wodurch gleichzeitig implizit die Typanpassungsfunktionen *polynom(...)* und *vector(...)* definiert werden:

```
type vector = dynamic array[*] of real;
type polynom = dynamic array[*] of real;
operator + (a,b: vector) res: vector[lbound(a)..ubound(a)];


var  v     vector[1..n];
     p     polynom[0..n-1];


  v := vector(p);
  p := polynom(v);
  v := v + v;
  v := vector(p) + v;
```

Um auf die erst zur Laufzeit bekannten Grenzen dynamischer Felder zugreifen zu können, stehen die beiden Funktionen *lbound(...)* und *ubound(...)* mit optionalem Argument für den Index der Komponenten zur Verfügung. Die oben angedeutete Vektoraddition schreibt sich dann volldynamisch mittels

```
operator + (a,b: vector) res: vector[lbound(a)..ubound(a)];
var i : integer;
begin
  for i := lbound(a) to ubound(a) do
    res[i] := a[i] + b[lbound(b) + i - lbound(a)]
end;
```

Die Zuweisungkompatibilitäten ergeben sich aus der folgenden Tabelle:

| Typ der linken Seite | Typ der rechten Seite | Zuweisung zulässig |
|---|---|---|
| dynamisch anonym | beliebiger *array* Typ | falls strukturgleich |
| dynamisch bekannt | dynamisch bekannt | falls gleiche Typen |
| statisch anonym | beliebiger *array* Typ | falls strukturgleich |
| statisch bekannt | statisch bekannt | falls gleiche Typen |

Man kann sowohl auf Zeilen als auch auf Spalten dynamischer Felder zugreifen, wie das folgende Beispiel zeigt:

```
type vector = dynamic array[*] of real;
type matrix = dynamic array[*] of vector;
var  v      vector[1..n];
     m      matrix[1..n,1..n];

  v := m[i];
  m[i] := vector(m[*,j]);
```

In der ersten Zuweisung der i-ten Zeile von m an den Vektor v sind die linke und rechte Seite der Zuweisung dynamisch bekannt, also benötigt man hier nicht den Aufruf der Typanpassungsroutine *vector(...)*. Anders verhält es sich bei der zweiten Zuweisung. Dort ist die linke Seite m[i] dynamisch bekannt, aber die rechte Seite dynamisch anonym. Hier benötigt man also den Aufruf der Typanpassungsroutine. Der Zugriff auf die j-te Spalte erfolgt durch Angabe des Wertes j in der entsprechenden Komponente und durch Eintragung eines Sternchens für alle übrigen Komponentenindizes.

Ein in PASCAL-SC geschriebenes Programm, das dynamische Felder verwendet, sollte schematisch wie folgt aufgebaut sein:

```
program dynprog(input,output);
type vector = dynamic array[*] of real;
var dimension : integer;
  <andere Vereinbarungen>
```

```
procedure main(dim: integer);
var a,b,c : vector[1..dim];

begin
  <Einlesen der Variablen a und b abhängig von dim>

  c := a + b;
     :
end;
begin {Hauptprogramm}
  read(dimension);
  main(dimension);
end.
```

Man legt also einfach um das frühere Hauptprogramm eine Prozedur (hier: *main*), in der die Dimension für die dynamischen Felder als Parameter übergeben werden.

# 6 Skalarproduktausdrücke

Für die Implementierung von Einschließungsalgorithmen benötigt man die exakte Auswertung von Skalarprodukten mit der Eigenschaft[1] (vgl. [7])

$$\text{(RG)}\quad a \odot b := \bigcirc \sum_{i=1}^{n} a_i \cdot b_i,\quad \bigcirc \in \{\square, \triangle, \nabla\}'\ n \in \mathbb{N}$$

Um solche Ausdrücke auswerten zu können, wurde der neue Datentyp *dotprecision* eingeführt, der den sog. langen Akkumulator repräsentiert. Es stehen folgende Operationen standardmäßig bereit:

- Konvertierung eines *real* bzw. *integer* Wertes nach *dotprecision* (#)
- Drei Rundungen von *dotprecision* nach *real* und zwar nach unten (#<), nach oben (#>) und zur nächstgelegenen Maschinenzahl (#*)
- Rundung eines *dotprecision*-Ausdrucks zum kleinsten einschließenden Intervall (##)

[1] vgl. auch den Beitrag von U. Kulisch: *Zeitgemäße Rechnerarithmetik*. In diesem Band, S. 1 ff.

- Addition einer *real* Zahl oder eines Produkts zweier *real* Zahlen auf eine *dotprecision* Variable
- Addition einer Summe von *real* Zahlen
- Addition eines Skalarproduktes auf eine *dotprecision* Variable
- Addition und Subtraktion von *dotprecision* Zahlen
- Unäres Minus einer *dotprecision* Zahl
- Die Standardfunktion *sign* liefert $-1,0$ oder $+1$, je nach Vorzeichen der *dotprecision* Zahl.

Skalarproduktausdrücke treten vor allem bei der Berechnung von Defektausdrücken auf. Sei z. B. $Ax \approx b$, dann ist der Defekt durch $\Diamond(b - Ax)$ gegeben und wird in PASCAL-SC über

```
##(b - A*x);
```

mit nur einer einzigen Rundung pro Komponente berechnet. Bei der verifizierenden Lösungseinschließung linearer Gleichungssysteme ist der Defekt

$$\Diamond(E - RA) \text{ mit } R \approx A^{-1}$$

zu berechnen, was in PASCAL-SC durch den Ausdruck

```
##(mrid(dim) - R*A);
```

mit einer einzigen Rundung geschehen kann. Die Funktion *mrid(...)* generiert dabei eine Einheitsmatrix der entsprechenden Dimension und ist Bestandteil des Standardpaketes für reelle Matrix/Vektor Arithmetik (s. Abschnitt 8).

# 7 Das Stringkonzept

Es wurde ein Stringkonzept in die Sprache integriert, das die komfortable Handhabung von textuellen Informationen sehr erleichtert. Dazu wurde der neue Datentyp *string* aufgenommen, der die Verarbeitung von Zeichenketten mit in der Regel bis zu 255 Zeichen erlaubt. Wenn die Zeichenkette eine bestimmte Länge nicht überschreitet, kann der Benutzer diese im *string*-Vereinbarungsteil als optionalen Parameter spezifizieren. So wird durch

```
var s: string[40];
```

eine Zeichenkette mit bis zu 40 Zeichen vereinbart.

Für *strings* stehen die folgenden Operationen bereit:

- Konkatenation

  **operator** + (a,b: string) conc: string;

- Bestimmung der aktuellen Länge

  **function** length(s: string): integer;

- Konvertierung von *string* nach *real*

  **function** rval(s: string): real;

- Konvertierung von *string* nach *integer*

  **function** ival(s: string): integer;

- Konvertierung von *real* nach *string*

  **function** image(r: real; width,fracs,round: integer): string;

- Konvertierung von *integer* nach *string*

  **function** image(i,len: integer): string;

- Extrahieren eines Teilstrings

  **function** substring(s: string; i,j: integer): string;

- Bestimmung einer Stringposition

  **function** pos(sub,s: string): integer;

- Dic Rclationsoperatoren <, >, <=, >=, <>, = und **in**

# 8 Standard-Module

Es stehen folgende Standard-Module zur Verfügung:

- Intervall Arithmetik
- Komplexe Arithmetik
- Komplexe Intervall Arithmetik

- Reelle Matrix/Vektor Arithmetik
- Intervall Matrix/Vektor Arithmetik
- Komplexe Matrix/Vektor Arithmetik
- Komplexe Intervall Matrix/Vektor Arithmetik
- Longreal Arithmetik für 21-stellige Dezimalarithmetik
- Plot Routinen
- Graphik Bibliothek

Alle diese Pakete werden über die in Abschnitt 4 beschriebene *use*-Klausel in ein Anwenderprogramm eingebunden. Aus der folgenden Tabelle geht beispielsweise hervor, welche Verknüpfungen in dem Paket für komplexe Matrix/Vektor Arithmetik enthalten sind:

| | monadisch | $VR$ | $MR$ | $CVR$ | $CMR$ |
|---|---|---|---|---|---|
| $I$ | vcnull,mcnull mcid | | | | |
| $R$ | | | | * | * |
| $CR$ | | | | * | * |
| $VR$ | | compl | | | |
| $MR$ | | | compl | | |
| $CVR$ | re,im,+, − | | | =, <>, +, −, * | |
| $CMR$ | re,im,+, −, herm | | | * | =, <>, +, −, * |

Die Standardfunktionen *vcnull* und *mcnull* generieren komplexe Nullvektoren bzw. Nullmatrizen, *mcid* die komplexe Einheitsmatrix. Die *compl*-Funktionen transformieren reelle Größen auf ihre komplexen Gegenstücke, mit *re(...)* und *im(...)* werden Real- und Imaginärteile herausgefiltert und *herm(...)* erzeugt die zu einer Matrix hermitesche Matrix.

# 9 Problemlösungs-Routinen

Lösungsroutinen für häufig auftretende numerische Probleme wurden für die unten aufgelisteten Problemkreise implementiert:

- Lösung linearer und nichtlinearer Gleichungssysteme
    - vollbesetzte Systeme
    - Bandmatrizen
    - allgemein spärlich besetzte Systeme
    - mit Intervallkoeffizienten
- Polynom-Auswertung
    - in einer Variablen
    - in mehreren Variablen
- Polynom-Nullstellen
    - für reelle Polynome
    - für komplexe Polynome
- Eigenwerte und Eigenvektoren
    - für reelle Matrizen
    - für komplexe Matrizen
    - für reelle und symmetrische Matrizen
- Anfangswertaufgaben
    - lineare
    - nichtlineare
- Arithmetische Formelauswertung

# Literatur

[1] Bohlender, G., Grüner, K., Kaucher, E., Klatte, R., Krämer, W., Kulisch, U., Miranker, W., Rump, S. M., Ullrich, Ch. und Wolff von Gudenberg, J.: *PASCAL-SC: A PASCAL for Contemporary Scientific Computation.* Research Report RC 9009, IBM Thomas J. Watson Research Center, Yorktown Heights, New York, 1981.

[2] Bohlender, G., Grüner, K., Kaucher, E., Klatte, R., Kulisch, U., Neaga, M., Ullrich, Ch. und Wolff von Gudenberg, J.: *PASCAL-SC Language Definition.* Interner Bericht des Inst. f. Angew. Mathematik, Universität Karlsruhe, 1985.

[3] Bohlender, G., Rall, L., Ullrich, Ch. und Wolff von Gudenberg, J.: *PASCAL-SC: A Microcomputer Language for Scientific Computation.* Academic Press, New York, 1986.

[4] Däßler, K. und Sommer, M.: *PASCAL, Einführung in die Sprache.* Norm Entwurf DIN 66256, Erläuterungen, Springer, Berlin, 1983.

[5] *FORTRAN-SC, A Study of a FORTRAN Extension for Engineering/Scientific Computation with Access to ACRITH*, Language Reference and User's Guide. IBM Development Laboratory Böblingen, Germany, 1988.

[6] IBM *High-Accuracy Arithmetic Subroutine Library* (ACRITH). Program Description and User's Guide, SC 33-6164-02, 3rd Edition, 1986.

[7] Kulisch, U. und Miranker, W. L.: *Computer Arithmetic in Theory and Practice.* Academic Press, New York, 1981.

[8] Neaga, M.: *Erweiterungen von Programmiersprachen für wissenschaftliches Rechnen und Erörterung einer Implementierung.* Dissertation, Universität Kaiserslautern, 1984.

[9] Wolff von Gudenberg, J.: *Einbettung allgemeiner Rechnerarithmetik in PASCAL mittels eines Operatorkonzeptes und Implementierung der Standardfunktionen mit optimaler Genauigkeit.* Dissertation, Universität Karlsruhe, 1980.

[10] *PASCAL-SC Manual and System Disks.* Teubner/J. Wiley, Stuttgart/Chichester, 1986.

[11] *A proposed Standard for Binary Floating-Point Arithmetic.* Draft 10.1 of IEEE Task P754, New York, 1984.

# CALCULUS

S. M. Rump
Institut für Informatik III
Technische Universität Hamburg-Harburg

**Zusammenfassung**

**Das im folgenden vorgestellte System CALCULUS ist ein interaktives Programmierwerkzeug für numerisches Rechnen, dessen Hauptaufgabe es ist, dem Benutzer eine möglichst einfache, natürliche Notation für die Entwicklung von Numerik-Software zur Verfügung zu stellen. Die Zielsetzung dabei ist, daß ein Arbeiten mit dem System CALCULUS nahezu dem Entwerfen auf dem Papier gleichkommt.**

## 1 Einleitung

Vor der Einführung in das System CALCULUS noch einige Grundüberlegungen zum Aufgabenbereich von Programmiersprachen. Bei der Entwicklung von Software kann man unterscheiden die Entwicklung von Algorithmen und die Entwicklung von Programmen. Die wichtigsten Anforderungen, die an ein entsprechendes Entwicklungswerkzeug gestellt werden sind für Algorithmen

- einfache Notation
- schnelle Antwortzeit
- „Ein-Knopf"-Operationen.

Für Programme sind dies hingegen

- schneller Code
- speichereffizienter Code
- Bedienerfreundlichkeit (im Hintergrund).

Das System CALCULUS soll nun hauptsächlich der Entwicklung von Algorithmen dienen und dies in möglichst natürlicher Form; es soll mathematische Notation auf dem Rechner ermöglichen. Die Ausführung der entwickelten Algorithmen soll außerdem möglichst auf Knopfdruck, also ohne zusätzliche Compilierungszeiten, erfolgen können.

## 2 Aufbau des Systems

Das Programm CALCULUS entstand im IBM-Forschungslabor Böblingen in Zusammenarbeit mit H. Böhm und D. Husung. Letzterer besorgte die komplette Implementierung. Das Werkzeug ist interaktiv und besitzt einen

**interpretativen Teil,** der vollständig in Pascal geschrieben ist und einen Zwischencode erzeugt, einen

**Numerik-Teil,** der neben den herkömmlichen numerischen Verfahren auch Einschließungsverfahren bereitstellt und in FORTRAN implementiert ist, und einen

**Bibliotheksteil,** der die Programmbibliotheken LINPACK, EISPACK und ACRITH benutzt.

CALCULUS ist auf allen IBM /370-Anlagen lauffähig. Das System stellt die erste Version der Neuentwicklung ABACUS dar, die mittlerweile in Hamburg gestartet wurde. Diese neue Version läuft unter DOS/UNIX und damit auf vielen gängigen PC's und *Work-Stations*. ABACUS wird Anfang 1989 fertiggestellt sein.

## 3 Vergleich von CALCULUS mit herkömmlichen Programmiersprachen

Ein ganz wesentliches Merkmal herkömmlicher Programmiersprachen bzw. Programmiersysteme ist die Redundanz. Jedes noch so kleine Programmstück enthält sehr viel redundante Information, da Programmiersprachen wie FORTRAN, PASCAL oder C zur *Programm*entwicklung geschrieben wurden und diese zusätzlichen Informationen zur Steigerung der Effizienz benötigt werden. An einem einfachen Beispiel soll der Unterschied zwischen CALCULUS und anderen Systemen verdeutlicht werden.

Will man den Ausdruck $3 * 5 + 7$ auf dem Rechner auswerten, so muß in einem FORTRAN-Programm

```
WRITE(6,*) 3*5+7
END
```

geschrieben wer en, wobei schon alles weggelassen ist, was weggelassen werden kann. Trotzdem stecken in diesem kurzen Programmstück noch redundante Informationen, denn wenn man diesen Ausdruck berechnet ohne das

Ergebnis einer Variablen zuzuweisen, so ist klar, daß das Ergebnis ausgegeben werden soll und danach die Aufgabe beendet ist. Das bedeutet, die **WRITE**-Anweisung und **END** sind überflüssig.
Programmiert man das ganze in PASCAL, so muß man sogar schreiben

```
PROGRAM dummy;
  BEGIN
    writeln(3*5+7)
  END.
```

Man hat also noch mehr redundante Informationen im Programmstück. Selbst in BASIC kommt man nicht ohne das PRINT-Statement aus, es gibt also auch dort noch eine gewisse Redundanz.
In CALCULUS hingegen ist es möglich, einfach einzugeben

```
3*5+7
```

und die *ENTER*-Taste zu drücken; das Ergebnis wird berechnet und ausgedruckt. Dies zeigt schon die Arbeitsweise von CALCULUS; man kann einfach an den Rechner herangehen, einen Algorithmus eingeben und erhält das Ergebnis sofort.

# 4 Weitere Anwendungsbeispiele

Im folgenden wird die Eingabezeile immer mit „==>“, das Ende der Ausgabe durch „<>“ gekennzeichnet.

CALCULUS erlaubt die Eingabe von Daten und Anweisungen in mathematischer Schreibweise. Für die Berechnung des Umfangs eines Kreises mit Radius $r = 2$ genügt zum Beispiel folgende Eingabe

```
==> r=2; 2*pi*r
```

Das System antwortet dann mit

```
ANS =
        12.5664
<>
```

**ANS** steht dabei für *ANSWER*, also für die Antwort des Systems. Weist man dem Umfang einen Variablennamen zu, so antwortet das System mit diesem Namen anstatt mit **ANS**.

```
==> r=2; u=2*pi*r

u =
        12.5664
<>
```

Zu beachten ist, daß durch das Semikolon die Ausgabe des Wertes von r nach der Zuweisung unterdrückt wird. Wird ein Ausdruck durch ein Komma abgeschlossen oder folgt kein Zeichen mehr, so wird der Wert ausgegeben.

Will man die Wurzel aus 5 berechnen, so kann man einfach hinschreiben `SQRT(5)`, wobei zu bemerken ist, daß die Standardfunktionen, anders als zum Beispiel in FORTRAN, auf jeden numerischen Argumenttyp angewendet werden können. Die Eingabe

```
==> SQRT(2-5i)
```

berechnet z. B. die Quadratwurzel aus der komplexen Zahl $2 - 5i$.

Natürlich kann man die Wurzel aus einer Zahl $a$ auch mit dem *Newton-Verfahren* bzw. dem *Babylonischen Wurzelziehen* gemäß der Iteration

$$x_{n+1} = (x_n + a/x_n)/2, \;\; n = 0, 1, 2, \ldots$$

berechnen, wobei für einen geeigneten Startwert $x_0$ gilt

$$\lim_{n\to\infty} x_n = a$$

In CALCULUS läßt sich dies für $a = 5$ einfach hinschreiben durch

```
==> x=5; x=(x+5/x)/2
```

und durch wiederholtes Durchführen der zweiten Anweisung nähert sich x dem gesuchten Wert $\sqrt{5}$.

Das CALCULUS-System kennt aber auch Vektoren und Matrizen. Den Zeilenvektor $x = (1, 2, 3, 4, 5)$ erhält man z. B. durch

```
==> x=<1,2,3,4,5>

x = (1,5)-real-point-matrix
      1 2 3 4 5
<>
```

oder durch

```
==> 1:5

ANS = (1,5)-real-point-matrix
        1 2 3 4 5
<>
```

Durch die mathematische, natürliche Notation unterstützt CALCULUS die Lesbarkeit von Programmen bzw. Algorithmen. Um den Vektor **x** z. B. zu transponieren schreibt man nur

```
==> x'

ANS = (5,1)-real-point-matrix
        1
        2
        3
        4
        5
<>
```

Genauso einfach können die Elemente des Vektors x aufsummiert oder deren Produkt berechnet werden:

```
==> sum(x)

ANS =
       15
<>

==> prod(x)

ANS =
       120
<>
```

Ein Skalarprodukt, also ein Produkt aus einem Zeilenvektor und einem Spaltenvektor wird durch das gewöhnliche Multiplikationssymbol * gekennzeichnet:

```
==> x*x'

ANS =
        55
<>
```

Berechnet man dagegen das *dyadische Produkt* von **x'** und **x** so ergibt sich

```
==> A=x'*x

A = (5,5)-real-point-matrix
        1  2  3  4  5
        2  4  6  8 10
        3  6  9 12 15
        4  8 12 16 20
        5 10 15 20 25
<>
```

Auch auf eine Matrix kann **sum** angewendet werden, was eine Summierung über die Spalten und als Ergebnis einen Zeilenvektor liefert.

Für Matrizen und Vektoren bietet CALCULUS außerdem die Möglichkeit, beliebige Teilfelder herauszugreifen und auch zuzuweisen.

```
==> A(2:3,3:5)

ANS = (2,3)-real-point-matrix
          6  8 10
          9 12 15
<>

==> v=3:5; A(v,v) = <1,2,3;4,5,4;3,2,1>

A = (5,5)-real-point-matrix
        1  2  3  4  5
        2  4  6  8 10
        3  6  1  2  3
        4  8  4  5  4
        5 10  3  2  1
<>
```

Für die Matrixmultiplikation gibt es zwei Möglichkeiten der Ausführung: die normale über die Skalarproduktbildung oder aber die elementweise Produktbildung. In CALCULUS wird die elementweise Produktbildung durch einen Doppelpunkt (:) hinter dem Multiplikationszeichen gekennzeichnet. Schreibt man also **A*A**, so wird die normale Matrixmultiplikation durchgeführt, während durch **A*:A** die Quadrate der Matrixelemente gebildet werden.

```
==> A = <1,2,3;4,5,4;3,2,1>

A = (3,3)-real-point-matrix
     1 2 3
     4 5 4
     3 2 1
<>

==> A*A

ANS = (3,3)-real-point-matrix
       18 18 14
       36 41 36
       14 18 18
<>

==> A*:A

ANS = (3,3)-real-point-matrix
        1  4  9
       16 25 16
        9  4  1
<>
```

Dieses Doppelpunkt-Konzept ist generisch im gesamten System. Es läßt sich z. B. auch bei den Standardfunktionen anwenden. **SQRT:(A)** liefert die elementweise berechnete Quadratwurzel aus **A**, während **B=SQRT(A)** eine komplexe Matrix B erzeugt, für die **B*B**$\approx$**A** gilt.

Eine einfache Schreibweise für die Berechnung einer Näherungsinverse ist ebenfalls vorhanden, **R=1/A** liefert das Gewünschte. Um die Genauigkeit der so berechneten Matrix zu überprüfen, würde man ja normalerweise **R*A-Id** berechnen, wobei **Id** die generische Einheitsmatrix des CALCULUS-Systems darstellt, die automatisch an die Dimension des zweiten Operanden in einem Ausdruck angepaßt wird. Will man den Ausdruck **R*A-Id** maximal genau, also mit einem einzigen Skalarprodukt berechnen, so reicht es in CALCULUS den Ausdruck zu klammern und ein „**!**" vorzustellen, welches die maximale Genauigkeit symbolisiert:

```
!(R*A-Id) .
```

Ebenso können interaktiv die Eigenwerte einer Matrix A durch die Eingabe von **eig(A)** bestimmt werden. Man kann also z. B. mit **eig(Id-R*A)** unmittelbar feststellen, ob eine Residueniteration mit den Matrizen `R` und `A` konvergiert, denn als Ergebnis von `eig` erhält man die Eigenwerte und damit den Spektralradius von `Id-R*A`.

Das bereits erwähnte Babylonische Wurzelziehen kann man auch auf Matrizen anwenden. Will man die Matrix B bestimmen, für die gilt `B*B`≈`A`, so iteriert man in CALCULUS einfach durch

```
B=(B+A/B)/2 .
```

Dabei entspricht `A/B` der Berechnung von `A*1/B`=`A*B`$^{-1}$. Zu beachten ist lediglich, daß für `B` ein komplexer Startwert gewählt werden muß, da sonst die Iterierten immer reell bleiben. Zum Beispiel könnte man mit

```
B=A+2i
```

starten. Der Buchstabe `i` wird vom CALCULUS-System als imaginäre Einheit erkannt, da zwischen dem Faktor 2 und dem `i` kein Operatorzeichen auftritt. In Verbindung mit einem Operator wird `i` als Variable angesehen.

Die Eingabe von Intervallen kann in CALCULUS unmittelbar durch Toleranz

```
==> 2+/-.001
```

erfolgen. Vom System wird dieses Intervall im Format F5 (Fixpunktformat mit 5 Stellen) als

```
ANS =
        2.000__
<>
```

ausgegeben, wobei der Strich nach der letzten angezeigten Ziffer jeweils bedeutet, daß diese Ziffer ±1 zu nehmen ist. Eine alternative Schreibweise (I-Format) wäre

```
(1.999,2.001)
```

Für die Invertierung von Matrizen gibt es neben dem Aufruf der LINPACK-Routine durch `1/A` auch die Möglichkeit, eine Einschließung für die Inverse zu berechnen. Der Aufruf erfolgt durch

```
INV(A),
```

und intern wird die entsprechende ACRITH-Routine benutzt, die die Inverse maximal genau in ein Intervall einschließt.

Will man einen beliebigen Ausdruck intervallmäßig auswerten, so gibt es in CALCULUS die Möglichkeit, dies mit der Funktion `ival` zu kennzeichnen. Bei der Residueniteration z. B. würde

```
ival(R*(b-A*x))
```

die intervallmäßige Auswertung des Ausdrucks bewirken. Tritt irgendwo in einem Ausdruck ein Intervall auf, so wird dieser grundsätzlich intervallmäßig ausgewertet.

# 5 Zusammenfassung und Kurzübersicht zum CALCULUS-System

### Datentypen

In der folgenden Tabelle sind die in CALCULUS verwendeten Datentypen mit entsprechenden Beispielen aufgeführt.

| | point | interval |
|---|---|---|
| real | `-1.23E3` | `1.23+/-0.01` bzw.<br>`HULL (1.22, 1.24)` |
| complex | `1+2i` | `1+2i+/-(0.02+0.05i)` bzw.<br>`HULL (0.98+1.95i,1.02+2.05i)` |

### Datenstrukturen

Der Aufbau eines Zeilenvektors $v = (\ 1 \quad 1.5 \quad 2 \quad 2.5\ )$ erfolgt durch

`v = <1,1.5,2,2.5>` oder durch `v = 1:2.5:0.5`

Eine (3,4)-Matrix $M = \begin{pmatrix} 1 & 2 & 3 & 4 \\ 5 & 6 & 7 & 8 \\ 9 & 10 & 11 & 12 \end{pmatrix}$ entsteht durch

```
M = <1, 2, 3, 4;
     5, 6, 7, 8;
     9,10,11,12>
```

Auswahl der 3. Komponente der 2. Zeile von M:

```
s = M(2,3)
```

Auswahl der 1. Zeile von M:

```
v = M(1,:)
```

Auswahl der Komponenten 2 bis 4 der 1. Zeile von M:

```
v = M(1,2:4)  oder  v = M(1,<2,3,4>)
```

Auswahl der Komponenten 1, 2 und 4 der 1. und 3. Zeile von M:

```
T = M(<1,3>,<1,2,4>)
```

Tauschen von 2. mit 3. Spalte von M:

```
v = M(:,2); M(:,2) = M(:,3); M(:,3) = v;  oder
M = M(:,<1,3,2>)
```

(Anstelle eines Indexes können Indexvektoren angegeben werden.)

CALCULUS kennt eine generische Einheitsmatrix `Id`, die z. B. wie folgt benutzt werden kann:

| | |
|---|---|
| `M+3*Id` | Der Wert Drei wird zu den Diagonalelementen von M addiert |
| `Id(m,n)` | Eine (m,n)-Matrix wird erzeugt, deren Diagonalelemente den Wert Eins und deren übrige Elemente den Wert Null besitzen |
| `Id(M)` | Eine der Dimensionen von M entsprechende Einheitsmatrix wird erzeugt |

## Arithmetik

Alle einfachen Skalar-, Vektor- und Matrixoperationen werden unter Verwendung der IBM-Programmbibliothek ACRITH maximal genau ausgeführt. Zusammengesetzte Ausdrücke in Skalarproduktform wie z. B.

```
a*b-c*d+e
```

werden maximal genau ausgeführt, wenn dies durch ein vorangestelltes „!" gekennzeichnet wird:

```
!(a*b-c*d+e).
```

Die Elemente des Skalarprodukts können reelle oder komplexe, Punkt- oder Intervalldaten, aber auch Vektoren und Matrizen aller dieser Typen sein.

Ist ein Operand innerhalb eines Ausdrucks vom Typ *interval*, so wird der gesamte Ausdruck intervallmäßig berechnet.

## Operatoren

In der folgenden Tabelle sind die CALCULUS-Operatoren gemäß ihrer Priorität angegeben.

| ' (Hochkomma) | Transposition (Vektoren u. Matrizen) |
|---|---|
| ! | maximal genaue Auswertung von Skalarproduktausdrücken |
| +,- (monadisch) | Vorzeichen |
| ** | Potenzierung |
| *, /,<br>\ | Multiplikation, Division (Inverse),<br>umgek. Division (lin. Gls. lösen) |
| +, -, +/- | Addition, Subtraktion, Toleranzangabe |
| ==, <>, <,<br><=, >=, >,<br>IN, INO | Vergleiche: Gleich, Ungleich, Kleiner,<br>Kleinergleich, Größergleich, Größer<br>Enthalten in, Enthalten im Innern |
| NOT<br>AND<br>OR | logisch Nicht<br>logisch Und<br>logisch Oder |
| : | Operator elementweise anwenden |
| # | intervallmäßige Auswertung |

Als Ersatzzeichen für \ kann auch % vewendet werden. Die intervallmäßige Auswertung wird auch mit **IVAL** anstatt # aufgerufen.

## Ein-/Ausgabe

CALCULUS zeigt den Wert eines Ausdrucks an, wenn auf den Ausdruck ein Komma oder das Zeilenende folgt. Ein Semikolon hingegen unterdrückt die Anzeige. Der Änderung des Anzeigeformats dient die Anweisung

```
FORMAT Xn mit  X =  F: Fixpunktformat (voreingest. F5)
                    E: Exponentialformat
                    I: Intervallformat
                    H: Hex-Format
               n =  gewünschte Ziffernzahl
```

Intervalle werden im F- und E-Format z. B. als **3.1415_** (Format **F5**) dargestellt, was dem Intervall **[3.1414,3.1416]** entspricht, d. h. die letzte angezeigte Ziffer ist „±1“ zu nehmen.

### Kontrollstrukturen

Jede CALCULUS-Anweisung darf eine Blockanweisung sein, d. h. eine Folge von Anweisungen, eingefaßt in geschweifte Klammern. Die **IF**-Anweisung, die allgemeine Schleife (**LOOP**) und die **FOR**-Schleife haben folgende Syntax:

```
IF scalar_expression THEN statement [ELSE statement]
LOOP statement
FOR identifier = vector_expression DO statement
```

Zu beachten ist daß die Blockanweisung des **LOOP** eine **EXIT**-Anweisung enthalten muß. Das Kommando **EXIT** beendet jeweils die innerste **FOR**- oder **LOOP**-Anweisung bzw. die Ausführung des betreffenden Moduls. Mit **RETURN** wird ein Modul definitiv beendet.

### Vordefinierte Konstanten und Variablen

Vordefiniert stehen in CALCULUS die Konstanten **PI**, **EULER** und **EPS** zur Verfügung. Außerdem ist die Variable **ANS** für die Antwort des Systems vordefiniert.

### Intervallfunktionen

| | | |
|---|---|---|
| **INF** | : | untere Intervallgrenze |
| **SUP** | : | obere Intervallgrenze |
| **MID** | : | Intervallmittelpunkt |
| **RAD** | : | Intervallradius |
| **DIAM** | : | Intervalldurchmesser |
| **HULL** | : | Intervallhülle |
| **ALL** | : | Intervalldurchschnitt |

### Allgemeine Standardfunktionen

| | | | | |
|---|---|---|---|---|
| RE | IM | CONJ | ABS | ARG |
| ROUND | TRUNC | | | |
| SQR | SQRT | | | |
| EXP | LOG | LOG10 | | |
| SIN | ARCSIN | SINH | ARSINH | |
| COS | ARCCOS | COSH | ARCOSH | |
| TAN | ARCTAN | TANH | ARTANH | |
| COT | ARCCOT | COTH | ARCOTH | |

## Typabfragen

```
COMPLEX
INTERVAL
MATRIX   VECTOR   SCALAR   EMPTY
```

## Größenabfragen und -änderungen

```
SIZE     SHAPE    RESIDUE  RESHAPE
PACK     UNPACK
```

## Datenanalyse

```
MIN      MAX      SUM      PROD     RAT
```

## Funktionen zur Matrix-Manipulation

Matrix-Erzeugung:

```
RAND                    RANDOMIZE
UNIFORM_DISTRIBUTION    NORMAL_DISTRIBUTION
NULLS                   ONES
HILB                    MAGIC
DIAG                    TRIL                    TRIU
```

Matrix-Eigenschaften:

```
RANK     DET      RCOND    COND
NORM     FNORM    INORM
```

Matrix-Zerlegung:

```
CHOL     LU       QR
HESS     SCHUR    ORTH
SVD
```

Weitere Matrix-Funktionen:

```
INF      PINV     EIG      LSS
```

## Funktionen zur Polynom-Manipulation

```
POLY     ROOTS    PEVAL    CHARPOLY
```

**Programmaufbau**

CALCULUS unterstützt über interaktive Eingaben hinaus ein einfaches Unterprogrammkonzept in Form von `EXEC`-Modulen.

- Den interaktiven Eingabemodus kennzeichnet die Eingabeanforderung „<>"; `EXIT` oder `RETURN` führen an dieser Stelle zurück zur Betriebssystemebene.
- `EXEC`-Module sind Quelltextdateien, die mit dem Schlüsselwort `MODULE` beginnen, gefolgt von einer optionalen Parameterliste sowie den Anweisungen des Moduls. Diese `EXEC`-Module können interaktiv oder (rekursiv) von beliebigen Modulen mittels `EXEC`-Anweisungen aufgerufen werden; Modulname ist dabei der Filename der betreffenden Datei.
- Dem ersten Modul einer Datei können weitere lokale Module folgen, eingeleitet durch das Schlüsselwort `MODULE`, gefolgt von einem Unterprogrammnamen und einer optimalen Parameterliste sowie den Modulanweisungen. Diese lokalen Module werden gleichfalls mittels `EXEC`-Anweisung (rekursiv) aufgerufen, sind jedoch nur innerhalb der betreffenden Datei sichtbar. (Lokale Module verdecken gleichnamige globale Module.)

# 6 Ausblick

In der Praxis hat sich die vorliegende Version des interaktiven Programmierwerkzeuges CALCULUS bestens bewährt. Es wurden eine Reihe der ACRITH-Routinen in CALCULUS nachprogrammiert mit beträchtlichen Effektivitätssteigerungen. Die Entwicklungszeit der Programme reduzierte sich auf einen Bruchteil, die Anzahl der Programmzeilen schrumpfte oft um mehr als zwei Zehnerpotenzen.

In Übungen und ganz besonders in der Forschung ist CALCULUS bzw. ABACUS von unschätzbarem Wert. Es gelingt, die entwickelten Algorithmen in praktisch der gleichen Notation, wie sie auf dem Papier entwickelt werden, in den Rechner einzugeben. Oftmals schreckt man vor der Implementierung in einer herkömmlichen Programmiersprache wegen des Aufwandes zurück. Mit CALCULUS bzw. ABACUS ist eine Implementierung schnell und vor allem übersichtlich durchführbar. Wegen der kurzen Programme wird die Fehlerrate beim Programmieren verschwindend klein.

Die neue Version ABACUS wird auf IBM PC unter DOS und Workstations unter UNIX Anfang 1989 laufen. Im neuen System ABACUS sind allfällige Schwächen von CALCULUS eliminiert und vor allem der Funktionsumfang wesentlich erweitert worden. Mit ABACUS steht dem Benutzer ein äußerst mächtiges Werkzeug zur Verfügung.

# Literatur

[1] Husung, D.: *ABACUS, Programmierwerkzeug mit hochgenauer Arithmetik für Algorithmen mit verifizierten Ergebnissen*. Diplomarbeit, Universität Karlsruhe, 1988.

# Grundbegriffe der Intervallrechnung

G. Mayer
Institut für Angewandte Mathematik
Universität Karlsruhe (TH)

**Zusammenfassung**

Der folgende Beitrag stellt einige Grundbegriffe der Intervallrechnung zusammen, die zum Verständnis von Ideen und Beweisen im Zusammenhang mit Einschließungen durch Intervallgrößen unerläßlich sind. Ausgehend von den klassischen Verknüpfungen bei reellen Intervallen und einigen ihrer Eigenschaften werden Hilfsgrößen wie Durchmesser und Abstand eingeführt. In einem weiteren Abschnitt werden verschiedene Einschließungsmöglichkeiten des Wertebereiches einer reellen Funktion betrachtet. Hierunter fällt auch die intervallmäßige Auswertung eines mathematischen Ausdrucks, die dann bei der Herleitung des Intervall-Newton-Verfahrens zur Anwendung kommt. Auf Intervallvektoren und Intervallmatrizen mit Verknüpfungen und Eigenschaften wird ebenso kurz eingegangen wie auf Kreis- und Rechteckintervalle im Komplexen. Einige einfache Aufgaben zur Festigung des vorgestellten Stoffes bilden den Abschluß.

Beschränkungen im Umfang gestatteten nur eine kleine Auswahl. Einen tieferen Einblick in das Gebiet der Intervallrechnung vermitteln die Bücher von Alefeld/Herzberger [1], Bauch et al. [2], Kießling et al. [3], Kulisch/Miranker [4], [5], Moore [6], [7] und Ratschek/Rokne [8].

## 1 Intervallverknüpfungen

Wir beginnen zunächst mit einigen Bezeichnungen: Für die Menge aller abgeschlossenen Intervalle $[a]$ über den reellen Zahlen $\mathbb{R}$ mit der unteren Grenze $\underline{a}$ und der oberen Grenze $\overline{a}$ schreiben wir im folgenden

$$I(\mathbb{R}) := \{[a] = [\underline{a}, \overline{a}] \mid \underline{a}, \overline{a} \in \mathbb{R},\ \underline{a} \leq \overline{a}\}.$$

Wir nennen

$[a]$ ein *Punktintervall*, falls $\underline{a} = \overline{a}$ ist,

und verwenden dann auch einfach die Schreibweise $a$ anstelle von $[a]$, weil in diesem Fall die reellen Zahlen mit den Punktintervallen identifiziert werden können. Intervalle sind Mengen, daher interpretieren wir Gleichheit ($=$), Schnitt ($\cap$) und Teilmengenbeziehung ($\subseteq$) mengentheoretisch. So sind z. B. zwei Intervalle gleich, wenn sie in ihrer Unter- und Obergrenze übereinstimmen.

Für zwei Intervalle $[a], [b] \in I(\mathbb{R})$ definieren wir die Verknüpfungen $+, -, \cdot, /$ durch

$$\begin{array}{lclcl}
[a] & + & [b] & := & [\underline{a}+\underline{b}, \overline{a}+\overline{b}], \\
[a] & - & [b] & := & [\underline{a}-\overline{b}, \overline{a}-\underline{b}], \\
[a] & & [b] & := & [\min\{\underline{ab}, \underline{a}\overline{b}, \overline{a}\underline{b}, \overline{ab}\}, \max\{\underline{ab}, \underline{a}\overline{b}, \overline{a}\underline{b}, \overline{ab}\}], \\
[a] & / & [b] & := & [a] \cdot [\frac{1}{\overline{b}}, \frac{1}{\underline{b}}], \quad \text{vorausgesetzt, } 0 \notin [b] \,.
\end{array}$$

Für jede der so erklärten Verknüpfungen $\circ \in \{+, -, \cdot, /\}$ gelten die folgenden Eigenschaften:

a) Das Ergebnis ist wieder ein Intervall, d. h. $[a] \circ [b] \in I(\mathbb{R})$.

b) Es gilt die *Einschließungseigenschaft*

$$a \in [a],\, b \in [b] \;\Rightarrow\; a \circ b \in [a] \circ [b].$$

c) $[a] \circ [b]$ ist die *Intervallhülle* von $M := \{a \circ b \mid a \in [a],\, b \in [b]\}$, d. h. die engstmögliche Einschließung von $M$ durch ein Intervall.

d) Verknüpft man Punktintervalle miteinander, so ist das Ergebnis wieder ein Punktintervall, denn

$$\underline{a} = \overline{a},\, \underline{b} = \overline{b} \;\Rightarrow\; \inf([a] \circ [b]) = \sup([a] \circ [b]) \;;$$

die Verknüpfung $a \circ b$ kann also sowohl als Intervallverknüpfung ausgeführt als auch als Verknüpfung im Körper der reellen Zahlen interpretiert werden und ergibt (im Sinne der oben erwähnten Identifizierung) jeweils dasselbe Ergebnis. Man sagt, daß die reellen Zahlen strukturerhaltend in die Menge der reellen Intervalle eingebettet sind.

Die etwas umfangreiche Formel für die Multiplikation zweier Intervalle muß nicht immer über die Bestimmung des Minimums bzw. Maximums realisiert werden. Kennt man nämlich die Lage der Intervalle bezüglich der Null, dann kann man in den meisten Fällen das Ergebnis ohne Maximum-/Minimum-Bestimmung angeben. In Tabelle 1 sind die einzelnen Fallunterscheidungen für die Intervallmultiplikation aufgeführt.

Die Maximum-/Minimum-Berechnung muß danach nur für den Fall, daß die Null im Inneren beider Intervalle liegt, vorgenommen werden. Bei der Division, die auf die Multiplikation zurückgeführt wird, fällt dieser Fall sogar ganz weg (vgl. Tabelle 2).

| $[a]\cdot[b]$ | $0 \le \underline{b}$ | $\underline{b} < 0 < \overline{b}$ | $\overline{b} \le 0$ |
|---|---|---|---|
| $0 \le \underline{a}$ | $[\underline{a}\underline{b}, \overline{a}\overline{b}]$ | $[\overline{a}\underline{b}, \overline{a}\overline{b}]$ | $[\overline{a}\underline{b}, \underline{a}\overline{b}]$ |
| $\underline{a} < 0 < \overline{a}$ | $[\underline{a}\overline{b}, \overline{a}\overline{b}]$ | $[\min\{\underline{a}\overline{b}, \overline{a}\underline{b}\}, \max\{\underline{a}\underline{b}, \overline{a}\overline{b}\}]$ | $[\overline{a}\underline{b}, \underline{a}\underline{b}]$ |
| $\overline{a} \le 0$ | $[\underline{a}\overline{b}, \overline{a}\underline{b}]$ | $[\underline{a}\overline{b}, \underline{a}\underline{b}]$ | $[\overline{a}\overline{b}, \underline{a}\underline{b}]$ |

Tabelle 1: Multiplikationstafel für Intervalle

| $[a]/[b]$ | $0 < \underline{b}$ | $\overline{b} < 0$ |
|---|---|---|
| $0 \le \underline{a}$ | $[\underline{a}/\overline{b}, \overline{a}/\underline{b}]$ | $[\overline{a}/\overline{b}, \underline{a}/\underline{b}]$ |
| $\underline{a} < 0 < \overline{a}$ | $[\underline{a}/\underline{b}, \overline{a}/\underline{b}]$ | $[\overline{a}/\overline{b}, \underline{a}/\overline{b}]$ |
| $\overline{a} \le 0$ | $[\underline{a}/\underline{b}, \overline{a}/\overline{b}]$ | $[\overline{a}/\underline{b}, \underline{a}/\overline{b}]$ |

Tabelle 2: Divisionstafel für Intervalle

Für die Intervallverknüpfungen gelten die folgenden bekannten Eigenschaften:

$$\left.\begin{array}{l} [a] + [b] = [b] + [a] \\ [a] \cdot [b] = [b] \cdot [a] \end{array}\right\} \text{Kommutativität}$$

$$\left.\begin{array}{l} [a] + ([b] + [c]) = ([a] + [b]) + [c] \\ [a] \cdot ([b] \cdot [c]) = ([a] \cdot [b]) \cdot [c] \end{array}\right\} \text{Assoziativität}$$

$$\left.\begin{array}{l} [a] + 0 = [a] \\ [a] \cdot 1 = [a] \end{array}\right\} \text{neutrale Elemente}$$

Darüber hinaus sind eine Reihe von Eigenschaften, die man vom alltäglichen Rechnen her kennt, nicht oder nur eingeschränkt gültig:

$$(1) \quad \left.\begin{array}{l} [a] + [x] = 0 \\ [a] \cdot [x] = 1 \end{array}\right\} \text{unlösbar, falls } \underline{a} < \overline{a}, \text{ d. h. Inverse fehlen i. a.}$$

$$(2) \quad \begin{array}{l} 0 \in [a] - [a] \overset{\text{i. a.}}{\neq} [0,0] \\ 1 \in [a] \,/\, [a] \overset{\text{i. a.}}{\neq} [1,1] \end{array}$$

(3) An die Stelle des Distributivgesetzes tritt die sogenannte *Subdistributivität*

$$[a]([b]+[c]) \subseteq [a][b]+[a][c],$$

bei der nur in Ausnahmefällen die Gleichheit gilt (z. B. , falls $\underline{b} \geq 0$ und $\underline{c} \geq 0$).

Die oben gemachte Bemerkung b) kann man auch für Intervalle formulieren:

(4) $[a] \subseteq [a]',\ [b] \subseteq [b]' \ \Rightarrow\ [a] \circ [b] \subseteq [a]' \circ [b]',\ \circ \in \{+,-,\cdot,/\}$.

Man bezeichnet (4) als *Inklusionsmonotonie* der Intervallverknüpfungen.

**Beispiele:**

zu (1): $[1,2]+[\underline{x},\overline{x}]=0 \ \Rightarrow\ [1+\underline{x},2+\overline{x}]=[0,0]$
$\Rightarrow\ \underline{x}=-1>-2=\overline{x}$ im Wid. zu $\underline{x} \leq \overline{x}$.

zu (2): $[1,2]-[1,2]=[-1,1]$.

zu (3): $[1,2]\{1+(-1)\}=0 \subsetneq [1,2]-[1,2]=[-1,1]$.

# 2 Hilfsgrößen

Im folgenden führen wir verschiedene Hilfsgrößen ein, die in der Formulierung von Sätzen der Intervallrechnung und ihren Beweisen immer wieder auftreten. Wir definieren für zwei Intervalle $[a]$, $[b] \in I(\mathbb{R})$ die Größen

| | | | |
|---|---|---|---|
| $\check{a}$ | $:=$ | $\frac{\underline{a}+\overline{a}}{2}$ | : Mittelpunkt (von $[a]$) |
| $r([a])$ | $:=$ | $\frac{\overline{a}-\underline{a}}{2}$ | : Radius |
| $d([a])$ | $:=$ | $\overline{a}-\underline{a}$ | : Durchmesser |
| $\lvert[a]\rvert$ | $:=$ | $\max\{\lvert a\rvert \mid a \in [a]\}$ | : Betrag |
| $<[a]>$ | $:=$ | $\min\{\lvert a\rvert \mid a \in [a]\}$ | : Betragsminimum |
| $q([a],[b])$ | $:=$ | $\max\{\lvert\underline{a}-\underline{b}\rvert, \lvert\overline{a}-\overline{b}\rvert\}$ | : Abstand |

Die folgende Skizze soll die neuen Begriffe verdeutlichen:

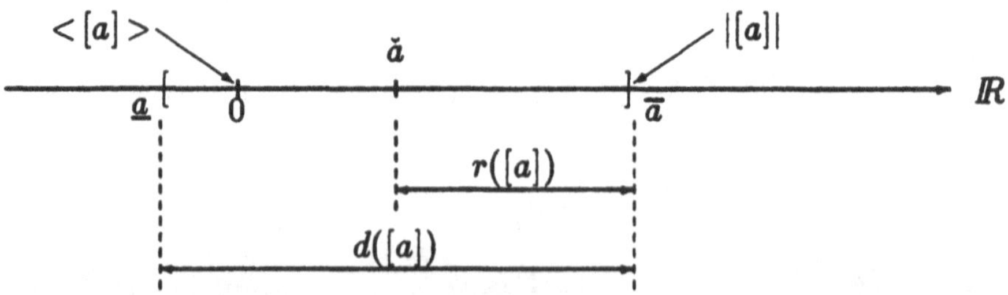

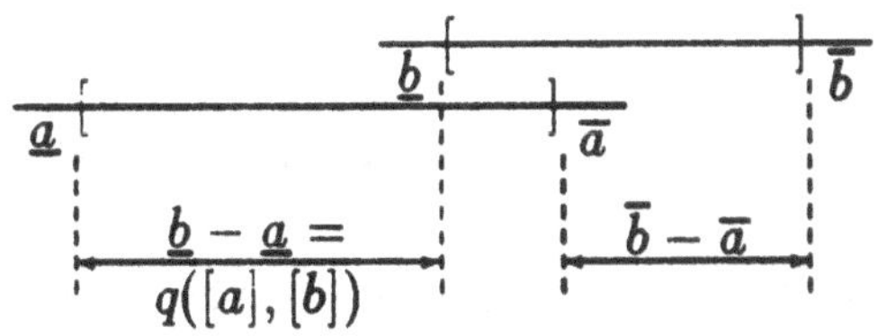


Wie aus der Definition folgt, ist der Abstand zweier Intervalle genau dann null, wenn ihre Grenzen übereinstimmen. Er ist nichtnegativ, unabhängig von der Reihenfolge seiner Argumente und erfüllt die Dreiecksungleichung. Damit genügt $q(.,.)$ den Forderungen an eine Metrik. Der Raum $(I(I\!R), q)$ ist folglich ein metrischer Raum, der, wie man zeigen kann, sogar vollständig ist.

Mit Hilfe des Abstands $q(.,.)$ führen wir in der für metrische Räume üblichen Weise einen Konvergenzbegriff ein durch

$$\begin{aligned} \lim_{k\to\infty} [a]^k = [a] \quad :\Leftrightarrow& \quad \lim_{k\to\infty} q([a]^k, [a]) = 0 \\ \Leftrightarrow& \quad \lim_{k\to\infty} \underline{a}^k = \underline{a} \wedge \lim_{k\to\infty} \overline{a}^k = \overline{a}\,. \end{aligned}$$

Damit haben wir die Grundlage für sinnvolle Untersuchungen bei Intervalliterationsverfahren gelegt. An Rechenregeln für die eingeführten Hilfsgrößen erwähnen wir hier lediglich die Formeln

$$d([a] \pm [b]) = d([a]) + d([b]),$$

$$\max\{d([a])|[b]|, |[a]|d([b])\} \leq d([a][b]) \leq d([a])|[b]| + |[a]|d([b]),$$

deren Beweis man z. B. in [1] findet.

**Beispiele:**

$$\begin{aligned} d([a] - [a]) &= d([\underline{a} - \overline{a}, \overline{a} - \underline{a}]) = \overline{a} - \underline{a} - (\underline{a} - \overline{a}) \\ &= 2(\overline{a} - \underline{a}) = 2d([a]), \end{aligned}$$

$$q([-1,3],[2,9]) = \max\{|-1-2|, |3-9|\} = 6.$$

Selbstverständlich erhält man das Ergebnis des ersten Beispiels schneller, wenn man die erste der beiden oben angegebenen Formeln verwendet. Es zeigt, daß sich der Durchmesser bei der Subtraktion gleicher Intervalle verdoppelt. Aber auch bei der Subtraktion nahezu gleicher Intervalle vergrößert sich der Durchmesser des Ergebnisses erheblich, so daß im Hinblick auf die noch zu entwickelnden Verfahren solche Operationen möglichst vermieden werden sollten.

# 3 Wertebereich

Die Einschließung des Wertebereichs einer Funktion spielt in der Intervallrechnung eine größere Rolle, als dies auf den ersten Blick erscheinen mag. Eine Kostprobe hiervon findet man im nächsten Abschnitt, wo das unbekannte Restglied der Taylorschen Formel durch den Wertebereich $W_{f'}$ bzw. durch eine Intervalleinschließung von $W_{f'}$ ersetzt wird.

Den exakten Wertebereich einer Funktion wird man im allgemeinen nicht kennen. Mit Hilfe der Intervallrechnung kann man aber in einfacher Weise Einschließungen für den Wertebereich auf einem Rechner bestimmen. Wenn in dieser Einschließung die Null nicht enthalten ist, hat man sofort eine Nicht-Existenz-Aussage bezüglich einer Nullstelle in dem betrachteten Bereich. Es sei im folgenden

$$f : D \subseteq \mathbb{R} \to \mathbb{R}, \quad [x] \subseteq D \tag{1}$$

$$W_f([x]) := \{f(x) \mid x \in [x]\} : \quad \text{Wertebereich von } f \text{ bzgl. } [x].$$

Zu den bereits behandelten Intervallverknüpfungen $+, -, \cdot, /$ kann man nun auch Standardintervallfunktionen definieren durch

$$f([x]) := W_f([x]) \text{ für } f \in S := \{\sin, \cos, \tan, \cot, \exp, \ln, (.)^\alpha\}$$

(Der Funktionenkatalog ist erweiterbar !)

**Beispiele:**

$$\begin{aligned} \sin([-\tfrac{\pi}{6}, \tfrac{\pi}{6}]) &= [-\tfrac{1}{2}, \tfrac{1}{2}] \\ \cos([-\pi, \pi]) &= [-1, 1] \\ \ln([-1, 1]) & \quad \text{ist nicht definiert.} \end{aligned}$$

Wie diese Standardintervallfunktionen auf der Maschine implementiert werden, ist ein eigenes Problem und soll hier nicht behandelt werden. Für die weiteren Ausführungen schränken wir die Klasse der betrachteten Funktionen im folgenden Sinne ein:

> $f$ wie in (1); $f(x)$ werde durch einen mathematischen Ausdruck $A_f$ beschrieben, der aus endlich vielen Zeichen $+, -, \cdot, /$, Konstanten, $x$, Funktionen aus $S$ und Schachtelungen besteht. (2)

Unter der *intervallmäßigen Auswertung* eines solchen Ausdrucks wollen wir dasjenige Intervall verstehen, das man erhält, wenn man überall dort, wo $x$ steht, das Intervall $[x]$ einsetzt und anstelle der reellen Operationen die Intervallverknüpfungen ausführt. Für das Ergebnis schreibt man dann traditionellerweise wieder $f([x])$ anstelle von $A_f([x])$, obwohl für verschiedene Ausdrücke $A_f$ unterschiedliche Ergebnisse resultieren können. Man denke sich dann $f$ immer für einen festen Ausdruck $A_f$ ausgewertet. Wegen der Einschließungseigenschaft der Intervallrechnung kann man durch die intervallmäßige Auswertung von $f$ eine Einschließung für den Wertebereich bzgl. $[x]$ angeben, denn es gilt

$$f(x) \in W_f([x]) \subseteq f([x]) \quad \text{für alle} \quad x \in [x].$$

Die Gleichheit gilt, falls $x$ in $A_f$ höchstens einmal auftritt. Daß für ein und dieselbe Funktion je nach Wahl des Ausdrucks die intervallmäßige Auswertung zu unterschiedlichen Ergebnissen führen kann, zeigt das folgende Beispiel.

**Beispiel:**

$$f : \begin{cases} \mathbb{R} \to \mathbb{R} \\ x \to 0 \end{cases} \qquad g : \begin{cases} \mathbb{R} \to \mathbb{R} \\ x \to x - x \end{cases}$$

Trotz $f = g$ und demzufolge $W_f = W_g$ erhält man

$$\underbrace{[0,0]}_{=f([-1,1])} \overset{\subseteq}{\neq} \underbrace{[-2,2] = [-1,1] - [-1,1]}_{=g([-1,1])},$$

also eine erhebliche Überschätzung des Wertebereichs bei Verwendung von $g$.

Es stellt sich nun sofort die Frage, wie man den Wertebereich einer gegebenen Funktion möglichst gut einschließen kann. Eine Möglichkeit bietet sich, wenn man außer $f$ auch die Ableitung $f'$ kennt. Mit Hilfe des Mittelwertsatzes kann man dann eine Einschließung von $W_f$ auf die folgende Weise bestimmen:

Wähle $z \in [x]$, etwa $z = \check{x}$. Nach der Taylorschen Formel gibt es zu jeder Zahl $x \in [x]$ eine Zahl $\xi = \xi(x) \in [x]$, so daß gilt

$$f(x) = f(z) + f'(\xi)(x - z).$$

Hieraus folgt

$$f(x) \in f(z) + f'([x])([x] - z) =: f_m([x]).$$

Man nennt $f_m([x])$ *Mittelwertform* oder auch spezielle zentrierte Form.

Um die Genauigkeit der Wertebereichseinschließung weiter zu erhöhen, kann man das Intervall $[x]$ in kleinere Teilintervalle zerlegen, den Wertebereich über diesen einschließen und dann die Vereinigung der Ergebnisintervalle bilden. Die Hoffnung, daß die Einschließung um so besser wird, je feiner man $[x]$ zerlegt, wird durch die folgende Aussage gestützt:

*Ist $[x]_0 \supseteq [x] = \bigcup_{k=1}^{n} [x]_k$, so gibt es Zahlen $c_1, c_2$, die nur von $[x]_0$ (insbesondere nicht von n) abhängen, so daß*

$$q_1 := q(W_f([x]), \bigcup_{k=1}^{n} f([x]_k)) \le c_1 \cdot \max_k\{d([x]_k)\}$$

*und*

$$q_2 := q(W_f([x]), \bigcup_{k=1}^{n} f_m([x]_k)) \le c_2 \cdot \max_k\{(d([x]_k))^2\}$$

*gelten.*

Auf den Beweis soll hier verzichtet werden. Es bleibt festzuhalten, daß mit der Mittelwertform wegen des quadratischen Terms in der Abschätzung für $q_2$ wesentlich bessere Schranken für die Einschließung des Wertebereichs bestimmt werden können. Dies bestätigt auch das nächste Beispiel.

**Beispiel:**

$$f(x) = x^2 - x^2, \quad [x] = [1,3], \quad W_f([x]) = [0,0]$$

$$f([x]) = [x]^2 - [x]^2, \quad f'([x]) = 2[x] - 2[x]$$

$$[x]_k = [1 + (k-1)\tfrac{2}{n}, 1 + k\tfrac{2}{n}], \ k = 1, \ldots, n; \ n \in \mathbb{N}.$$

**Ergebnisse mit PASCAL-SC:**

| $n$ | $\bigcup_{k=1}^{n} f([x]_k)$ | $q_1$ | $d([x]_k)$ |
|---|---|---|---|
| 1 | $[-8.000E+00\,,\,8.000E+00]$ | $8.000E+00$ | $2.000E+00$ |
| 5 | $[-2.240E+00\,,\,2.240E+00]$ | $2.240E+00$ | $4.000E-01$ |
| 10 | $[-1.160E+00\,,\,1.160E+00]$ | $1.160E+00$ | $2.000E-01$ |
| 50 | $[-2.384E-01\,,\,2.384E-01]$ | $2.384E-01$ | $4.000E-02$ |
| 100 | $[-1.196E-01\,,\,1.196E-01]$ | $1.196E-01$ | $2.000E-02$ |
| 500 | $[-2.399E-02\,,\,2.399E-02]$ | $2.398E-02$ | $4.000E-03$ |
| 1000 | $[-1.200E-02\,,\,1.200E-02]$ | $1.200E-02$ | $2.000E-03$ |
| 5000 | $[-2.400E-03\,,\,2.400E-03]$ | $2.400E-03$ | $4.000E-04$ |
| 10000 | $[-1.200E-03\,,\,1.200E-03]$ | $1.200E-03$ | $2.000E-04$ |

| $n$ | $\bigcup_{k=1}^{n} f_m([x]_k)$ | $q_2$ | $d([x]_k)$ |
|---|---|---|---|
| 1 | $[-4.000E+00\,,\,4.000E+00]$ | $4.000E+00$ | $2.000E+00$ |
| 5 | $[-1.600E-01\,,\,1.600E-01]$ | $1.600E-01$ | $4.000E-01$ |
| 10 | $[-4.000E-02\,,\,4.000E-02]$ | $4.000E-02$ | $2.000E-01$ |
| 50 | $[-1.600E-03\,,\,1.600E-03]$ | $1.600E-03$ | $4.000E-02$ |
| 100 | $[-4.000E-04\,,\,4.000E-04]$ | $4.000E-04$ | $2.000E-02$ |
| 500 | $[-1.600E-05\,,\,1.600E-05]$ | $1.600E-05$ | $4.000E-03$ |
| 1000 | $[-4.000E-06\,,\,4.000E-06]$ | $4.000E-06$ | $2.000E-03$ |
| 5000 | $[-1.600E-07\,,\,1.600E-07]$ | $1.600E-07$ | $4.000E-04$ |
| 10000 | $[-4.000E-08\,,\,4.000E-08]$ | $4.000E-08$ | $2.000E-04$ |

# 4 Intervall-Newton-Verfahren

Wir wollen in diesem Abschnitt ein Beispiel für die Einschließung von Wertebereichen vorstellen: das *Intervall-Newton-Verfahren*. Das *klassische Newton-Verfahren* zur iterativen Approximation einer Nullstelle der Funktion $f$ hat die Gestalt

$$x^{(k+1)} = x^{(k)} - \frac{f(x^{(k)})}{f'(x^{(k)})}, \quad k = 0, 1, \ldots$$

mit Startwert $x^{(0)}$, vorausgesetzt, daß der Quotient existiert. Geometrisch läßt sich dieses Verfahren bekanntlich leicht interpretieren. Man legt an der Stelle $x^{(k)}$ die Tangente an den Graphen von $f$ und nimmt den Schnittpunkt der Tangente mit der $x$-Achse als neue Iterierte $x^{(k+1)}$. Abbildung 1 macht die Vor- und Nachteile des Newton-Verfahrens deutlich: In der Nähe der Nullstelle (Startwert $x^{(0)}$) konvergiert das Verfahren zwar quadratisch, wenn der Startwert aber weit von der Nullstelle entfernt liegt (Startwert $\tilde{x}^{(0)}$), stellt sich nur langsame oder überhaupt keine Konvergenz ein.

Im folgenden betrachten wir das *Intervall-Newton-Verfahren*, das auf dem klassischen Verfahren aufbaut und dessen Nachteile im Bezug auf divergentes Verhalten beseitigt. Setzt man voraus, daß $0 \notin f'([x]^{(0)})$, dann lautet das

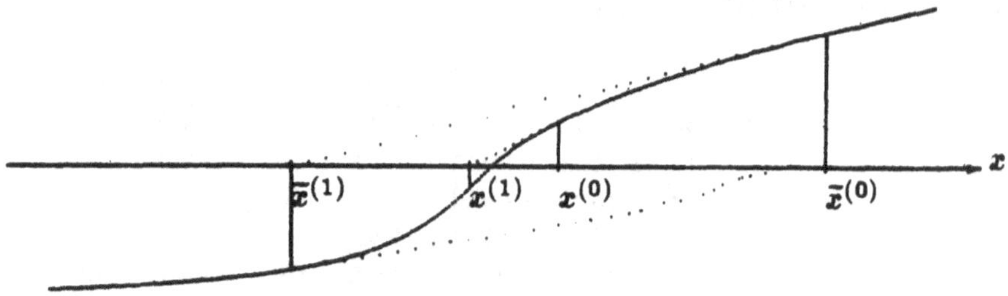


Abbildung 1: Das Newton-Verfahren

Intervall-Newton-Verfahren

$$[x]^{(k+1)} = \left(\check{x}^{(k)} - \frac{f(\check{x}^{(k)})}{f'([x]^{(k)})}\right) \cap [x]^{(k)}, \quad k = 0, 1, \ldots ,$$

wobei der Mittepunkt $\check{x}^{(k)}$ von $[x]^{(k)}$ auch durch einen anderen Vertreter des Intervalls $[x]^{(k)}$ ersetzt werden kann.

Zur Herleitung des Verfahrens ziehen wir wiederum den Mittelwertsatz heran:

$$\begin{aligned} f(x^*) &= 0, \quad x^* \in [x]^{(0)} \\ \Rightarrow \quad f(x^*) &= 0 = f(\check{x}^{(0)}) + f'(\xi^{(0)})(x^* - \check{x}^{(0)}) \\ \Rightarrow \quad x^* &= \check{x}^{(0)} - \tfrac{f(\check{x}^{(0)})}{f'(\xi^{(0)})} \\ &\in \left(\check{x}^{(0)} - \tfrac{f(\check{x}^{(0)})}{f'([x]^{(0)})}\right) \cap [x]^{(0)} =: [x]^{(1)} \subseteq [x]^{(0)} \end{aligned}$$

mit geeignetem $\xi^{(0)} \in [x]^{(0)}$ und $0 \notin f'([x]^{(0)})$. Durch die Schnittbildung mit der vorherigen Iterierten kann das Verfahren nicht divergieren, denn die Folge $[x]^{(0)} \supseteq [x]^{(1)} \supseteq [x]^{(2)} \supseteq \ldots$ ist beschränkt. Man kann darüber hinaus zeigen, daß für den Fall, daß $x^*$ nicht im Anfangsintervall $[x]^{(0)}$ liegt, irgendwann einmal eine leere Schnittmenge auftreten muß. Damit kann man die Nichtexistenz einer Nullstelle im betrachteten Bereich nachweisen.

**Beispiel:**

$$f(x) = x^2 - e^x, \quad [x]^{(0)} = [-2, 0]$$

$$\left.\begin{array}{l} f(-2) = 4 - e^{-2} > 0 \\ f(0) = -1 < 0 \end{array}\right\} \Rightarrow [x]^{(0)} \text{ enthält eine Nullstelle } x^*.$$

$$f'([-2, 0]) = 2[-2, 0] - e^{[-2,0]} = [-5, -e^{-2}] \not\ni 0$$

**Ergebnisse:** (Abbruch falls $d([x]^{(k)}) < 10^{-10}$)

| $k$ | $[x]^{(k)}$ | $d([x]^{(k)})$ |
|---|---|---|
| 0 | $[-2.00000000000E+00\,,\ +0.00000000000E+00]$ | $2.00000000000E+00$ |
| 1 | $[-8.73575888235E-01\,,\ +0.00000000000E+00]$ | $8.73575888235E-01$ |
| 2 | $[-8.73575888235E-01\,,\ -6.02532233801E-01]$ | $2.71043654434E-01$ |
| 3 | $[-7.08993982416E-01\,,\ -6.96957174928E-01]$ | $1.20368074880E-02$ |
| 4 | $[-\underline{7.034}71432695E-01\,,\ -\underline{7.034}63660560E-01]$ | $7.77213500000E-06$ |
| 5 | $[-\underline{7.03467422}500E-01\,,\ -\underline{7.03467422}497E-01]$ | $3.00000000000E-12$ |

# 5 Intervallvektoren, Intervallmatrizen

In der Praxis tritt seltener das Problem auf, eine Gleichung mit *einer* Unbekannten zu lösen. Meist führen Anwenderprobleme auf lineare oder nichtlineare Gleichungs*systeme*, deren Lösung man gerne kennen würde. Vektoren und Matrizen spielen dabei in der Formulierung der Probleme eine zentrale Rolle. Um Einschließungsalgorithmen für solche Lösungen entwickeln zu können, liegt es daher nahe, auch bei Intervallen Vektoren und Matrizen einzuführen.

Faßt man $n$-komponentige Vektoren als spezielle $n \times 1$-Matrizen auf, so genügt es, $m \times n$-Intervallmatrizen mit ihren Verknüpfungen und Hilfsgrößen zu betrachten. Eine solche $m \times n$-Intervallmatrix ist gegeben durch

$$[A] = ([a]_{ij})_{\substack{i=1,\ldots,m\\ j=1,\ldots,n}} \quad \text{mit } [a]_{ij} \in I(\mathbb{R}).$$

Die Menge aller $m \times n$-Intervallmatrizen kürzen wir mit $I(\mathbb{R}^{m\times n})$ ab; für die Menge der $n$-komponentigen Intervallvektoren schreiben wir in naheliegender Weise $I(\mathbb{R}^n)$.

Führt man auf der Menge $\mathbb{R}^{m\times n}$ der reellen $m \times n$-Matrizen eine Halbordnung „$\leq$" durch

$$A \leq B :\Leftrightarrow a_{ij} \leq b_{ij}, \;\; i = 1,\ldots,m; \; j = 1,\ldots,n$$

ein, so kann man eine Intervallmatrix $[A]$ als die Menge aller Matrizen auffassen, die zwischen der Unterschranke $\underline{A} := (\underline{a}_{ij}) \in \mathbb{R}^{m\times n}$ und der Oberschranke $\overline{A} := (\overline{a}_{ij}) \in \mathbb{R}^{m\times n}$ liegen. In Kurzschreibweise lautet dies

$$[A] = [\underline{A}, \overline{A}] = ([\underline{a}_{ij}, \overline{a}_{ij}])_{\substack{i=1,\ldots,m\\ j=1,\ldots,n}}.$$

Punktmatrizen und Punktvektoren sind auf analoge Weise wie Punktintervalle definiert und können wieder mit den entsprechenden reellen Größen identifiziert werden.

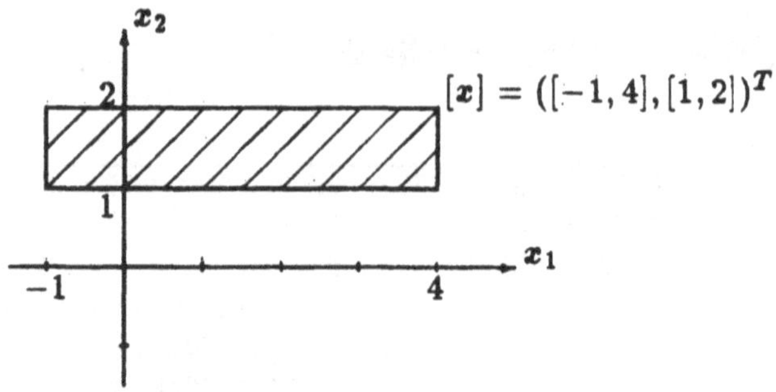


Abbildung 2: Veranschaulichung eines Intervallvektors mit zwei Komponenten

Ähnlich wie reelle Vektoren kann man auch Intervallvektoren veranschaulichen. So ist das Bild eines Intervallvektors $[x] \in I(\mathbb{R}^2)$ ein achsenparalleles Rechteck (Abb. 2) und das Bild eines Intervallvektors $[x] \in I(\mathbb{R}^3)$ ein Quader, dessen Seitenflächen parallel zu den Koordinatenebenen liegen. Entsprechende Verallgemeinerungen gelten auch für mehr als drei Dimensionen.

Die Begriffe Gleichheit ($=$), Teilmenge ($\subseteq$), Schnitt ($\cap$), Mittelpunkt $\check{A}$, Radius $r([A])$, Durchmesser $d([A])$, Betrag $|[A]|$ und Abstand $q([A],[B])$ werden für Intervallmatrizen und -vektoren komponentenweise erklärt.

**Beispiel:** Durchmesser(matrix)

$$d\begin{pmatrix} [-1,1] & 5 \\ [4,5] & [-2,-1] \end{pmatrix} = \begin{pmatrix} 2 & 0 \\ 1 & 1 \end{pmatrix} \in \mathbb{R}^{2\times 2}.$$

Auch die Verknüpfungen Addition und Subtraktion werden für Intervallmatrizen und -vektoren komponentenweise vorgenommen, während das Produkt zweier Intervallmatrizen wie üblich über

$$([A]\cdot[B])_{ij} := \sum_{k=1}^{p} [a]_{ik}[b]_{kj}, \quad \text{falls } [A] \in I(\mathbb{R}^{m\times p}),\ [B] \in I(\mathbb{R}^{p\times n})$$

definiert ist. Dadurch ist die in Abschnitt 1 erwähnte Einschließungseigenschaft gewährleistet, d. h. es gilt

$$\{A \cdot B \mid A \in [A], B \in [B]\} \subseteq [A]\cdot[B],$$

wobei durchaus der Fall „$\subsetneq$" auftreten kann. Auch für das Rechnen mit Intervallmatrizen gelten nicht alle Rechenregeln, die für reelle Matrizen Gültigkeit besitzen.

Zwar bleiben Kommutativität und Assoziativität bzgl. „ + “

$$
\begin{aligned}
[A] + [B] &= [B] + [A] \\
[A] + ([B] + [C]) &= ([A] + [B]) + [C]
\end{aligned}
$$

erhalten, aber schon die Assoziativität bzgl. „ · “ gilt im allgemeinen nicht mehr, d. h.

$$[A] \cdot ([B] \cdot [C]) \overset{\text{i. a.}}{\neq} ([A] \cdot [B]) \cdot [C] .$$

Man kann sogar Beispiele angeben, bei denen selbst für $[A] = [B] = [C]$ die Ungleichheit eintritt (vgl. Aufgabe 4b).

Anhand des sehr speziellen Beispiels der Multiplikation einer Punktmatrix $A$ mit einem Intervallvektor $[x]$ soll nun noch einmal der Unterschied zwischen einem Wertebereich und der Intervalleinschließung eines Wertebereichs verdeutlicht werden. Das Produkt $A \cdot [x]$ ist die *Intervallhülle* des Parallelotops $P := \{Ax \mid x \in [x]\}$, d. h. $A[x]$ schließt $P$ engstmöglich durch einen Intervallvektor ein.

**Beispiel:**

$$A = \begin{pmatrix} 1 & 3 \\ 2 & 1 \end{pmatrix}, \quad [x] = \begin{pmatrix} [1,2] \\ [1,3] \end{pmatrix}$$

$$
\begin{aligned}
x \in [x] \quad \Rightarrow \quad x &= \begin{pmatrix} 1 \\ 1 \end{pmatrix} + \begin{pmatrix} \lambda \\ 2\mu \end{pmatrix} \qquad \text{mit} \quad 0 \leq \lambda, \mu \leq 1 \\
\Rightarrow \quad A \cdot x &= \begin{pmatrix} 4 \\ 3 \end{pmatrix} + \lambda \begin{pmatrix} 1 \\ 2 \end{pmatrix} + \mu \begin{pmatrix} 6 \\ 2 \end{pmatrix} ; \\
A \cdot [x] &= \begin{pmatrix} [4, 11] \\ [3, 7] \end{pmatrix} .
\end{aligned}
$$

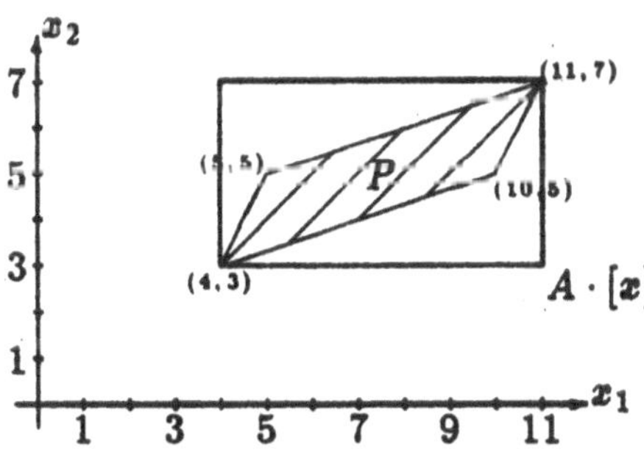

# 6 Intervalle im Komplexen

Nullstellenprobleme bei Polynomen sind selten rein im Reellen zu behandeln. Daher erscheint es sinnvoll, auch nach Intervallen im Komplexen zu fragen. Gewöhnlich betrachtet man zwei Arten komplexer Intervalle:

1. Rechteckintervalle $[z] = [a] + i[b],\ [a],[b] \in I(\mathbb{R})$
2. Kreisintervalle $[z] = <\check{z},\rho> := \{z \in \mathbb{C} : |z - \check{z}| \le \rho\}$
   (mit $\check{z} \in \mathbb{C}$ Kreismittelpunkt, $\rho \in \mathbb{R}_0^+$ Kreisradius)

Für die häufig verwendeten Rechteckintervalle läßt sich eine komplexe Intervallarithmetik aus den üblichen Rechenregeln für komplexe Zahlen in der folgenden Form ableiten

$$[z] = [a] + i[b], \quad [z]' = [a]' + i[b]',$$

$$\begin{aligned}
[z] \pm [z]' &:= [a] \pm [a]' + i([b] \pm [b]'),\\
[z]\ [z]' &:= [a][a]' - [b][b]' + i([a][b]' + [a]'[b]),\\
[z] / [z]' &:= \frac{[a][a]' + [b][b]'}{([a]')^2 + ([b]')^2} + i\frac{[a]'[b] - [a][b]'}{([a]')^2 + ([b]')^2} \qquad (0 \notin [z]').
\end{aligned}$$

Die Quadrate bei der Division sind dabei Werte der Standardintervallfunktion $[x]^2$ (s. Abschnitt 3).

Für Kreisintervalle $[z] = <\check{z},\rho>$, $[z]' = <\check{z}',\rho'>$ definieren wir

$$\begin{aligned}
[z] \pm [z]' &:= <\check{z} \pm \check{z}', \rho + \rho'>,\\
[z]\ [z]' &:= <\check{z} \cdot \check{z}', |\check{z}|\rho' + |\check{z}'|\rho + \rho\rho'>,\\
1 / [z]' &:= <\frac{\overline{\check{z}'}}{|\check{z}'|^2 - (\rho')^2}, \frac{\rho'}{|\check{z}'|^2 - (\rho')^2}> \qquad (0 \notin [z]'),\\
[z] / [z]' &:= [z] \cdot (1/[z]') \qquad (0 \notin [z]').
\end{aligned}$$

Dabei bedeutet $\overline{\check{z}'}$ die zu $\check{z}'$ konjugiert komplexe Zahl.

Eigenschaften der beiden Arithmetiken findet man z. B. in [1].

# 7 Einige Übungsaufgaben

## 1. Aufgabe

Gegeben sind die Intervalle $[a] = [-1, 3], [b] = [3, 4], [c] = [2, 3]$.

a) Berechnen Sie, sofern möglich, die folgenden Ausdrücke:

$$[a] + [b], \quad [b] + [a], \quad [a] - [b], \quad [b] - [a]$$

$$[a] \cdot [b], \quad [b] \cdot [a], \quad [a]/[b], \quad [b]/[a]$$

$$[a] + ([b] + [c]), \quad ([a] + [b]) + [c], \quad [a]([b][c]), \quad ([a][b])[c]$$

$$[a]([b] + [c]), \quad [a][b] + [a][c], \quad ([b] + [c])[a]$$

$$([a] + [b])[c], \quad [a][c] + [b][c]\,.$$

b) Bestimmen Sie die folgenden Größen:

$$\check{a},\ r([a]),\ d([a]),\ |[a]|,\ <[a]>,\ q([a],[b])\,.$$

## 2. Aufgabe

Die Funktionen $f : x \to 2 \cdot \frac{x+1}{x-1}, x \neq 1$ und $g : x \to 2 + \frac{4}{x-1}, x \neq 1$, sind gleich.

a) Berechnen Sie $f([x])$, $f_m([x])$, $g([x])$ sowie $W_f([x])$ für das Intervall $[x] = [3, 5]$. Verwenden Sie für $f'(x)$ den Ausdruck

$$f'(x) = -\frac{4}{(x-1)^2}\,.$$

b) Schreiben Sie ein PASCAL-SC- oder FORTRAN-SC-Programm, das $n \in \mathbb{N}$ einliest, $[x]_k = [3 + \frac{2}{n}(k-1), 3 + \frac{2}{n}k]$, $k = 1, 2, \ldots, n$, berechnet und $n$, $[w] := \bigcup_{k=1}^{n} f([x]_k)$ und $q(w, W_f([3, 5]))$ ausgibt. Testen Sie Ihr Programm für $n = 1, 10, 100, 1000$.

c) Modifizieren Sie Ihr Programm, indem Sie $f_m([x]_k)$ anstelle von $f([x]_k)$ berechnen.

d) Testen Sie Ihr Programm anhand eigener Beispiele.

**3. Aufgabe**

a) Schreiben Sie ein PASCAL-SC- oder FORTRAN-SC-Programm zur Einschließung einer Nullstelle der Funktion

$$f : x \to f(x) = ((x - 5)x - 4)x + 20, \; x \in \mathbb{R}$$

mit Hilfe des Intervall-Newton-Verfahrens. Lesen sie das Startintervall $[x]^{(0)} = [0, 3]$ ein und brechen Sie die Iteration ab, wenn $d([x]^{(k)}) \leq 10^{-8}$ gilt. Verwenden Sie für $f'(x)$ den Ausdruck

$$f'(x) = (3x - 10)x - 4 \, .$$

b) Testen Sie Ihr Programm anhand eigener Beispiele.

**4. Aufgabe**

Gegeben sind die Matrizen $[A]$ und $[B]$ mit

$$[A] = \begin{pmatrix} 1 & [0,1] \\ 1 & -1 \end{pmatrix}, \quad [B] = \begin{pmatrix} [-1,2] & [3,4] \\ 2 & [-6,-4] \end{pmatrix} .$$

a) Berechnen Sie $[A] + [B]$, $[A] - [B]$, $[A][B]$.

b) Zeigen Sie durch Rechnung: $[A] \cdot ([A] \cdot [A]) \neq ([A] \cdot [A]) \cdot [A]$.

c) Zeigen Sie durch Rechnung: $[A]([B] + [A]) \subsetneqq [A][B] + [A][A]$.

d) Zeigen Sie für $[a] = [0, 1]$ und $[x] = \begin{pmatrix} 1 \\ 1 \end{pmatrix}$ :

$$\{ax \mid a \in [a], \, x \in [x]\} \subsetneqq [a] \cdot [x].$$

**5. Aufgabe**

a) Berechnen Sie für $[z] = [-1, 3] + i[0, 2]$ und $[z]' = [-1, 1] + i[1, 3]$ die Ausdrücke

$$[z] + [z]', \; [z] - [z]', \; [z] \cdot [z]', \; [z]/[z]' \, .$$

b) Zeigen Sie, daß für $[z] = [2, 4]$ und $[z]' = 1 + i$ die Beziehung

$$\{z \cdot z' \mid z \in [z], \, z' \in [z]'\} \subsetneqq [z][z]'$$

gilt.

# Literatur

[1] Alefeld, G. und Herzberger, J.: *Einführung in die Intervallrechnung.* Bibliographisches Institut, Mannheim, 1974.
Überarbeitete englische Ausgabe: *Introduction to Interval Computations.* Academic Press, New York, 1983.

[2] Bauch, H., Jahn, K.-U., Oelschlägel, D., Süsse, H. und Wiebigke, V.: *Intervallarithmetik.* Teubner, Leipzig, 1987.

[3] Kießling, I., Lowes, M. und Paulik, A.: *Genaue Rechnerarithmetik - Intervallrechnung und Programmieren mit PASCAL-SC.* Teubner, Stuttgart, 1988.

[4] Kulisch, U. und Miranker, W. L.: *A New Approach to Scientific Computation.* Academic Press, New York, 1983.

[5] Kulisch, U. und Miranker, W. L.: *Computer Arithmetic in Theory and Practice.* Academic Press, New York, 1981.

[6] Moore, R. E.: *Interval Analysis.* Prentice Hall, Englewood Cliffs, N. J., 1966.

[7] Moore, R. E.: *Methods and Applications of Interval Analysis.* SIAM, Phil., 1979.

[8] Ratschek, H. und Rokne, J.: *Computer Methods for the Range of Functions.* Ellis Horwood Limited, Chichester, 1984.

# Lineare Probleme

S. M. Rump
Institut für Informatik III
Technische Universität Hamburg-Harburg

**Zusammenfassung**

Im folgenden sollen die Algorithmen bzw. die Sätze zur Lösung von linearen Gleichungssystemen bzw. allgemeinen linearen Problemen referiert werden, und es soll möglichst anschaulich demonstriert werden, wie man solche Algorithmen implementiert. Ferner soll gezeigt werden, weshalb man die grundlegenden Sätze gerade *so* formuliert, welche Auswirkungen sich dadurch auf die Algorithmen ergeben bzw. wie man vom mathematischen Satz zur Implementierung auf dem Rechner kommt.

Ein wichtiger Gesichtspunkt der folgenden Ausführungen soll auch die Betrachtung der speziellen Eigenschaften der Intervallrechnung und die dadurch notwendige Modifkation der Algorithmen sein. Dabei wird die im Hintergrund stehende Mathematik bewußt anschaulich dargestellt, so daß die nachfolgenden Überlegungen auch ohne vertiefte mathematische Kenntnisse nachvollzogen werden können.

## 1 Einige wichtige Eigenschaften der Intervallrechnung

Auf zwei grundlegende Eigenschaften der Intervallrechnung (vgl. auch [3]) soll hier zunächst noch einmal ausführlich eingegangen werden, nämlich die Isotonie und die Aufblähungseigenschaft.

**Die Isotonie** ist *die* grundlegende Eigenschaft der Intervallrechnung, auf ihr beruhen sämtliche Einschließungssätze sowohl für lineare Probleme als auch für nichtlineare Anwendungen. Es gilt nämlich für Potenzmengenoperationen $\circ$

$$A, B \in I\!P I\!R;\ a \in A,\ b \in B \implies a \circ b \in A \circ B, \quad \circ \in \{+, -, *, /\},$$

wobei diese Isotonieeigenschaft zunächst allgemein für Potenzmengen und nicht speziell für Intervalle formuliert ist.

Bei den Einschließungsalgorithmen für lineare oder auch nichtlineare Systeme wird diese Eigenschaft dahingehend benutzt, daß man die an Mengen gestellten Bedingungen für die intervallmäßige Hülle nachprüft. Denn wenn die Intervallhülle in einer anderen Menge enthalten ist, dann gilt dies mit Sicherheit auch für die ursprüngliche Menge aufgrund der Isotonie.

**Die Aufblähung** ist eine eher negative Eigenschaft der Intervallrechnung. Intervalle zeigen bei verketteten Verknüpfungen die Tendenz, sich zu vergrößern, sprich aufzublähen. Einfachstes Beispiel dafür ist die Berechnung von

$$X - X := \{x_1 - x_2 | x_1, x_2 \in X\},$$

für ein Intervall $X \in I\mathbb{R}$, wobei $x_1$ und $x_2$ unabhängig voneinander variieren. Diese Unabhängigkeit ist gerade das, was die unangenehme Aufblähung zur Folge hat, so daß eben gilt

$$X - X \overset{\text{i. a.}}{\neq} 0.$$

Um dies zu veranschaulichen sei $X \subset \mathbb{R}^2$, d. h. $X$ ist ein achsenparalleles Rechteck. Als Differenz $X - X$ ergibt sich ein um den Nullpunkt herum liegendes Intervall mit einem größeren Durchmesser als dem von $X$ (vgl. Abb. 1). Das Ergebnisintervall $X - X$ ist im Zweidimensiona-

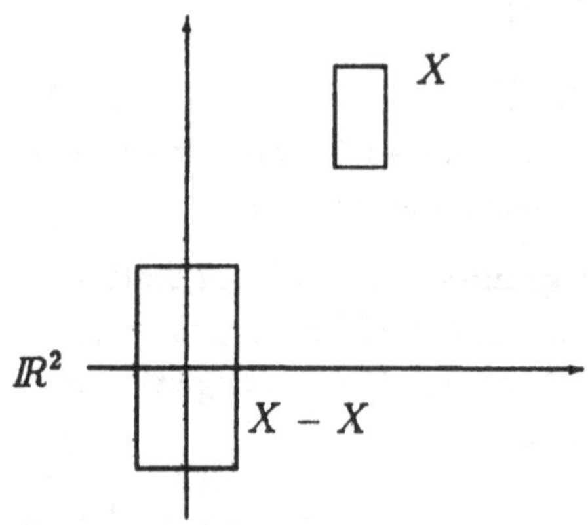


Abbildung 1:

len die Vervierfachung des Ausgangsintervalls $X$ symmetrisch um den Nullpunkt. Die Differenz als Potenzmengenoperation ausgeführt liefert in diesem Beispiel übrigens das gleiche Ergebnis.

Während die erste Eigenschaft, die Isotonie, für die Formulierung der Algorithmen notwendig ist, muß man dafür sorgen, daß die Aufblähung der Intervalle möglichst klein gehalten wird. Nur dann kommt man mit den sogenannten Einschließungsalgorithmen auch zu engen Einschließungen der Lösung eines Problems.

# 2 Lineare Gleichungssysteme

## 2.1 Die Residueniteration

Sucht man die Lösung $x$ eines Gleichungssystems

$$Ax = b, \quad \text{mit} \quad A \in \mathbb{R}^{n\times n};\ x, b \in \mathbb{R}^n,$$

also die Nullstelle von

$$Ax - b = 0,$$

dann formt man dieses Problem häufig um in eine Fixpunktgleichung der Form

$$x = x - (Ax - b)$$

und zur numerischen Anwendung in eine Iterationsform

$$x^{k+1} = x^k - (Ax^k - b).$$

Da das Verfahren in dieser Form i. a. nicht konvergiert, wird meistens das Newton-Verfahren

$$x^{k+1} = x^k - A^{-1}(Ax^k - b)$$

verwendet. Da die Inverse $A^{-1}$ wiederum nicht bekannt ist, wird das Newton-Verfahren mit einer Näherungsinversen $R \approx A^{-1}$ durch

$$x^{k+1} = x^k - R(Ax^k - b)$$

angenähert. In der Praxis verwendet man hier z. B. eine LU-Zerlegung der Matrix $A$; im folgenden bleiben wir bei $R$, da die Verfahren so einfacher aufzuschreiben sind. Man nennt dies *vereinfachtes Newton-Verfahren* oder auch *Residueniteration*. Konvergenz liegt für dieses Verfahren bei jedem beliebigen Startwert genau dann vor, wenn $\rho(I - RA) < 1$ gilt.

## 2.2 Ein Einschließungssatz

Will man die Lösung des linearen Gleichungssystems *einschließen*, so bedeutet dies ja eine Menge zu finden, die die Lösung enthält. Als solche Mengen eignen sich Intervalle besonders gut, da sie zum einen sehr leicht handhabbar und anschaulich sind und zum anderen die arithmetischen Operationen mit ihnen besonders einfach ausführbar sind. Nachteilig wirkt sich, wie bereits oben erwähnt, die mögliche Überschätzung, also die Aufblähung aus, was durch eine entsprechende Formulierung der Algorithmen ausgeglichen werden muß.

Um zu bewiesenen, sicheren Ergebnissen zu gelangen, muß ein mathematischer Satz vorliegen, dessen Voraussetzungen auf dem Rechner nachprüfbar sind. Dazu kann z. B. vom Brouwerschen Fixpunktsatz ausgegangen werden.

**Satz 1 (Fixpunktsatz von Brouwer)**
*Jede stetige Selbstabbildung $f : \mathbb{R}^n \to \mathbb{R}^n$ einer nichtleeren, konvexen, kompakten Menge $X \subseteq \mathbb{R}^n$ hat mindestens einen Fixpunkt in $X$.*

Definiert man z. B. entsprechend der Residueniteration eine Funktion $g$ durch

$$g(x) = x + R(b - Ax),$$

so gilt nach dem Fixpunktsatz von Brouwer

$$g(X) \subseteq X \implies \exists \hat{x} : g(\hat{x}) = \hat{x}.$$

Damit ergibt sich wegen

$$\hat{x} = g(\hat{x}) = \hat{x} + R(b - A\hat{x})$$

sofort $R(b - A\hat{x}) = 0$ also

$$b - A\hat{x} \in \ker(R).$$

Vom numerischen Standpunkt aus gesehen stellt sich nun das Problem, daß man zwar mit dem Erfüllen der Bedingung $g(X) \subseteq X$ die obige Aussage $b - A\hat{x} \in \ker(R)$ erhält, über die Nichtsingularität von R aber zunächst nichts ausgesagt werden kann. Diese auf dem Rechner nachzuprüfen ist bekanntermaßen numerisch nicht einfach.

## 2.3 Ein Satz für lineare Gleichungssysteme

Durch eine einfache Verschärfung der Bedingung im Fixpunktsatz von Brouwer läßt sich nun ein Satz für lineare Gleichungssysteme angeben, der gleichzeitig die Nichtsingularität von $A$ und $R$ und damit die Eindeutigkeit der Lösung $\hat{x}$ liefert.

**Satz 2** *Seien $A, R \in \mathbb{R}^{n\times n}$, $b \in \mathbb{R}^n$, $\emptyset \neq X \in \mathbb{P}\mathbb{R}^n$ kompakt und konvex mit*

$$g(X) \subseteq \overset{\circ}{X},$$

*dann folgt, daß $A$ und $R$ nichtsingulär sind und daß* genau ein $\hat{x}$ *existiert mit* $\hat{x} = A^{-1}b \in X$.

**Beweis:** Nach dem Brouwerschen Fixpunktsatz existiert ein $\hat{x} \in X$ mit $g(\hat{x}) = \hat{x}$, also mit $R(b - A\hat{x}) = 0$. Angenommen, es sei $Ay = 0$ für ein $y \in \mathbb{R}^n$, dann gilt für ein beliebiges $\lambda \in \mathbb{R}$

$$\begin{aligned} g(\hat{x} + \lambda y) &= \hat{x} + \lambda y + R(b - A(\hat{x} + \lambda y)) \\ &= \hat{x} + \lambda y - \lambda RAy \\ &= \hat{x} + \lambda y, \end{aligned}$$

was bedeutet, daß jedes $z := \hat{x} + \lambda y$ Fixpunkt von $g$ ist. Wäre $y \neq 0$, so gäbe es demnach ein $\lambda \in \mathbb{R}$, sodaß $z$ auf dem Rand von $X$ liegt, was einen Widerspruch zu $g(X) \subseteq \mathring{X}$ bedeutet. Das heißt aber $y = 0$, und damit ist $A$ nichtsingulär.

Nimmt man weiterhin an $Ry = 0$, dann existiert ja wegen der Nichtsingularität von $A$ auch $A^{-1}y$ und für ein beliebiges $\lambda \in \mathbb{R}$ gilt

$$\begin{aligned} g(\hat{x} + \lambda A^{-1}y) &= \hat{x} + \lambda A^{-1}y + R(b - A\hat{x} - \lambda AA^{-1}y) \\ &= \hat{x} + \lambda A^{-1}y. \end{aligned}$$

Wäre $y \neq 0$, so gäbe es wiederum ein $\lambda \in \mathbb{R}$ so, daß $\hat{x} + \lambda A^{-1} \in \partial X$ im Widerspruch zu $g(X) \subseteq \mathring{X}$. Also ist $y = 0$ und auch $R$ nichtsingulär.

Aus $R(b - A\hat{x}) = 0$ folgt damit $b = A\hat{x}$. Wegen der Nichtsingularität von $A$ ist die Lösung des Gleichungssystems eindeutig bestimmt. □

Es reicht also aus, die Bedingung $g(X) \subseteq \mathring{X}$ zu überprüfen, um festzustellen, ob die Funktion $g(x)$ genau einen Fixpunkt in $X$ besitzt und damit die Lösung des Gleichungssystems eindeutig bestimmt ist und in $X$ liegt.

## 2.4 Modifikation für die praktische Anwendung

Praktische Bedeutung hat der gerade bewiesene Satz deshalb, weil die Bedingung $g(X) \subseteq \mathring{X}$ auf dem Rechner nachprüfbar ist. Allerdings müssen gewisse Vorkehrungen getroffen werden, damit diese Bedingung überhaupt erfüllt werden kann.

Geht man gemäß der Isotonie von der Überlegung aus, daß

$$\begin{aligned} g(X) &\subseteq X + R(b - AX) \\ &= \{x_1 + R(b - Ax_2) : x_1, x_2 \in X\}, \end{aligned}$$

so läßt sich die Bedingung

$$X + R(b - AX) \subseteq \mathring{X}$$

nie erfüllen. Es gilt nämlich für den Durchmesser

$$d(X + R(b - AX)) = d(X) + d(R(b - AX)) \succeq d(X)$$

Der Ausdruck $X + R(b - AX)$ demonstriert einen typischen Fall von Aufblähung. Der Intervallausdruck muß also in der Inklusionsbedingung derart modifiziert werden, daß das Intervall $X$ nur einmal vorkommt. Mit der Umformung

$$g(x) = x + R(b - Ax) = Rb + (I - RA)x$$

tritt für den Ausdruck $Rb + (I - RA)X$ keine Überschätzung mehr auf und die Inklusion

$$Rb + (I - RA)X \subseteq \mathring{X}$$

ist möglich.

Um wirklich *gute* Einschließungen zu bekommen, muß noch etwas mehr getan werden. Ähnlich wie bei herkömmlichen Verfahren zur Lösung von linearen Gleichungssystemen arbeitet man mit dem Residuum. Zu einem Gleichungssystem $Ax = b$ und einer Näherungslösung $\tilde{x}$ mit $A\tilde{x} \approx b$ wird zur Verbesserung der Näherung eine Lösung $y$ von $Ay = b - A\tilde{x}$ berechnet. Könnte man $y$ exakt berechnen, so ergäbe sich

$$A(\tilde{x} + y) = A\tilde{x} + Ay = A\tilde{x} + b - A\tilde{x} = b$$

und damit wäre $\tilde{x} + y$ die exakte Lösung des LGS $Ax = b$.

Auf eben dieses Residuengleichungssystem kann der Einschließungssatz von oben angewendet werden. Damit kommt man zu folgender Aussage:

$$R(b - A\tilde{x}) + (I - RA)X \subseteq \mathring{X} \implies A^{-1}b \in \tilde{x} + X.$$

Dies ist nun ein Verfahren, mit dem man sehr gute Einschließungen erzielen kann.

## 2.5 Zur Güte des Verfahrens

Die Güte eines solchen Einschließungsverfahrens hängt natürlich stark davon ab, wie gut man die Aufblähung in den Griff bekommt. Zu beachten ist, daß wegen $R \approx A^{-1}$ und damit $RA \approx I$ für die Matrix $I - RA$ gilt

$$I - RA \sim O(\varepsilon).$$

Weiterhin ist $\tilde{x} \approx A^{-1}b$, also $A^{-1}b - \tilde{x} \sim O(\varepsilon)$, so daß auch $X$ in der Größenordnung von $\varepsilon$ liegt. Insgesamt heißt das aber dann

$$(I - RA)X \sim O(\varepsilon^2).$$

Das bedeutet, daß der einzige Term in der Einschließungsformel, in dem Intervalle vorkommen, in der Größenordnung von $\varepsilon^2$ verschwindet. Also selbst wenn eine gewisse Aufblähung im Ausdruck $(I - RA)X$ vorliegt, so liegt diese in der Größenordnung von $\varepsilon^2$ und verschwindet damit gegenüber dem Term $R(b - A\tilde{x})$. Die von der intervallmäßigen Durchführung verursachte Aufblähung hat man also so gut im Griff, daß mit diesem Verfahren sehr gute Einschließungen zu erwarten sind.

## 2.6 Beispiel

Zur Demonstration des Verfahrens für die Einschließung der Lösung soll zunächst ein sehr einfaches Beispiel mit nur einer einzigen Unbekannten dienen, das Gleichungssystem

$$Ax = b, \quad \text{mit} \quad A = 9 \quad \text{und} \quad b = 4.$$

Zunächst muß eine Näherungsinverse $R$ für $A = 9$ berechnet werden, also $R \approx A^{-1} = 1/9 = 0.\overline{1}$. Etwas grob genähert sei $R = 0.1$ angenommen. Als Näherung $\tilde{x}$ für die exakte Lösung $\hat{x} = 0.\overline{4}$ des Gleichungssystems ergibt sich dann

$$\tilde{x} := Rb = 0.1 \cdot 4 = 0.4$$

Für das Startintervall $X$ wird $X = [0.3, 0.5]$ gewählt, und die Durchführung des Verfahrens soll in der Form $Rb + (I - RA)X$ erfolgen und nicht mit dem Residuum. Es ergibt sich

$$\begin{aligned} Rb + (I - RA)X &= 0.1 \cdot 4 + (1 - 0.1 \cdot 9) \cdot [0.3, 0.5] \\ &= 0.4 + 0.1 \cdot [0.3, 0.5] \\ &= [0.43, 0.45] \\ &\subseteq \overset{\circ}{X} \end{aligned}$$

Damit ist gezeigt, daß für die eindeutige Lösung $\hat{x}$ von $Ax = b$ gilt

$$\hat{x} \in [0.43, 0.45].$$

Man sieht, daß das Verfahren eine recht gute Einschließung liefert, trotz der schlechten Näherung $\tilde{x}$. Allerdings war auch das Startintervall $X$ so gewählt, daß $\hat{x}$ in $X$ lag, was normalerweise, bei komplizierten Problemen, nicht vorausgesetzt werden kann.

Wählt man z. B. als Startintervall $X = [0.3, 0.4]$, also ein Intervall, in dem die Lösung nicht enthalten ist, so ergibt sich

$$Rb + (I - RA)X = 0.4 + 0.1 \cdot [0.3, 0.4] = [0.43, 0.44].$$

Iteriert man nochmals mit dem neuen Intervall $X = [0.43, 0.44]$, so folgt

$$Rb + (I - RA)X = 0.4 + 0.1 \cdot [0.43, 0.44] = [0.443, 0.444]$$

Der Mechanismus ist klar, das neue Intervall $X$ ergibt sich aus der Summe von 0.4 und dem 0.1-fachen des alten Wertes von $X$. Eine Beobachtung bei dieser Iteration ist, daß keines dieser so entstehenden Intervalle $X$ jemals die Lösung $\hat{x}$ enthält. Die Intervallgrenzen nähern sich zwar immer weiter der Lösung $\hat{x} = 4/9$, aber eine Einschließung wird nicht erreicht. Die Bedingung

$$Rb + (I - RA)X \subseteq \overset{\circ}{X}$$

ist niemals erfüllt.

## 2.7 Die Epsilon-Aufblähung

Dieser gerade demonstrierte Nachteil des Verfahrens läßt sich dadurch beheben, daß das Intervall $X$ vor der Ausführung eines Iterationsschrittes künstlich leicht aufgebläht wird, also z. B. die erste Iterierte $[0.43, 0.44]$ zum Intervall $[0.40, 0.47]$ erweitert wird. Führt man nun erneut einen Iterationsschritt durch, so erhält man

$$Rb + (I - RA)X = [0.440, 0.447] \overset{\circ}{\subseteq} [0.40, 0.47]$$

und damit die Existenz und Eindeutigkeit einer Lösung $\hat{x}$ im Intervall $[0.440, 0.447]$.

War die Aufblähung der Intervalloperationen zunächst unerwünscht, wird jetzt eine künstliche Aufblähung eingeführt, um eine Einschließung zu ermöglichen. Diese künstliche Aufblähung von $X$ hat nicht nur heuristischen Charakter, sondern auch einen tieferen mathematischen Hintergrund. Man kann zeigen, daß bei Anwendung einer solchen *$\varepsilon$-Aufblähung* das Verfahren genau dann konvergiert, wenn der Spektralradius der Iterationsmatrix kleiner als 1 ist, wenn also gilt

$$\rho(|I - RA|) < 1.$$

Dabei ist die Aussage völlig unabhängig vom Wert von $\varepsilon$, d. h. die Größe der Aufblähung spielt keine Rolle für die Konvergenz. Dieses Resultat ist bestmöglich.

Der Unterschied zu herkömmlichen numerischen Verfahren ist der folgende. Üblicherweise liefern numerische Verfahren gute Näherungen für die Lösung eines gegebenen Problems. Die Einschließungsverfahren liefern darüber hinaus garantierte Fehlerabschätzungen. Eine „scheinbare" Konvergenz einer Gleitpunktoperation wird mit Sicherheit ausgeschlossen.

# Literatur

[1] Alefeld, G. und Herzberger, J.: *Einführung in die Intervallrechnung.* Bibliographisches Institut, Mannheim, 1974.
Überarbeitete englische Ausgabe: *Introduction to Interval Computations.* Academic Press, New York, 1983.

[2] Bauch, H., Jahn, K.-U., Oelschlägel, D., Süsse, H. und Wiebigke, V.: *Intervallarithmetik.* Teubner, Leipzig, 1987.

[3] Mayer, G.: *Grundbegriffe der Intervallrechnung.* In diesem Band, S. 101 ff., 1988.

[4] Rump, S. M.: *Solving Algebraic Problems with High Accuracy.* In Kulisch, U. und Miranker, W. L.: *A New Approach to Scientific Computation.* Academic Press, New York, 1983.

# Spärlich besetzte Matrizen

D. Cordes
Institut für Angewandte Mathematik
Universität Karlsruhe (TH)

**Zusammenfassung**

Die verifizierte Einschließung der Lösung bei linearen Gleichungssystemen mit spärlich besetzter Systemmatrix erfordert eine geänderte Vorgehensweise gegenüber Systemen mit vollbesetzter Systemmatrix. Ein iteratives Verfahren zur verifizierten Einschließung der Lösung unter Verwendung einer zeilenorientierten Datenstruktur und der LU-Zerlegung der Systemmatrix wird hergeleitet.

## 1 Einleitung

Lineare Gleichungsysteme können mit den Einschließungsmethoden aus [10] verifizierend gelöst werden, d. h. Existenz und Eindeutigkeit der Lösung werden automatisch auf der Maschine geprüft und im Falle der Existenz kann eine i. a. enge Einschließung für die Lösung berechnet werden. Nun treten in den technischen Anwendungen aber häufig nicht vollbesetzte, sondern sogenannte spärlich besetzte Systeme auf, d. h. die Matrix des Gleichungssystems besitzt nur wenige von Null verschiedene Komponenten. Aus Speicherplatzgründen sollte man es vermeiden, solche Systeme mit den o. g. Methoden für vollbesetzte Matrizen zu behandeln. Man bedenke, daß allein die Speicherung einer $500 \times 500$-Matrix bei 8 Byte pro Matrixelement nahezu 2 Megabyte Speicherplatz beansprucht. Es ist deshalb ein Verfahren für die folgende Problemstellung zu entwickeln:

**Problem:**

Gegeben sei das reelle System $Ax = b, A \in I\!R^{n \times n}, b, x \in I\!R^n$ mit einer spärlich besetzten Matrix $A$. Dabei soll spärlich besetzt bedeuten, daß die Matrix $A$ „wenige" von Null verschiedene Elemente enthält, jedoch keine spezielle Gestalt wie Bandstruktur oder Dreiecksstruktur besitzt.

**Ziel:**

Gesucht ist eine verifizierte Intervalleinschließung [x] der Lösung $x$ unter den folgenden

**Nebenbedingungen:**

- Es sollen möglichst wenige Nullen explizit abgespeichert werden.
- Es sollen möglichst wenige Operationen, d. h. Additionen, Multiplikationen und Vergleiche mit Nullen, ausgeführt werden.

# 2 Verifizierte Einschließung mit vollbesetzter Matrix

Da die Behandlung spärlich besetzter Systeme grundsätzlich der Vorgehensweise bei vollbesetzten Systemen entspricht, soll die Herleitung des allgemeinen Verfahrens nochmals kurz skizziert werden (vgl. [10]). Mit den Bezeichnungen

| | |
|---|---|
| $R = \tilde{A}^{-1} \approx A^{-1}$ | Näherungsinverse von $A$ |
| $\tilde{x}$ | Approximation für $x$ |
| $z$ | Korrektur von $\tilde{x}$ mit $x = \tilde{x} + z$ |

bringt man das Ausgangssystem zunächst auf eine iterationsfähige Fixpunktform

$$\begin{aligned} Ax &= b \\ A(\tilde{x} + z) &= b \\ 0 &= b - A\tilde{x} - Az \\ \tilde{A}z &= (b - A\tilde{x}) - (A - \tilde{A})z \\ z &= R(b - A\tilde{x}) - (RA - I)z\,. \end{aligned}$$

Von dieser Fixpunktgleichung ausgehend läßt sich nun der Einschließungsalgorithmus für allgemeine Systeme ableiten. Dabei dient die erste Anweisung innerhalb der Schleife einer Konvergenzbeschleunigung und wird in der Literatur mit *ε-Aufblähung* bezeichnet.

$[z]_0 := \tilde{x}$; $k := 0$; $k_{max}$ vorgegeben;
**repeat**
  $[\hat{z}]_k := [z]_k \cdot (1 + \varepsilon) - [z]_k \cdot \varepsilon$;
  $[z]_{k+1} := R \cdot \Diamond(b - A\tilde{x}) - \Diamond(R \cdot A - I) \cdot [\hat{z}]_k$;
  $k := k + 1$;
**until** $([z]_{k+1} \subset [\hat{z}]_k)$ **or** $(k \geq k_{max})$;
**if** $([z]_{k+1} \subset [\hat{z}]_k)$ **then** $[x] := \tilde{x} + [z]_{k+1}$;

Dieser Algorithmus hat auf schwach besetzte Systeme bezogen den großen Nachteil, daß die Näherungsinverse $R$ i. a. vollbesetzt sein wird. D. h. die Information über die Spärlichkeit der Matrix $A$ würde durch die Berechnung der Produkte in der Iterationsvorschrift zunichte gemacht.

# 3 Geänderte Vorgehensweise mit LU-Zerlegung

Wenn die Näherungsinverse voll besetzt ist, wird man $R$ nicht explizit berechnen, sondern die Inverse durch eine Darstellung ersetzen, die die Spärlichkeit des Systems weitgehend erhält. Dazu bietet sich die LU-Zerlegung der Matrix $A$ in das Produkt einer unteren Dreiecksmatrix $L$ und einer oberen Dreiecksmatrix $U$ an

$A = LU$ mit $L =$

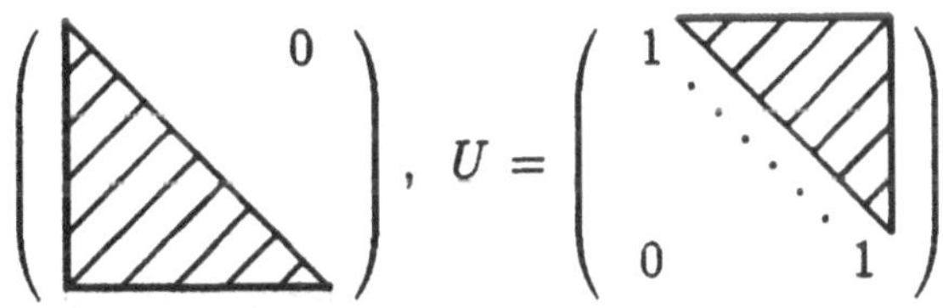


**Vorteile:**

- Durch Vorwärts-/Rückwärtssubstitution ist ein schnelles Lösen des Gleichungssystems möglich.
- Die Spärlichkeit des Systems kann bis auf ein zusätzliches *„Fill-in"* erhalten werden.

**Probleme bei der Zerlegung:**

- Nicht jede reguläre Matrix kann direkt LU-zerlegt werden.

  **Beispiel:** Die Matrix $\begin{pmatrix} 0 & 0 & 3 \\ 0 & 2 & 0 \\ 1 & 0 & 0 \end{pmatrix}$ ist nicht direkt LU-zerlegbar.
- Durch Zeilen-/Spalten-Permutationen von $A$ kann das „Fill-in" stark erhöht werden.

Der letzte Punkt muß jedoch nicht unbedingt als Nachteil gewertet werden, denn durch geschicktes Permutieren der Zeilen und Spalten der Ausgangsmatrix kann das „Fill-in" genauso reduziert werden. Von dieser Möglichkeit machen speziell entwickelte Algorithmen, die hier nicht behandelt werden sollen, exzessiven Gebrauch.

**Beispiel für „Fill-in“:**

Die Matrix $A$ mit der unten skizzierten Struktur führt zu einer i. a. voll besetzten LU-Zerlegung

$A =$  $\longrightarrow$ $LU =$  ,

während die aus $A$ durch Zeilen- und Spaltenpermutationen hervorgehende Matrix $A'$ auch in der LU-Zerlegung die Spärlichkeit der Ausgangsmatrix erhält

$A' =$  $\longrightarrow$ $L'U' =$ 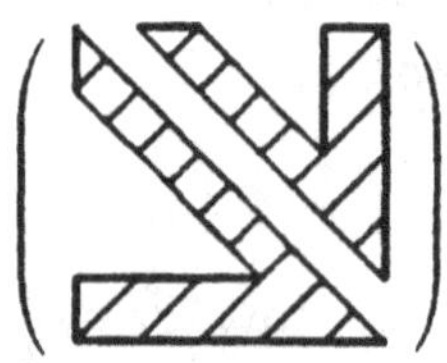 .

Die LU-Zerlegung selbst kann in folgender Weise durchgeführt werden. Die Datenstruktur ist dabei zeilenorientiert angenommen.

**for** $i := 1$ **to** $n$ **do**
**begin**
  **for** $k := 1$ **to** $i$ **do** $l_{ik} := \Box(a_{ik} - \sum_{j=1}^{k-1} l_{ij} \cdot u_{jk})$;
  **for** $k := i+1$ **to** $n$ **do** $u_{ik} := \Box(a_{ik} - \sum_{j=1}^{i-1} l_{ij} \cdot u_{jk}) \boxed{/} l_{ii}$;
**end**;

Die Ausdrücke $\Box(\dots)$ werden als Skalarprodukte mit nur einer einzigen Rundung zur nächstgelegenen Maschinenzahl berechnet.

Ein Verifikationsalgorithmus zur Lösung spärlich besetzter Systeme läßt sich nun wie folgt angeben:

1. Berechnung einer Näherungs-LU-Zerlegung von $A$

$$A \approx \tilde{L}\tilde{U} =: \tilde{A}$$

2. Berechnung einer Näherung $\tilde{x}$ durch Vorwärts-/Rückwärtssubstitution

$$\tilde{x} := \tilde{U}^{-1}\tilde{L}^{-1}b$$

3. Berechnung einer Einschließung des Residuumvektors $r$

$$[r] := \Diamond(b - A\tilde{x})$$

unter Verwendung genau eines Skalarprodukts für jede Komponente und anschließender Rundung ($\Diamond$) zum kleinsten einschließenden Maschinenzahlintervall.

4. Durchführung der Intervallvektor-Iteration

$[z]_0 := \tilde{U}^{-1}\tilde{L}^{-1}[r]$; $k := 0$; $k_{max}$ vorgegeben;
**repeat**
  $[\hat{z}]_k := [z]_k \cdot (1 + \varepsilon) - [z]_k \cdot \varepsilon$;
  $[y]_k := \tilde{L}^{-1} \cdot ([r] - \Diamond(A - \tilde{L} \cdot \tilde{U}) \cdot [\hat{z}]_k)$;
  $[z]_{k+1} := \tilde{U}^{-1} \cdot [y]_k$;
  $k := k + 1$;
**until** $([z]_{k+1} \subset [\hat{z}]_k)$ **or** $(k \geq k_{max})$;
**if** $([z]_{k+1} \subset [\hat{z}_k])$ **then** $[x] := \tilde{x} + [z]_{k+1}$;

Die in Schritt 4 auftretende Iterationsmatrix $\Diamond(A - \tilde{L}\tilde{U}) := [C]$ ist nicht vollbesetzt, sondern weist die gleiche Belegungsstruktur auf wie die LU-Zerlegung selbst. Die Berechnung dieser Matrix kann unter Verwendung bereits berechneter Skalarprodukte geschehen

**for** $i := 1$ **to** $n$ **do**
**begin**
  **for** $k := 1$ **to** $i$ **do** $[c_{ik}] := \Diamond(\underbrace{a_{ik} - \sum_{j=1}^{k-1} \tilde{l}_{ij} \cdot \tilde{u}_{jk}}_{(1)} - \tilde{l}_{ik})$;
  **for** $k := i + 1$ **to** $n$ **do** $[c_{ik}] := \Diamond(\underbrace{a_{ik} - \sum_{j=1}^{i-1} \tilde{l}_{ij} \cdot \tilde{u}_{jk}}_{(2)} - \tilde{l}_{ii} \cdot \tilde{u}_{ik})$;
**end**;

Die Teilausdrücke (1) und (2) traten bei der Berechnung der LU-Zerlegung bereits auf, sodaß nach Berechnung eines Elementes der LU-Zerlegung der Akkumulator, der das exakte Skalarprodukt enthält, sofort weiterverwendet wird, um die Elemente der Intervallmatrix [C] dann mit Hilfe des saldierenden Skalarprodukts mit einer einzigen Rundung zu bestimmen. Die resultierenden Intervallkoeffizienten $[c_{ik}] := [\underline{c}_{ik}, \overline{c}_{ik}]$ besitzen also gleiche oder aufeinanderfolgende Maschinenzahlen als Grenzen. Um die Speicherplatzeffizienz weiter zu erhöhen, genügt es, eine der Grenzen und die Information, ob gleiche Grenzen vorliegen (1 Bit), abzuspeichern.

Die Näherungslösung $\tilde{x}$ des Systems $\tilde{A}\tilde{x} = \tilde{L}\tilde{U}\tilde{x} = b$ wird in zwei Schritten bestimmt. Zunächst wird durch Vorwärtsauflösen das System $\tilde{L}y = b$ nach der Hilfsgröße $y$ aufgelöst und anschließend durch eine Rückwärtssubstitution $\tilde{x}$ aus dem System $\tilde{U}\tilde{x} = y$ gewonnen.

$\underline{\textbf{for}}\ i := 1\ \underline{\textbf{to}}\ n\ \underline{\textbf{do}}\ y_i := \Box(b_i - \sum_{k=1}^{i-1} \tilde{l}_{ik} \cdot y_k) \boxslash \tilde{l}_{ii};$

$\tilde{x}_n := y_n;$

$\underline{\textbf{for}}\ i := n-1\ \underline{\textbf{downto}}\ 1\ \underline{\textbf{do}}\ \tilde{x}_i := \Box(y_i - \sum_{k=i+1}^{n} \tilde{u}_{ik} \cdot \tilde{x}_k);$

# 4 Eine Datenstruktur für schwach besetzte Matrizen

Zum Abschluß wird eine von vielen möglichen Datenstrukturen vorgestellt, die zur effizienten Abspeicherung spärlich besetzter Matrizen verwendet werden kann. Eine Matrix $A$ wird durch drei Vektoren, genauer zwei Integervektoren und einen Realvektor, in folgender Weise abgespeichert. Die von Null verschiedenen Elemente der Matrix werden Zeile für Zeile in den Realvektor $A$ geschrieben. In dem Integerfeld $J_A$ werden die zugehörigen Spaltenindizes vermerkt, während in der i-ten Komponente des Integervektors $I_A$ die Position des ersten von Null verschiedenen Elementes der i-ten Zeile in den Vektoren $A$ bzw. $J_A$ abgespeichert ist.

**Beispiel:**

$$A = (a_{ij}) = \begin{pmatrix} 2 & . & 1 & & . \\ . & 3 & & . & 1 \\ 2 & & . & 1 & \\ & & 1 & 2 & . \\ . & & 1 & 2 & 1 \end{pmatrix}$$

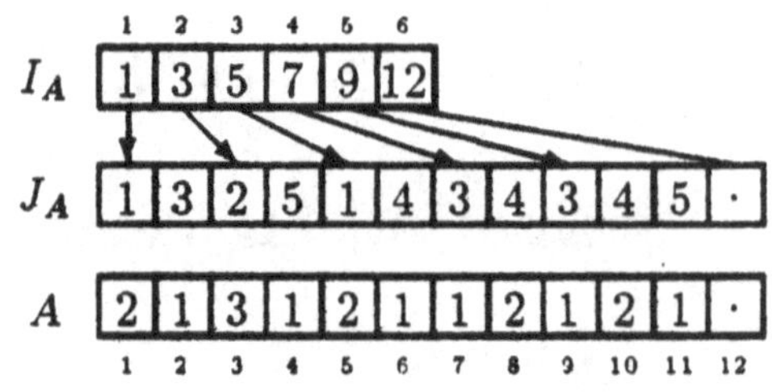


die von Null verschiedenen Elemente der dritten Zeile sind z. B. in $A$ und $J_A$ ab Position fünf gespeichert und lauten $A_5 = a_{31} = 2$ und $A_6 = a_{34} = 1$.

# Literatur

[1] Alefeld, G. und Herzberger, J.: *Einführung in die Intervallrechnung.* Bibliographisches Institut, Mannheim, 1974.

[2] *FORTRAN-SC, A Study of a FORTRAN Extension for Engineering/Scientific Computation with Access to ACRITH*, Language Reference and User's Guide. IBM Development Laboratory Böblingen, Germany, 1988.

[3] Gustavson, F.: *A Survey of Some Sparse Matrix Theory and Techniques.* Jahrbuch Überblicke Mathematik, S. 63–105, B.I.-Wissenschaftsverlag, Mannheim, 1981.

[4] IBM *High-Accuracy Arithmetic Subroutine Library* (ACRITH). Program Description and User's Guide, SC 33-6164-02, 3rd Edition, 1986.

[5] Kulisch, U.: *Grundlagen des Numerischen Rechnens.* Reihe Informatik, Band **19**, B.I.-Wissenschaftsverlag, Mannheim, 1976.

[6] Kulisch, U. (Ed.): *PASCAL-SC: A Pascal Extension for Scientific Computation*, Information Manual and Floppy Disks, Version IBM PC. B. G. Teubner, Stuttgart, John Wiley & Sons, Chichester, 1987.

[7] Kulisch, U. (Ed.): *PASCAL-SC: A Pascal Extension for Scientific Computation*, Information Manual and Floppy Disks, Version ATARI ST, B. G. Teubner, Stuttgart, 1987.

[8] Kulisch, U. und Miranker, W. L.: *Computer Arithmetic in Theory and Practice.* Academic Press, New York, 1981.

[9] Kulisch, U. und Ullrich, Ch.: *Wissenschaftliches Rechnen und Programmiersprachen.* Berichte des German Chapter of the ACM, Band **10**, Teubner, Stuttgart, 1982.

[10] Rump, S. M.: *Kleine Fehlerschranken bei Matrixproblemen.* Dissertation, Universität Karlsruhe, 1980.

[11] Varga, R.: *Matrix Iterative Analysis.* Prentice Hall, Englewood Cliffs, N. J., 1962.

# Lösung nichtlinearer Gleichungen mit Verifikation des Ergebnisses

G. Schumacher
Institut für Angewandte Mathematik
Universität Karlsruhe (TH)

**Zusammenfassung**

**Der Vortrag will die in den letzten Jahren entwickelten Methoden zur Lösung von nichtlinearen algebraischen Gleichungssytemen einer größeren Zahl mathematisch Interessierter zugänglich machen. Es wird eine Übersicht über die prinzipielle Methodik gegeben und für weitergehende Informationen auf entsprechende Literatur verwiesen.**

# 1 Einleitung

Dieser Beitrag befaßt sich mit der Lösung nichtlinearer algebraischer Probleme in der Form

$$f(x) = \begin{pmatrix} f_1(x_1, \ldots, x_n) \\ \\ f_n(x_1, \ldots, x_n) \end{pmatrix} = 0,$$

wobei $f$ in einem Gebiet $D$ stetig sei und die partiellen Ableitungen dort existieren mögen. Die Worte Lösung und Verifikation sind in diesem Zusammenhang als Synonyme zu verstehen, denn von einer auf der Maschine berechneten „Lösung" kann im Grunde nur die Rede sein, wenn diese auch verifiziert werden kann. Es sollen hier nur isolierte Lösungen gesucht sein, d. h.

$$(f(x) = 0) \wedge (\exists \varepsilon > 0 : f(y) \neq 0 \, \forall y \in U_\varepsilon(x) \setminus \{x\}),$$

wobei $U_\varepsilon(x)$ eine Kugel mit Radius $\varepsilon$ um $x$ darstellen soll. Zu diesem Zweck sind die folgenden Probleme zu bewältigen:

- Wie gelangt man überhaupt zu einer verifizierten Aussage über eine Lösung, die man gefunden zu haben glaubt?

- Numerische Probleme bei der Durchführung klassischer Methoden, um gute Näherungen zu berechnen
- Startwertprobleme bei lokaler Konvergenz
- Handhabung nichtlinearer Systeme auf dem Rechner:
  - Ein-/Ausgabe
  - Interaktive Unterstützung bei kritischen Fällen

Insbesondere dem letzten Punkt kommt große Bedeutung zu. Wenn man beispielsweise an Probleme denkt, von deren Lösung mehr oder weniger direkt Menschenleben abhängen können (z. B. im Flugzeugbau), dann sollte die Maschine den Benutzer warnen, falls die berechneten Werte auf eine schlechte Kondition des Problems hindeuten. Gegebenenfalls muß eben das zugrundeliegende Modell modifiziert werden.

Es ist das Hauptanliegen der folgenden Ausführungen, dem Leser ein Bild davon zu verschaffen, was auf dem Gebiet der nichtlinearen Gleichungen heute schon machbar ist, aber auch aufzuzeigen, wo noch offene Probleme liegen. Schon jetzt sei hierzu auf [1], [2], [18], [21] und [26] verwiesen. Natürlich muß auch in wichtigen Detailfragen (z. B. die gesamte Intervallrechnung betreffend) auf die Literatur verwiesen werden ( in diesem Falle auf [1], [2], [5]), da deren Behandlung sonst den Rahmen dieses Vortrages sprengen würde.

## 2 Verifikation der Ergebnisse

Die wichtigsten mathematischen Hilfsmittel im Zusammenhang mit Verifikation und der Berechnung gesicherter Daten sind:

- kontraktive Abbildungen, Fixpunktsätze
- die Intervallrechnung

Man unterscheidet zwei grundsätzliche Methoden:

**A priori:**

Ausgehend von einem (möglicherweise großen) Intervall $X^{(0)}$, das eine Nullstelle $\hat{x}$ enthält, werden aufeinanderfolgende Iterierte $X^{(k)}$ berechnet, die ebenfalls dieselbe Nullstelle enthalten und die Eigenschaft

$$X^{(0)} \supseteq X^{(1)} \supseteq X^{(2)} \supseteq \cdots \supseteq X^{(k)} \ni \hat{x}$$

besitzen.

**A posteriori:**

Berechnung einer Approximation $\tilde{x}$ für eine Nullstelle und Anwendung eines Testverfahrens auf ein Umgebungsintervall $X$ von $\tilde{x}$, um auf die Existenz einer Nullstelle $\hat{x}$ innerhalb von $X$ zu testen.

Diese beiden Vorgehensweisen sollen nun näher untersucht werden. Grundlegend für die a priori-Methode ist der folgende

**Satz 1** *Sei $f(\hat{x}) = 0$ für ein $\hat{x} \in X^{(0)}$ und es gelte*

$$\begin{aligned} G(Z) &:= Z - H(Z) \cdot f(Z), \\ H(Z) &\supseteq \{A^{-1} \mid A \in f'(Z)\} \end{aligned}$$

*für alle $Z \subseteq X^{(0)}$. Dann haben die Iterierten*

$$X^{(k)} := G(X^{(k-1)}) \cap X^{(k-1)}, \quad k = 1, 2, \ldots$$

*die Eigenschaft*

$$X^{(0)} \supseteq X^{(1)} \supseteq X^{(2)} \supseteq \cdots \supseteq X^{(k)} \ni \hat{x}.$$

Die Iterationsfunktion $G$ ist eine Intervallfunktion und beschreibt im wesentlichen ein vereinfachtes Newton-Verfahren. Die Intervallschachtelung für die $X^{(k)}$, $k = 1, 2, \ldots$ ergibt sich, weil die $k$-te Iterierte aus einer Schnittmenge mit der vorhergehenden Iterierten hervorgeht.

**Hinweise:**

- Eine Ersteinschließung für die Nullstelle $\hat{x}$ wird benötigt.
- Zur Berechnung der Einschließung $H(Z)$ für die Inversen aller Jakobimatrizen bezüglich $Z$ ist die Invertierung einer Matrix mit Intervallkoeffizienten nötig. Eine solche Einschließung kann z. B. durch das intervallmäßige Gauß-Jordan-Verfahren gewonnen werden.
- Wegen Rundungsfehlern konvergiert die Folge der $X^{(k)}$ auf der Maschine i. a. nicht gegen einen Punkt, d. h. es gilt dort

$$\lim_{k \to \infty} d(X^{(k)}) \neq 0.$$

- Läßt man die Forderung $\hat{x} \in X^{(0)}$ in Satz 1 fallen, so gilt ein Ausschließungstest in der Form

$$G(X^{(k)}) \cap X^{(k)} = \{\} \text{ für ein } k \in \mathbb{N} \;\Rightarrow\; \hat{x} \notin X^{(0)}.$$

Eine Anwendung dieses Sachverhaltes auf parameterabhängige Probleme ist in [23] zu finden.

Eine a posteriori-Methode läßt sich mit Hilfe der beiden folgenden Sätze konstruieren.

**Satz 2** *Sei $\tilde{x}$ ein Vektor, $X$ ein Intervallvektor mit $\tilde{x} \in X$ und*

$$\begin{aligned} G(Z) &:= \tilde{x} - H(Z) \cdot f(\tilde{x}), \\ H(Z) &\supseteq \{A^{-1} \mid A \in f'(Z)\} \end{aligned}$$

*für alle $Z \subseteq X$. Falls gilt*

$$G(X) \overset{\subset}{\neq} X,$$

*dann* existiert genau eine *Nullstelle $\hat{x}$ von $f$ in $X$ und es gilt*

$$\| \tilde{x} - \hat{x} \| \leq d(X) \quad \text{(Fehlerkontrolle)}.$$

**Hinweise:**

- Der Satz ist eine Spezialisierung wesentlich allgemeinerer Aussagen, auf die hier jedoch nicht weiter eingegangen werden soll.
- Alle Bedingungen des Satzes können auf einer Rechenanlage automatisch nachgeprüft werden.

Die beiden vorangegangenen Sätze hatten den Nachteil, daß man die Inverse der *Intervall-Jakobimatrix* kennen mußte, um die Iterationsfunktion $G$ auswerten zu können. Diesen Nachteil beseitigt der folgende

**Satz 3** *Sei $\tilde{x}$ ein Vektor, $X$ ein Intervallvektor mit $\tilde{x} \in X$, $R$ eine beliebige Matrix und*

$$G(Z) \supseteq \tilde{x} - R \cdot f(\tilde{x}) + (I - R \cdot f'(Z)) \cdot (Z - \tilde{x})$$

*für alle $Z \subseteq X$. Falls gilt*

$$G(X) \overset{\subset}{\neq} X,$$

*dann* existiert genau eine *Nullstelle $\hat{x}$ von $f$ in $X$ und es gilt*

$$\| \tilde{x} - \hat{x} \| \leq d(Y) \quad \text{(Fehlerkontrolle)}.$$

**Bemerkungen:**

- $R$ wählt man als Approximation von $f'(\tilde{x})^{-1}$.
- In der Praxis verwendet man die Defektformel

$$G(Z) \supseteq -R \cdot f(\tilde{x}) + (I - R \cdot f'(\tilde{x} + Z)) \cdot Z$$

  und wendet $G$ auf ein Intervall $Y$ an mit $0 \in Y$. Falls dann $G(Y) \subset Y$ ist, dann gilt $\hat{x} \in \tilde{x} + Y$.

- Im Unterschied zu den Sätzen 1 und 2 ist keine Inversion von Intervallmatrizen notwendig.

Mit den oben gemachten Aussagen läßt sich bereits ein einfacher Algorithmus zur Einschließung einer Nullstelle eines nichtlinearen Problems formulieren:

| | |
|---|---|
| (1) | Berechne eine Approximation $\tilde{x}$ für eine Nullstelle $\hat{x}$ von $f$ (z. B. mit dem Newton-Verfahren) |
| (2) | Setze $X := \tilde{x} + [-1, 1] \cdot \sigma \cdot \lvert\tilde{x}\rvert$ und prüfe, ob $G(X) \subset X$ gilt. |
| (3) | Falls okay: $\hat{x} \in X$ |

Algorithmus 1

**Bemerkungen:**

- Tatsächlich wird im Schritt (2) die Konstante $\sigma$ nicht geeignet gewählt, sondern (2) iterativ durchgeführt.
- Im Falle der Inklusion läßt sich Satz 1 anwenden.
- Die Inklusion schlägt fehl, wenn entweder

  - keine Lösung in der Nähe von $\tilde{x}$ existiert

  oder

  - eine Lösung $\hat{x}$ zwar existiert, aber $f'(\hat{x})$ singulär ist

  oder

  - keines von beiden gilt, aber die Lösung schlecht konditioniert ist.

Häufig kann erst eine Verbesserung der Anfangsapproximation zu numerisch akzeptablen Ergebnissen führen, insbesondere

- wenn die Inklusion völlig *fehlschlägt*

oder

- wenn die gewonnene Information, d. h. die Anzahl der garantierten Stellen noch *nicht ausreicht*, also der Durchmesser $d(X)$ zu groß ist.

In solchen Fällen müssen alle Berechnungen mit höherer Genauigkeit durchgeführt werden, wozu sich zwei Möglichkeiten anbieten:

1. Die Neuberechnung einer Approximation mit mehrfacher Genauigkeit, z. B. mit Langzahlarithmetik.

2. Die näherungsweise Berechnung des *neuen* Systems

$$g(\Delta x) := f(\tilde{x} + \Delta x) = 0,$$

   um eine Korrektur $\Delta x$ für die Näherung $\tilde{x}$ zu bestimmen.

Die zweite Methode ist zwar prinzipiell mit der ersten verwandt, erlaubt aber eine vom Problem abhängige Steuerung der Rechengenauigkeit. Wenn eine erste Nachkorrektur noch nicht die gewünschte Genauigkeit im Endergebnis nach sich zieht, wird eine zweite Korrekturgröße berechnet, danach ggf. eine dritte usw. Der obige Algorithmus 1 läßt sich dann in der verbesserten Form wie folgt beschreiben:

| | |
|---|---|
| (1) | $k := 0$ |
| (2) | Berechne eine Näherung $\tilde{x}^{(k)}$ von<br>$f(\sum_{i=0}^{k-1} \tilde{x}^{(i)} + \tilde{x}^{(k)}) = 0$ |
| (3) | Prüfe, ob $G(Y) \subset Y$ für ein geeignetes Umgebungsintervall $Y$ von 0 (bzgl. $\tilde{x} \equiv \sum_{i=0}^{k} \tilde{x}^{(i)}$) gilt. |
| (4) | Falls keine Inklusion stattfand:<br>setze $k := k + 1$ und gehe nach (2) |
| (5) | Resultat: $\hat{x} \in \sum_{i=0}^{k} \tilde{x}^{(i)} + Y$ |

Algorithmus 2

# 3 Verbesserung klassischer Methoden durch Erhöhung der Genauigkeit

Wie bereits erwähnt kommt der Bestimmung guter Startnäherungen im Zusammenhang mit Verifikationsalgorithmen große Bedeutung zu. Zu ihrer Berechnung werden i. a. klassische numerische Verfahren herangezogen (siehe z. B. [20], [24]). Einige der bekannteren Methoden sind

- Newton-Verfahren und Newton-artige Verfahren
  (z. B. Sekanten-Verfahren, Regula falsi)
- Minimierungsmethoden
  (Methode des stärksten Abstieges, Gauß-Newton etc. )
- Zahlreiche Varianten und Spezialisierungen wie z. B. Newton-SOR für spezielle Systeme.

Die Probleme, die zu meistern sind, wenn man diese Verfahren in ihrer Rechengenauigkeit steigern will, sollen anhand des Newton-Verfahrens aufgezeigt und mögliche Ansätze zur Verbesserung beschrieben werden. Die hierzu entwickelte Methodik läßt sich prinzipiell auf alle anderen Verfahren übertragen.

Das Newton-Verfahren hat die bekannte Form

1. Wähle $x^{(0)}$;
2. Iteriere
   $x^{(k+1)} := x^{(k)} - f'(x^{(k)})^{-1} \cdot f(x^{(k)})$,
   $k = 0, 1, 2 \ldots$

wobei Schritt 2 in der Regel nicht durch explizites Invertieren der Jakobimatrix, sondern durch eine Iteration der Gestalt

$$\begin{array}{rcl} A^{(k)} & := & f'(x^{(k)}) \\ b^{(k)} & := & -f(x^{(k)}) \\ \text{Löse } A^{(k)} \cdot \Delta^{(k)} & = & b^{(k)} \\ x^{(k+1)} & := & x^{(k)} + \Delta^{(k)} \end{array}$$

ausgeführt wird. Hauptsächliche numerische Schwierigkeiten sind dabei in der Reihenfolge ihrer Bedeutung:

- Die Berechnung des Residuums bzw. Funktionswertes $f(x)$

- Das Lösen eines linearen Gleichungssystems
- Die Berechnung von partiellen Ableitungen

## 3.1 Berechnung des Residuums

Eine der prinzipiellen Schwierigkeiten liegt in der Verwendung einer Rechnerapproximation $\tilde{f}(x)$ anstelle der exakten Funktion $f(x)$, d. h. man verfälscht durch Verwendung dieser Approximation bereits das ursprüngliche Problem. Darüber hinaus ergibt sich das folgende

**Problem:**

Die genaue Auswertung von $\tilde{f}$ in der Nähe einer Nullstelle ist wegen unvermeidbarer Auslöschungen schwierig. Daß Auslöschungen auftreten, liegt bei Nullstellenproblemen jedoch in der Natur der Sache, denn schließlich muß man dazu die Funktion in der Nähe der Nullstelle selbst auswerten. Auslöschungseffekte sind also unvermeidbar, sodaß es bei der algorithmischen Durchführung diejenigen Stellen aufzuspüren gilt, wo dies zu ungenügenden Ergebnissen führen würde. Dies ist insbesondere von Bedeutung wenn

- eine *Einschließung* von $f(x)$ gebraucht wird (siehe Satz 2 und Satz 3).
- das Argument $x$ in Wirklichkeit eine *Summe* $\tilde{x} + \Delta x$ ist, die allerdings nicht explizit berechnet wird (siehe Algorithmus 2). So kann man nämlich in $\tilde{x}$ und $\Delta x$ die Information doppelt langer Zahlen halten. In analoger Weise kann man $\tilde{x}$ mit weiteren Korrekturtermen versehen, um so mehrfache Genauigkeit zu realisieren (*iterative Verbesserung*).

**Auswege:**

Um den Einfluß von Auslöschungseffekten auf das Endergebnis zu verringern, müssen Zwischenrechnungen mit höherer Genauigkeit ausgeführt werden. Eine künstliche Verlängerung der benutzten Mantissenlänge erreicht man durch

- Verwendung einer echten *Langzahlarithmetik* mit fest vorgegebener mehrfacher Länge
- *Formelauswertertechnik* mit iterativer Korrektur, für die Implementierungen in PASCAL-SC, ACRITH und ARITHMOS vorliegen (vgl. auch den Beitrag von H.-C. Fischer in diesem Band).

## 3.2 Lösen eines linearen Gleichungssystems $A \cdot \Delta = b$

Das lineare System $A \cdot \Delta = b$ kann man durch Approximation der Matrix $A$ durch das Produkt $\tilde{L} \cdot \tilde{U}$ einer unteren Dreiecksmatrix $\tilde{L}$ und einer oberen Dreiecksmatrix $\tilde{U}$ und anschließende Vorwärts-/Rückwärts-Substitution näherungsweise nach der neuen Iterierten $\tilde{\Delta}$ des nächsten Newton-Schritts auflösen:

$$\begin{aligned} \tilde{L} \cdot y &= b \rightsquigarrow \tilde{y} \\ \tilde{U} \cdot \Delta &= \tilde{y} \rightsquigarrow \tilde{\Delta}. \end{aligned}$$

**Problem:**

Falls z. B. $f'$ in der Nähe eines Extremums $x$ von $f$ ausgewertet wird, dann ist die Jakobimatrix $A = f'(x)$ fast singulär und deswegen wird die Genauigkeit von $\tilde{L}$ bzw. $\tilde{U}$ i. a. nicht ausreichen, um $\tilde{\Delta}$ hinreichend genau zu bestimmen.

**Auswege:**

Ähnlich wie bei der Berechnung des Residuums kann man dieses Problem umgehen, indem man $\tilde{L}$ und $\tilde{U}$ durch künstliche Verlängerung der Mantissenlänge nachbessert mit

- echter Langzahlrechnung
- iterativer Nachkorrektur, wie sie z. B. in PASCAL-SC,ACRITH und ARITHMOS implementiert wurde (vgl. [26]).

Als Beispiel soll nun das folgende Nullstellenproblem betrachtet werden

$$f(x) := \alpha(H \cdot x + \psi(x)) = 0$$

mit der *Hilbertmatrix* $H = (h_{ij})$, $h_{ij} := \frac{1}{i+j-1}$, $i = 1, \ldots, n$ und dem Störungsterm $\psi(x)$, wobei jede Komponente von $\psi$ definiert ist als

$$\psi_i(x) := x_i^3 + \varepsilon_i,\ \varepsilon_i > 0,\ i = 1, \ldots, n\,.$$

Mit $\alpha$ ist das kleinste gemeinsame Vielfache der $h_{ij}$ bezeichnet, wodurch $\alpha H$ ganzzahlig wird. Nun ist die Jakobimatrix des Systems näherungsweise gleich der Hilbertmatrix und ist infolgedessen bekanntermaßen schlecht konditioniert. Bei 13-stelliger Rechnung kann deswegen eine maximal genaue Einschließung ohne Nachkorrektur nur bis zur Dimension 8 berechnet werden, wie man an den Ergebnissen der Tabelle 1 sieht ($\varepsilon_i = 10^{-12}$). Mit zunehmendem $n$ wächst daher die Anzahl der durch die Nachiterationen notwendig werdenden Approximationsschritte.

| $n$ | Einschließung von $x_1$ | Appr.-Schritte | Nach-Iteration |
|---|---|---|---|
| 5 | $-5.00000000000{}^{1}_{2}\mathrm{E}{-12}$ | 2 | – |
| 6 | $+6.00000000249{}^{5}_{4}\mathrm{E}{-12}$ | 3 | – |
| 7 | $-6.99999696083{}^{8}_{9}\mathrm{E}{-12}$ | 3 | – |
| 8 | $+7.99752320349{}^{6}_{5}\mathrm{E}{-12}$ | 4 | – |
| 9 | $-1.27863434131{}^{7}_{8}\mathrm{E}{-11}$ | 8 | + |
| 10 | $-3.95602201728{}^{8}_{9}\mathrm{E}{-12}$ | 13 | + |
| 11 | $-1.83464333888{}^{6}_{1}\mathrm{E}{-04}$ | 27 | + |
| 12 | $-2.16160767997{}^{8}_{9}\mathrm{E}{-03}$ | 34 | + |
| 13 | $+8.96052125669{}^{7}_{6}\mathrm{E}{-05}$ | 27 | + |
| 14 | $+4.31722758704{}^{1}_{0}\mathrm{E}{-06}$ | 95 | + |
| 15 | $+1.20968969385{}^{3}_{2}\mathrm{E}{-06}$ | 35 | + |

Tabelle 1: Numerische Ergebnisse

## 3.3 Berechnung von partiellen Ableitungen

Bei der Behandlung nichtlinearer Probleme werden häufig die Werte partieller Ableitungen der Koeffizientenfunktionen benötigt. Zur Berechnung dieser Werte auf einer Maschine bieten sich zwei Wege an:

1. Approximation durch Differenzenquotienten

   $$\frac{\partial f}{\partial x} \approx \frac{\Delta f}{\Delta x}.$$

   **Problem:**

   - Je kleiner $\Delta$ gewählt wird, desto größer werden die durch Auslöschung hervorgerufenen Fehler in der Approximation.

2. Die automatische Differentiation, d. h. die tatsächliche Auswertung der partiellen Ableitung (vgl. [25]).

   **Probleme:**

   - Der Aufwand, der in die automatische Behandlung der Differentiation zu stecken ist, ist natürlich größer als bei der einfachen Berechnung der Differenzenquotienten.
   - Nach wie vor können in der Nähe von Extremstellen Auslöschungen auftreten.

Das Vorgehen bei der automatischen Differentiation wird am folgenden Beispiel kurz beschrieben. Es soll

$$f(x_1, x_2) := \frac{x_1{}^6\, x_2 + 3x_1{}^4}{7x_2}$$

partiell nach $x_1$ differenziert werden. Zur Berechnung von $f$ und $\frac{\partial f}{\partial x_1}$ werden dazu auf der Maschine sukzessive zwei sog. *Stacks* aufgebaut (siehe [14]). In der untenstehenden Tabelle stellt die erste Spalte den Zustand des ersten Stacks während der Abarbeitung von $f$ in Postfixform dar. Durch formales Ableiten (z. B. mit Kettenregel, Produktregel, etc.) nach $x_1$ gelangt man zu dem Differentiations-Stapel in der zweiten Spalte. Nach Abarbeitung beider Stacks liegt auf dem Stapel $st$ der Wert von $f$ und auf $dst$ der zugehörige Wert der Ableitung von $f$ nach $x_1$ an.

| | | | | | |
|---|---|---|---|---|---|
| $st_1$ | $:=$ | $x_1$ | $dst_1$ | $:=$ | $1$ |
| $st_1$ | $:=$ | $st_1{}^6$ | $dst_1$ | $:=$ | $6st_1{}^5 \cdot dst_1$ |
| $st_2$ | $:=$ | $x_2$ | $dst_2$ | $:=$ | $0$ |
| $st_1$ | $:=$ | $st_1 \cdot st_2$ | $dst_1$ | $:=$ | $dst_1 \cdot st_2 + st_1 \cdot dst_2$ |
| $st_2$ | $:=$ | $3$ | $dst_2$ | $:=$ | $0$ |
| $st_3$ | $:=$ | $x_1$ | $dst_3$ | $:=$ | $1$ |
| $st_3$ | $:=$ | $st_3{}^4$ | $dst_3$ | $:=$ | $4st_3{}^3 \cdot dst_3$ |
| $st_2$ | $:=$ | $st_2 \cdot st_3$ | $dst_2$ | $:=$ | $dst_2 \cdot st_3 + st_2 \cdot dst_3$ |
| $st_1$ | $:=$ | $st_1 + st_2$ | $dst_1$ | $:=$ | $dst_1 + dst_2$ |
| $st_2$ | $:=$ | $7$ | $dst_2$ | $:=$ | $0$ |
| $st_3$ | $:=$ | $x_2$ | $dst_3$ | $:=$ | $0$ |
| $st_2$ | $:=$ | $st_2 \cdot st_3$ | $dst_2$ | $:=$ | $dst_2 \cdot st_3 + st_2 \cdot dst_3$ |
| $st_1$ | $:=$ | $st_1 / st_2$ | $dst_1$ | $:=$ | $(dst_1 \cdot st_2 - st_1 \cdot dst_2)/st_2{}^2$ |
| | $\Downarrow$ | | | $\Downarrow$ | |
| $f$ | $=$ | $st_1$ | $\frac{\partial f}{\partial x_1}$ | $=$ | $dst_1$ |

Das Prinzip läßt sich auch auf Ableitungen nach anderen Veränderlichen übertragen.

# 4 Maschinelle Unterstützung bei Startwertproblemen

Iterative Methoden benötigen i. a. „hinreichend" gute Anfangsnäherungen, um schnelle Konvergenz zu erreichen. Es ist nun wünschenswert, in einen Problemlöser solche „ad hoc"-Methoden zum Auffinden von Startwerten zu integrieren, die normalerweise zum Repertoire eines geübten Numerikers gehören. Die Unterstützung des Anwenders sollte interaktiv oder vollautomatisch geschehen. Im Augenblick werden im Rahmen des von der EG geförderten ESPRIT-Projektes DIAMOND Erfahrungen mit folgenden Verfahren gewonnen:

- „Bremse" für die Anfangsphase des Newton-Verfahrens
- *Fortsetzungs-Methoden* in verschiedenen Varianten.

Zur Veranschaulichung des ersten Ansatzes diene die Abbildung 1 einer nur in der rechten Halbebene definierten Funktion $f$.

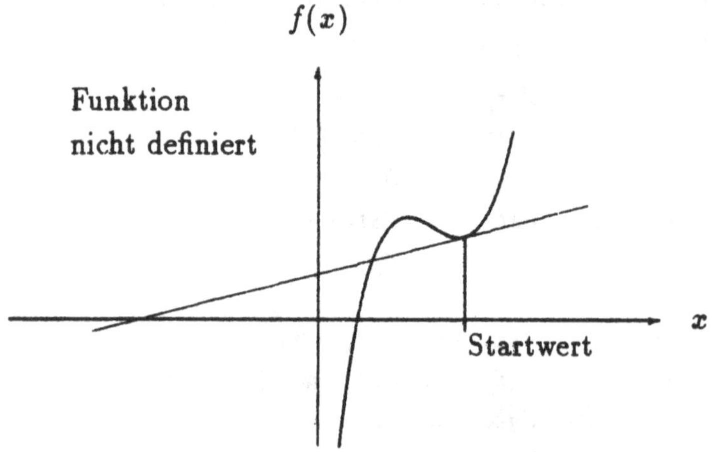


Abbildung 1: Anfangsphase des Newton-Verfahrens

Ein gewöhnlicher Newton-Korrekturschritt der Form

$$\begin{aligned} \Delta^{(k)} &:= -f'(x^{(k)}) \cdot f(x^{(k)}) \\ x^{(k+1)} &:= x^{(k)} + \Delta^{(k)} \end{aligned}$$

könnte u. U. für die nächste Iterierte einen Wert ergeben, der von der gesuchten Nullstelle so weit entfernt liegt, daß übermäßig viele Iterationsschritte notwendig würden, um wieder in die Nähe der Nullstelle zu gelangen. Im schlimmsten Fall wird die Funktion an der Stelle der neuen Iterierten nicht einmal definiert sein (siehe Abbildung 1). Die Idee, eine „Bremse" für das Hinausschießen der Iteration über den interessierenden Bereich einzubauen, legt folgendes Vorgehen nahe:

Gewichte die Korrektur $\Delta^{(k)}$ mit einen bestimmten Faktor $\mu$, sodaß gilt

$$\| f(x^{(k)} + \mu\Delta^{(k)}) \| < \gamma \| f(x^{(k)}) \| .$$

Das Verfahren ist leicht implementierbar, wobei die Konstante $\gamma$ geeignet zu wählen ist.

Der zweite Ansatz verwendet die sog. Fortsetzungs-Methoden. Nach Einführung des künstlichen Parameters $t$ kann man beispielsweise folgendes Problem betrachten

$$g(x, t) := f(x) + (t - 1) \cdot f(x^{(0)}) = 0, \quad t \in [0, 1] \text{ fest}$$

mit den Eigenschaften

$$g(x^{(0)}, 0) = 0, \quad g(x, 1) = f(x).$$

Dieses Ersatzproblem stellt allerdings nur eine von vielen Möglichkeiten der Parametrisierung dar, die man je nach Problem geeignet wählen kann. Die Grundidee des Verfahrens besteht darin, das Intervall $[0, 1]$ in $m$ Teilintervalle mit $0 = t_0 < t_1 < \cdots < t_m = 1$ zu unterteilen und sukzessive die Teilprobleme

$$g(x, t_i) = 0, \quad i = 0, 1, \ldots, m$$

zu lösen, um sich so an die Lösung des ursprünglichen Problems heranzutasten.

Durch die Gleichung $g(x, t) = 0$ wird eine Kurve $x(t)$ im $n$-dimensionalen Raum beschrieben, die der Differentialgleichung

$$\dot{x} = -f'(x)^{-1} \cdot f(x^{(0)}), \; x(0) = x^{(0)}$$

genügt. Aufgrund dieses Sachverhaltes läßt sich ein Algorithmus für die Fortsetzungsmethode basierend auf einem einfachen Einschrittverfahren formulieren:

| | |
|---|---|
| (1) | Wähle Startwert $x^{(0)}$; $i := 0$ |
| (2) | Durchführung eines *Euler*-Schrittes<br>$y := x^{(i)} - t_i \cdot f'(x^{(i)})^{-1} \cdot f(x^{(0)})$ |
| (3) | $i := i + 1$;<br>Löse iterativ das System $g(x^{(i)}, t_i) = 0$ mit dem Startwert $y$ |
| (4) | Falls $i < m$, gehe zurück nach (2) |

# 5 Der Spezialfall $n = 1$

## 5.1 Beliebige eindimensionale Funktionen

Für diesen Sonderfall soll lediglich festgehalten werden, daß

- im Prinzip alle o. g. Sätze anwendbar sind
- wesentlich mehr klassische Verfahren als bei Systemen vorhanden sind (vgl. [20])
- eine Modifikation von Satz 1 für *erweiterte Intervallrechnung* die Einschließung mehrfacher Nullstellen und von *Clustern* erlaubt (siehe [2]).

Unter einer *erweiterten Intervallrechnung* versteht man dabei eine Arithmetik, für die die Division durch das Nullintervall definiert ist. Auf Einzelheiten soll hier nicht weiter eingegangen werden.

## 5.2 Polynome $p(x) = \sum_{i=0}^{n} p_i x^i$

Für Polynome als spezielle eindimensionale Funktionen ist zu bemerken:

- Alle Methoden für eindimensionale Funktionen stehen zur Verfügung
- Um die Genauigkeit durch Einsatz von Skalarproduktauswertern steigern zu können, ist es günstig, anstelle der Nullstelle selbst die Eigenwerte der zu $p$ gehörigen *Frobenius*-Begleitmatrix

$$A = \begin{pmatrix} 0 & & & & -p_0/p_n \\ 1 & 0 & & & -p_1/p_n \\ & & & & \vdots \\ & & 1 & 0 & -p_{n-2}/p_n \\ & & & 1 & -p_{n-1}/p_n \end{pmatrix}$$

zu berechnen. Die Eigenwerte von $A$ stimmen nämlich mit den Nullstellen von $p$ überein und können als Lösung des nichtlinearen $(n+1)$–dimensionalen Systems

$$f(e, \lambda) := \begin{pmatrix} Ae - \lambda I \\ e_k - 1 \end{pmatrix} = 0$$

mit Hilfe von Satz 3 berechnet werden (siehe dazu [26]). Dabei ist $k \in \{1, \ldots, n\}$ geeignet zu wählen, denn durch die letzte Gleichung $e_k - 1 = 0$ wird die $k$-te Komponente des Eigenvektors $e$ auf 1 normiert, was natürlich nur dann erlaubt ist, wenn diese von 0 verschieden ist.

**Bemerkungen:**

- Da die Matrix $A$ spärlich besetzt ist, kann man spezielle Methoden zur Auswertung von $f'$ und zur Berechnung von $R$ (vgl. Satz 3) anwenden, um den Algorithmus zu beschleunigen.
- Im Gegensatz zum Newton-Verfahren muß die Ableitung $p'$ nicht explizit berechnet werden.
- Mit dem gleichen Ansatz ist es auch möglich quadratische oder höhere Faktoren abzuspalten. Man kann dabei allerdings nicht die Mehrfachheit von Nullstellen nachweisen.

• Die simultane Einschließung aller Nullstellen eines Polynoms kann man durch Betrachtung eines der beiden Fixpunktprobleme (vgl. [8])

$$g_i = x_i - \frac{p(x_i)}{p_n \prod_{j \neq i}^n (x_i - x_j)}, \quad i = 1, \ldots, n$$

bzw.

$$g_i = \tilde{x}_i - \frac{p(\tilde{x}_i)}{p'(\tilde{x}_i) - p(\tilde{x}_i) \sum_{j \neq i}^n \frac{1}{x_i - x_j}}, \quad i = 1, \ldots, n$$

und Anwendung der o. g. Sätze gewinnen, wobei im zweiten Fall die $\tilde{x}_i$ Näherungen der Nullstellen von $p$ darstellen. Die Simultanverfahren sind jedoch nur auf Polynome anwendbar, von deren Nullstellen man von vornherein weiß, daß sie alle nur einfach auftreten. In der Praxis hat sich das zweite Fixpunktproblem als das numerisch günstigere erwiesen.

# 6 Bericht über die Entwicklung eines Prototyps innerhalb des ESPRIT-Projektes DIAMOND

Im Rahmen eines von der EG und dem Ministerium für Wirtschaft, Mittelstand und Technologie des Landes Baden-Württemberg geförderten

Forschungsprojektes wurden im Bereich „Nichtlineare Gleichungssysteme" folgende Forschungsschwerpunkte gesetzt:

- Die Erstellung eines benutzerfreundlichen Lösers für nichtlineare Systeme (On-Line- und Paket-Version)
- Die Entwicklung einer Strategie, um den Benutzer über die Art der Problemkondition zu unterrichten
- Erfahrungen sammeln mit
  - der Verwendung und Kombination verschiedener Einschließungsstrategien
  - der Genauigkeitssteigerung durch Formelauswertertechnik oder Langzahlrechnung
  - der Handhabung verschiedener Strategien zur Startwertfrage

Die Ergebnisse dieses Projekts werden nach Beendigung Ende 1988 veröffentlicht.

# Literatur

## Umfassende Darstellungen

[1] Alefeld, G. und Herzberger, J.: *Einführung in die Intervallrechnung.* Bibliographisches Institut, Mannheim, 1974.

[2] Bauch, H. et. al. : *Intervallarithmetik: Theorie und Anwendungen.* Teubner, Leipzig, 1987.

[3] *FORTRAN-SC, A Study of a FORTRAN Extension for Engineering/Scientific Computation with Access to ACRITH*, Language Reference and User's Guide. IBM Development Laboratory Böblingen, Germany, 1988.

[4] IBM *High-Accuracy Arithmetic Subroutine Library* (ACRITH). Program Description and User's Guide, SC 33-6164-02, 3rd Edition, 1986.

[5] Kaucher, E., Kulisch, U. und Ullrich, Ch. (Hrsg.): *Computer Arithmetic – Scientific Computation and Programming Languages.* Teubner, Stuttgart, 1987.

[6] Kulisch, U. (Ed.): *PASCAL-SC: A Pascal Extension for Scientific Computation*, Information Manual and Floppy Disks, Version IBM PC. B. G. Teubner, Stuttgart, John Wiley & Sons, Chichester, 1987.

[7] Kulisch, U. (Ed.): *PASCAL-SC: A Pascal Extension for Scientific Computation*, Information Manual and Floppy Disks, Version ATARI ST, B. G. Teubner, Stuttgart, 1987.

[8] Kulisch, U. und Miranker, W. L.: *A New Approach to Scientific Computation*. Academic Press, New York, 1983.

[9] Moore, R. E. (Hrsg.): *Reliability in Computing – The Role of Interval Methods in Scientific Computing*. Academic Press, San Diego, 1988.

**Auswertung von Ausdrücken**

[10] Böhm, H.: *Evaluation of Arithmetic Expressions with Maximum Accuracy*. In [8], S. 121–137, 1983.

[11] Dekker, T. J.: *A Floating-Point Technique for Extending the Available Precision*. Numer. Math. **18**, S. 224–242, 1971.

[12] Fischer, H.-C., Haggenmüller, R. und Schumacher, G.: *Auswertung arithmetischer Ausdrücke mit garantierter hoher Genauigkeit*. Siemens Forschung- und Entwicklungsberichte **16**, Nr. 2, S. 171–177, 1987.

[13] Kahan, W.: *A Survey of Error Analysis*. Information Processing **71**, S. 1214–1239, 1972.

[14] Knuth, D. E.: *The Art of Computer Programming*, Vol. **2**, *Seminumerical Algorithms* (2. Auflage), Addison Wesley, Reading, Mass., 1981.

[15] Linnainmaa, S.: *Software for Double-Precision Floating Point Computations*. ACM Trans. Math. Soft. **7**, Nr. **3**, S. 272–283, 1981.

[16] Wilkinson, J. H.: *Rundungsfehler*. Springer, Berlin, 1969.

**Nichtlineare Gleichungssysteme**

[17] Böhm, H.: *Berechnung von Polynomnullstellen und Auswertung arithmetischer Ausdrücke mit garantierter maximaler Genauigkeit*. Dissertation, Universität Karlsruhe, 1983.

[18] Böhm, H., Rump, S. und Schumacher, G.: *E-Methods for Nonlinear Problems.* In [5], S. 59–80, 1987.

[19] Grüner, K.: *Solving Complex Problems for Polynomials and Linear Systems with Verified High Accuracy.* In [5], S. 199–220, 1987.

[20] Heitzinger, W., Troch, I. und Valentin, G.: *Praxis nichtlinearer Gleichungen.* Hanser, München, 1984.

[21] Kaucher, E. und Rump, S.: *E-Methods for Fixed Point Equation* $f(x) = x$. Computing **28**, S. 31–42, 1982.

[22] Krawczyk, R. und Neumaier, A.: *Interval Slopes for Rational Functions and Associated Centered Forms.* SIAM J. Numer. Anal. **22**, S. 604–616, 1985.

[23] Neumaier, A.: *The Enclosure of Solutions of Parameter-Dependent Systems of Equations.* In [9], S. 269–286, 1986.

[24] Ortega, J. M. und Reinboldt, W. C.: *Iterative Solution of Nonlinear Equations in Several Variables.* Academic Press, New York, 1970.

[25] Rall, L. B.: *Automatic Differentiation: Techniques and Applications.* Lecture Notes in Computer Science **120**, Springer, Orlando, 1981.

[26] Rump, S. M.: *Solving Algebraic Problems with High Accuracy.* In [8], S. 51–120, 1983.

# Genaue Auswertung von Polynomen und Ausdrücken

H.-C. Fischer
Institut für Angewandte Mathematik
Universität Karlsruhe (TH)

**Zusammenfassung**

Es werden mehrere Methoden zur genauen Auswertung von Polynomen und Ausdrücken vorgestellt. Die Auswertung erfolgt durch Transformation auf ein System von linearen beziehungsweise nichtlinearen Gleichungen und durch Lösen dieses Systems mit einem Residuenkorrekturverfahren.

Durch Einsatz der Intervallrechnung und eines genauen Skalarprodukts werden Ergebnisse von garantierter hoher Genauigkeit erreicht.

# 1 Einleitung

Die Auswertung von arithmetischen Ausdrücken zählt zu den Aufgaben, für die elektronische Rechner von Anfang an eingesetzt wurden. In nahezu jeder Programmiersprache werden die Operatoren $+, -, \cdot, /$, sowie einige Standardfunktionen für die Implementierung arithmetischer Ausdrücke und Funktionen zur Verfügung gestellt. Mathematische Ausdrücke können so in der gewohnten Syntax auf den Rechner übertragen werden. Auf einer digitalen Maschine wird jedoch nicht mit reellen Zahlen, sondern mit einer Teilmenge, den sog. Gleitpunktmaschinenzahlen, gerechnet. Diese Gleitpunktarithmetik kann zu den bekannten Problemen der Rundungsfehlerakkumulation und der Verstärkung von Rundungsfehlern infolge von Auslöschungsprozessen führen. Auslöschungsbedingte Fehler treten immer dann auf, wenn nahezu identische Gleitpunktzwischenergebnisse subtrahiert werden müssen, insbesondere auch bei der Auswertung von Funktionen in der Nähe einer Nullstelle. Solche Effekte haben durchaus keinen Seltenheitswert, wenn man etwa an die Verwendung des *Newton-Verfahrens* zur Berechnung einer Nullstelle einer gegebenen Funktion $f$ denkt. Dort benötigt man die Funktionswerte von $f$ gerade in der Nähe der gesuchten Nullstelle, um sich sukzessive an dieselbe heranzutasten zu können. Man braucht also Verfahren, die es ermöglichen, arithmetische Ausdrücke mit garantierter und hoher Genauigkeit auszuwerten. Der

Einsatz naiver Intervallrechnung ([1],[2]) führt zwar zu garantierten Ergebniseinschließungen, liefert i. a. aber viel zu pessimistische Ergebnisse. Aus diesem Grund wurden in den letzten Jahren einige spezielle Methoden weiterentwickelt, mit denen Einschließungen konstruiert werden können, deren Grenzen sich meistens nur in der letzten Mantissenstelle unterscheiden.

Es werden hier Verfahren zur Auswertung von Polynomen, rationalen Ausdrücken und allgemeinen arithmetischen Ausdrücken mit Standardfunktionen vorgestellt.

# 2 Auswertung von Polynomen

Es sei ein Polynom n-ten Grades gegeben durch

$$p(x) = \sum_{i=0}^{n} p_i x^i = (\ldots(p_n x + p_{n-1})x + \ldots)x + p_1)x + p_0.$$

Die zweite Gleichung beschreibt gerade das *Hornerschema* für die Auswertung von Polynomen, das zwar durch den linearen Aufwand von $O(n)$ Operationen ($n$ Additionen und $n$ Multiplikationen) sehr effektiv programmiert werden kann, aber in der Nähe von Nullstellen in der Regel Ergebnisse von geringer Genauigkeit liefert. Um verifizierte Einschließungen des Polynomwertes zu erzielen, bieten sich die im folgenden beschriebenen Methoden an.

## 2.1 Zurückführung der Polynomauswertung auf ein lineares Problem

Die Idee des Verfahrens liegt in der Transformation des Auswertungsproblems auf ein lineares Gleichungssystem, dessen Lösungsvektor in der letzten Komponente mit dem Wert des Polynoms an der festen Stelle $x$ übereinstimmt ([3]). Führt man nämlich für die Zwischenergebnisse des Hornerschemas die neuen Variablen $z_n, \ldots, z_0$ ein mit

$$\begin{aligned} z_n &= p_n\,, \\ z_i &= z_{i+1}\,x + p_i,\ i = n-1, \ldots, 0\ , \end{aligned} \tag{1}$$

dann erhält man mit den Bezeichnungen

$$A := \begin{pmatrix} 1 & & 0 \\ -x & 1 & \\ & & \\ 0 & -x & 1 \end{pmatrix},\ z := \begin{pmatrix} z_n \\ z_{n-1} \\ \vdots \\ z_0 \end{pmatrix} \text{ und } p := \begin{pmatrix} p_n \\ p_{n-1} \\ \vdots \\ p_0 \end{pmatrix}$$

ein lineares Gleichungssystem $Az = p$, dessen Lösung $z$ die Eigenschaft $p(x) = z_0$ besitzt. Dieses System könnte nun mit den bekannten Verfahren zur verifizierenden Einschließung der Lösung linearer Gleichungssysteme behandelt werden. Aufgrund der sehr einfachen Bandstruktur der Matrix $A$ kann aber auch ein vereinfachtes *Residuenkorrekturverfahren* durchgeführt werden, das sich in drei Schritte gliedert:

**Schritt 1:** Es werden Näherungswerte $\tilde{z}_n, \ldots, \tilde{z}_0$ für $z_n, \ldots, z_0$ mit dem gleitpunktmäßigen Hornerschema bestimmt.

**Schritt 2:** Berechnung einer Einschließung des Defektes $D := \Diamond(p - A\tilde{z})$ unter Verwendung des exakten Skalarproduktes, komponentenweise über

$$\begin{aligned} D_n &:= 0, \\ D_i &:= \Diamond(p_i - (-x\,\tilde{z}_{i+1} + \tilde{z}_i)),\ i = n-1, \ldots, 0 \end{aligned}$$

also mit genau einer Rundung pro Komponente.

**Schritt 3:** Berechnung einer Einschließung für die Lösung $\triangle Z$ des Systems $A \cdot \triangle Z = D$ durch Vorwärtsauflösen

$$\begin{aligned} \triangle Z_n &:= D_n, \\ \triangle Z_i &:= \triangle Z_{i+1} \diamond\!\!\!\cdot\; x \diamond\!\!\!+\; D_i,\ i = n-1, \ldots, 0 \ , \end{aligned}$$

sodaß $\triangle Z$ also insbesondere die Lösung des Systems mit dem Defekt $p - A\tilde{z}$ als spezieller rechter Seite enthält, d. h.

$$A^{-1}(p - A\tilde{z}) = z - \tilde{z} \in \triangle Z$$

und damit gilt für die exakte Lösung

$$z \in \tilde{z} \diamond\!\!\!+ \triangle Z \quad \text{bzw.} \quad p(x) \in \tilde{z}_0 \diamond\!\!\!+ \triangle Z_0 \ .$$

Falls nun die Schranken der Einschließung für $p(x)$ noch nicht eng genug beieinander liegen, wie das für schlecht konditionierte Probleme der Normalfall ist, dann wird ein weiterer Durchlauf der Defektiteration gestartet. Dazu wird beginnend mit Schritt 2 statt der Näherung $\tilde{z}$ die verbesserte Ausgangsnäherung $\tilde{z} + \tilde{\tilde{z}}$ verwendet, wobei für $\tilde{\tilde{z}}$ die Mittelpunkte der Komponenten von $\triangle Z$ genommen werden. Die beiden Anteile der Näherung werden jedoch nicht explizit addiert, sondern jeder für sich im sog. *staggered-correction*-Format abgespeichert.

Der zu berechnende Defekt

$$D := \Diamond(p - A\tilde{z} - A\tilde{\tilde{z}})$$

kann dann mit einem *saldierenden* Skalarprodukt berechnet werden.

Die letzten Schritte werden analog solange wiederholt, bis die gewünschte Genauigkeit erreicht ist. Sollte allerdings während der Rechnung ein Unterlauf auf der Maschine auftreten, dann kann die Einschließung i. a. nicht weiter verbessert werden und die Iteration muß gestoppt werden.

## 2.2 Verwendung des langen Akkumulators

Ist das exakte Skalarprodukt durch einen langen Akkumulator realisiert, steht also ein saldierendes Skalarprodukt zur Verfügung, so läßt sich damit ein einfaches aber teures Verfahren konstruieren, indem man eine Multiplikation $*$ implementiert, die es gestattet, den kompletten Akku-Inhalt mit einem Skalar $x$ zu multiplizieren. Das kann man etwa durch die folgenden zwei Schritte erreichen

- Auslesen des Akku-Inhalts in einen Hilfsvektor
- Berechnung des Skalarprodukts des Hilfsvektors mit dem Vektor $X := (x, x, \ldots, x)$.

Dabei ist ein beim Auslesen der Akku-Portionen evtl. auftretender Unterlauf abzuschätzen. Unter Verwendung des in PASCAL-SC ([14],[15]) zur Verfügung stehenden saldierenden Skalarproduktes und der eben beschriebenen Akku-Multiplikation $*$, kann man das Hornerschema dann direkt in der Form

$$\begin{aligned} z &:= p_n, \\ z &:= z * x + p_i;\ i = n-1, \ldots, 0 \end{aligned}$$

auf dem langen Akkumulator ausführen, ohne daß eine Iteration nötig wäre.

## 2.3 Kombination der Methode 2.2 mit Intervallrechnung höherer Genauigkeit

Da die in Abschnitt 2.2 beschriebene Methode im allg. sehr laufzeitintensiv sein wird, sollte diese nur angewandt werden, wenn das Problem tatsächlich nur mit der hohen Akku-Genauigkeit gelöst werden kann. Durch Vorschalten eines schnellen und einfachen Verfahrens lassen sich „einfache“ Probleme jedoch ausscheiden.

Man erhält also folgendes Verfahren:

**Schritt 1:** Das Hornerschema wird mit doppeltlanger Intervallarithmetik naiv durchgeführt. Wenn die auf einfache Genauigkeit gerundete Einschließung nicht maximal genau bis auf eine Ungenauigkeit in der letzten Mantissenstelle ist, dann folgt Schritt 2.

**Schritt 2:** Berechne $p(x)$ mit der Methode 2.2.

Hinweise zur Implementierung einer portablen, doppeltlangen (Intervall-) Arithmetik findet man in [5] und [12].

## 2.4 Beispiele und Vergleich der drei Methoden

Anhand zweier Beispiele werden die Methoden 2.1 bis 2.3 verglichen. Die Zeitfaktoren sind auf die vom gewöhnlichen Hornerschema benötigte Zeit bezogen.

Während im ersten Beispiel das ausmultiplizierte Polynom $(3x-1)^{13}$ in der Nähe der Nullstelle $x = 1/3$ ausgewertet werden soll und deswegen das gewöhnliche Horner bzw. das Intervall-Hornerschema schlechte Ergebnisse liefern, sind für das offensichtlich gut konditionierte zweite Problem die beiden Hornerverfahren den anderen Methoden überlegen.

Die Beispiele wurden mit PASCAL-SC (Atari), d. h. 13 Dezimalstellen Genauigkeit gerechnet.

**Beispiel 1:**

$p(x) = (3x-1)^{13} = 1594323x^{13} - 6908733x^{12} + - \ldots$
an der Stelle $x = 0.30123456789$

| Methode | Ergebnis | Zeit/Horner |
|---|---|---|
| Horner | $-1.601E{-}10$ | 1.0 |
| Intervall-Horner | $[-4.975E{-}10, 6.15E{-}10]$ | 2.1 |
| Methode 2.1 | $-6.12244075850^{4}_{5}E{-}14$ | 13.0 |
| Methode 2.2 | $-6.12244075850^{4}_{5}E{-}14$ | 11.0 |
| Methode 2.3 | $-6.12244075850^{4}_{5}E{-}14$ | 15.0 |

**Beispiel 2:**

Zufallspolynom von Grad 50 an einer zufälligen Stelle $x$

| Methode | Ergebnis | Zeit/Horner |
|---|---|---|
| Horner | 2.152563095605E36 | 1.0 |
| Intervall-Horner | $2.152563095^{630}_{567}$E36 | 2.1 |
| Methode 2.1 | $2.15256309560^{8}_{7}$E36 | 7.4 |
| Methode 2.2 | $2.15256309560^{8}_{7}$E36 | 17.4 |
| Methode 2.3 | $2.15256309560^{8}_{7}$E36 | 4.0 |

Abschließend seien einige zusammenfassende Bemerkungen angeführt:

**Zur Defektkorrektur-Methode:**

- Die Laufzeit hängt von der Dimension und Schwierigkeit des Problems ab.
- Intervallrechnung und exaktes Skalarprodukt werden benötigt.
- Das Verfahren ist insbesondere in jeder Sprache formulierbar, die Zugriff auf eine IEEE-Arithmetik erlaubt; eine portable Realisierung des exakten Skalarprodukts in der Hochsprache selbst ist möglich, kostet aber im Vergleich zum (ungenauen) Skalarprodukt mit einer FOR-Schleife etwa einen Faktor 20 in der Laufzeit. Dagegen steht das optimale Skalarprodukt in PASCAL-SC bereits zur Verfügung und ist dort sogar schneller als eine vergleichbare Laufanweisung.
- Die Methode ist leicht übertragbar auf die im nächsten Abschnitt behandelten rationalen Ausdrücke.

**Zur Akku-Methode:**

- Die Laufzeit hängt fast nur von der Dimension und nicht von der Kondition des Problems ab.
- Der lange Akkumulator muß etwa über einen Typ *dotprecision* oder ein saldierendes Skalarprodukt ansprechbar sein.
- Der Programmcode ist sehr kurz.

**Zur Kombinations-Methode:**

- Die Laufzeit hängt von Dimension und Schwierigkeit des Problems ab.
- Es ist Intervallarithmetik höherer Genauigkeit erforderlich.
- Die Methode ist im Mittel sehr schnell.

# 3 Rationale Ausdrücke mit +, −, ·, /

Wie bereits erwähnt läßt sich die oben beschriebene Methode 2.1 auch auf rationale Ausdrücke verallgemeinern. Rational ist in dem Sinne zu verstehen, daß in dem Ausdruck Werte mit den Operatoren +, −, · und / verknüpft werden dürfen. Wieder transformiert man das ursprüngliche Problem auf ein lineares Gleichungssystem und bestimmt den Wert des Ausdrucks über die Lösung dieses Systems. Als Beispiel betrachte man den Ausdruck

$$(a + b) \cdot c/d\,,$$

der durch Einführung der Hilfsvariablen $z_1, \ldots, z_4$ mit[1]

$$z_1 = a,\ z_2 = z_1 + b,\ z_3 = z_2 \cdot c,\ d \cdot z_4 = z_3$$

und den Bezeichnungen

$$A := \begin{pmatrix} 1 & 0 & 0 & 0 \\ -1 & 1 & 0 & 0 \\ 0 & -c & 1 & 0 \\ 0 & 0 & -1 & d \end{pmatrix},\ z := \begin{pmatrix} z_1 \\ z_2 \\ z_3 \\ z_4 \end{pmatrix} \quad \text{und} \quad p := \begin{pmatrix} a \\ b \\ 0 \\ 0 \end{pmatrix}$$

auf das lineare Gleichungssystem $Az = p$ führt. Die Matrix $A$ hat wie in Abschnitt 2.1 untere Dreiecksgestalt, sodaß das System genau wie dort mit einem vereinfachten Residuenkorrekturverfahren verifiziert gelöst werden kann. Ein kleiner Nachteil der Methode wurde allerdings bis jetzt verschwiegen. Denn nicht jeder rationale Ausdruck führt von vornherein auf ein lineares System. Die Ausdrücke müssen vielmehr nach Einführung der Hilfsvariablen $z_i$ die folgende Bedingung erfüllen:

> *Es dürfen weder Multiplikationen noch Divisionen von Zwischenergebnissen auftreten.*

**Beispiel:** $(a + b)(c + d)$ bzw. $(a + b)/(c \cdot d/e)$ führt in beiden Fällen auf ein nichtlineares System.

Diese Einschränkung ist jedoch nicht gravierend, da jeder rationale Ausdruck $r$ durch algebraisch symbolische Umformungen auf eine Gestalt der Form $r = r_1/r_2$ mit zwei ebenfalls rationalen Ausdrücken $r_1$ und $r_2$, die der oben gestellten Bedingung genügen, gebracht werden kann ([3]). Die beiden

---

[1] Die Verwendung der Gleichung $z_4 = z_3 \cdot (1/d)$ anstelle von $d \cdot z_4 = z_3$ könnte bei der Berechnung von $1/d$ bereits einen Rundungsfehler verursachen, sodaß die rechte Seite des Systems von vornherein fehlerhaft wäre.

Teilausdrücke können dann mit der obigen Technik maximal genau ausgewertet werden und $r$ durch eine abschließende Division bis auf einen Fehler von der Größenordnung der relativen Rundungsfehlereinheit genau bestimmt werden. Zusammenfassend ergibt sich also folgendes Verfahren:

**Schritt 1:** Automatische algebraische Umformung des Ausdrucks durch symbolische Manipulationen auf die Form $r = r_1/r_2$.

**Schritt 2:** Maximal genaue Auswertung des Zählers $r_1$ und des Nenners $r_2$ durch das Residuenkorrekturverfahren entsprechend Abschnitt 2.1

**Schritt 3:** Abschließende Division der beiden Teilergebnisse mit einem Fehler von der Größe der relativen Rundungsfehlereinheit.

# 4 Arithmetische Ausdrücke mit Standardfunktionen

Im letzten Abschnitt konnte man sehen, daß allgemeine rationale Ausdrücke in der Regel auf nichtlineare Gleichungssysteme führen. Dies ist sogar unumgänglich, wenn man Standardfunktionen mit in die Ausrücke einbeziehen möchte. Zum Beispiel führt der Ausdruck $(a+b)(c-d)/\sin(e)$ auf das nichtlineare System

$$\begin{array}{rcl} z_1 &=& a+b \\ z_2 &=& c-d \\ z_3 &=& z_1 z_2 \\ z_4 &=& \sin(e) \\ z_4 z_5 &=& z_3 \end{array} \quad\Longleftrightarrow\quad \begin{array}{rcll} g_1(z_1,\ldots,z_5) &:=& z_1 - a - b &= 0 \\ g_2(z_1,\ldots,z_5) &:=& z_2 - c + d &= 0 \\ g_3(z_1,\ldots,z_5) &:=& z_3 - z_1 z_2 &= 0 \\ g_4(z_1,\ldots,z_5) &:=& z_4 - \sin(e) &= 0 \\ g_5(z_1,\ldots,z_5) &:=& z_4 z_5 - z_3 &= 0. \end{array}$$

Auch für nichtlineare Systeme können allgemeine Einschließungsverfahren entwickelt werden (vgl. den Beitrag von G. Schumacher in diesem Band). Die einfache Struktur der hier auftretenden Systeme erlaubt jedoch wieder ein vereinfachtes Auflösungsverfahren. Die nichtlinearen Gleichungen haben nämlich alle die Form $z_k = z_i \circ z_j$ mit $\circ \in \{+,-,\cdot\}$ oder $z_k = f(z_i)$, wobei $f$ eine Standardfunktion bezeichne. Der Algorithmus läßt sich in drei Schritte gliedern:

**Schritt 1:** Bestimmung von Näherungen $\tilde{z}_i$ durch gleitpunktmäßiges Auswerten der $z_i$, $i = 1,\ldots,n$.

**Schritt 2:** Berechnung von Einschließungen $D_k$ für die Defekte der einzelnen Gleichungen. Für die Multiplikation $z_k = z_i z_j$ wäre z. B.

$$D_k := \Diamond(-\tilde{z}_k + \tilde{z}_i \tilde{z}_j)$$

mit einem Skalarprodukt auszuwerten. Entsprechendes gilt für die Operationen $+$, $-$ und $/$. Im Falle einer Standardfunktion $z_k = f(z_i)$ wäre

$$D_k := \Diamond(-\tilde{z}_k + f(\tilde{z}_i))$$

so genau wie möglich zu berechnen. Dazu benötigt man allerdings (Intervall-) Standardfunktionen mit hoher Genauigkeit, wie sie etwa in [4] beschrieben sind.

**Schritt 3:** Berechnung von Einschließungen $\triangle Z_k$ für die Korrekturglieder $\triangle z_k$, sodaß für die exakte Lösung $z_k$ gilt:

$$z_k = \tilde{z}_k + \triangle z_k \in \tilde{z}_k \,\diamond\!\!\!+\, \triangle Z_k.$$

Zu jeder Operation läßt sich eine Korrekturformel für die $\triangle Z_k$ herleiten (vgl. [6]), in die nur die Näherungswerte, der Defekt und die bereits berechneten Korrekturintervalle $\triangle Z_i$ bzw. $\triangle Z_j$ eingehen. Für die Multiplikation ergibt sich z. B.

$$\triangle Z_k := D_k \,\diamond\!\!\!+\, \tilde{z}_j \,\diamond\!\!\!\!\cdot\, \triangle Z_i \,\diamond\!\!\!+\, \tilde{z}_i \,\diamond\!\!\!\!\cdot\, \triangle Z_j \,\diamond\!\!\!+\, \triangle Z_i \,\diamond\!\!\!\!\cdot\, \triangle Z_j.$$

Bei Standardfunktionen findet man unter Verwendung des Mittelwertsatzes

$$\triangle Z_k := D_k \,\diamond\!\!\!+\, f'(\tilde{z}_i \,\underline{\cup}\, (\tilde{z}_i \,\diamond\!\!\!+\, \triangle Z_i)) \,\diamond\!\!\!\!\cdot\, \triangle Z_i.$$

Schließlich ergibt sich die Einschließung für den Wert des ursprünglichen Ausdrucks aus der letzten Komponente zu $\tilde{z}_n \,\diamond\!\!\!+\, \triangle Z_n$.

Wenn die Genauigkeit des Ergebnisses noch nicht ausreicht, können die Schritte 2 und 3 mit den verbesserten Näherungen $\tilde{z}_k + \text{middle}(\triangle Z_k)$ analog zu dem Vorgehen in Abschnitt 2.1 wiederholt werden. Dabei wird die neue Näherung wieder nicht explizit berechnet, sondern in staggered-correction-Darstellung verarbeitet.

Es bleiben zum Abschluß noch einige Bemerkungen zu machen:

- Das Verfahren gestattet es die Genauigkeit, d. h. die Anzahl der staggered-correction-Portionen in Abhängigkeit vom Problem während der Rechnung zu erhöhen und stellt in diesem Sinne eine Art Langzahlrechnung mit automatischer Genauigkeitsanpassung dar.

- Die Genauigkeit hängt nicht mehr allein vom optimalen Skalarprodukt ab, vielmehr müssen auch die Standardfunktionen mit zunehmender Genauigkeit berechnet werden können.
- Das Verfahren ist auf komplexwertige Ausdrücke und rationale Matrixausdrücke übertragbar.
- Ein Nachteil der Methode besteht darin, daß alle Zwischenergebnisse im Speicher gehalten werden müssen.

# Literatur


[1] Alefeld, G. und Herzberger, J.: *Einführung in die Intervallrechnung.* Bibliographisches Institut, Mannheim, 1974.

[2] Bauch, H. et. al. : *Intervallarithmetik: Theorie und Anwendungen.* Teubner, Leipzig, 1987.

[3] Böhm, H.: *Evaluation of Arithmetic Expressions with Maximum Accuracy.* In [10], S. 121–137, 1983.

[4] Braune, K. und Krämer, W.: *High-Accuracy Standard Functions for Real and Complex Intervals.* In [9], S. 81 - 114.

[5] Dekker, T. J.: *A Floating-Point Technique for Extending the Available Precision.* Numer. Math. **18**, S. 224–242, 1971.

[6] Fischer, H.-C., Haggenmüller, R. und Schumacher, G.: *Auswertung arithmetischer Ausdrücke mit garantierter hoher Genauigkeit.* Siemens Forschung- und Entwicklungsberichte **16**, Nr. 2, S. 171–177, 1987.

[7] *FORTRAN-SC, A Study of a FORTRAN Extension for Engineering/Scientific Computation with Access to ACRITH*, Language Reference and User's Guide. IBM Development Laboratory Böblingen, Germany, 1988.

[8] IBM *High-Accuracy Arithmetic Subroutine Library* (ACRITH). Program Description and User's Guide, SC 33-6164-02, 3rd Edition, 1986.

[9] Kaucher, E., Kulisch, U. und Ullrich, Ch. (Hrsg.): *Computer Arithmetic – Scientific Computation and Programming Languages.* Teubner, Stuttgart, 1987.

[10] Kulisch, U. und Miranker, W. L.: *A New Approach to Scientific Computation.* Academic Press, New York, 1983.

[11] Moore, R. E. (Hrsg.): *Reliability in Computing - The Role of Interval Methods in Scientific Computing.* Academic Press, San Diego, 1988.

[12] Linnainmaa, S.: *Software for Double-Precision Floating-Point Computations.* ACM Trans. Math. Soft. **7**, Nr. 3, S. 272–283, 1981.

[13] Wilkinson, J. H.: *Rundungsfehler.* Springer, Berlin, 1969.

[14] *PASCAL-SC: A PASCAL Extension for Scientific Computation*, Information Manual and Floppy Disks, Version ATARI ST. Teubner, Stuttgart, 1987.

[15] *PASCAL-SC: A PASCAL Extension for Scientific Computation*, Information Manual and Floppy Disks, Version IBM PC/AT (DOS). Teubner, Stuttgart, 1987.

# Vom Problem zum Einschließungsalgorithmus

D. Cordes und W. Krämer
Institut für Angewandte Mathematik
Universität Karlsruhe (TH)

**Zusammenfassung**

Im ersten Teil dieses Beitrags wird gezeigt, wie man Polynomwerte an Punkten, die im Zahlenformat des Rechners nicht darstellbar sind, einschließen kann. Dazu wird versucht, die Monotonie des Polynoms im die Auswertestelle engstmöglich einschließenden Maschinenintervall nachzuweisen. Gelingt dies, so wird mittels zweier genauer Auswertungen des Polynoms an den darstellbaren Endpunkten des Intervalls der gesuchte Polynomwert eingeschlossen.

Der zweite Teil des Beitrags behandelt die verifizierte Berechnung einer Intervalleinschließung der Lösung $y(t)$ der Volterraschen Integralgleichung für $t \in [t_0, t_0 + h]$.

## 1 Polynomwerte an nicht darstellbaren Auswertestellen

Gegeben sei das Polynom

$$P(x) = \sum_{k=0}^{N} a_k x^k \; ; \; a_k \in R, \; k = 0, 1, \ldots, N$$

mit auf dem Rechner darstellbaren Polynomkoeffizienten $a_k$. $R$ bezeichne das im Rechner verwendete Gleitpunktraster. Gesucht ist der Wert des Polynoms an einer Stelle $x = z/n$ mit $z, n \in R$. Obwohl Zähler und Nenner der rationalen Auswertestelle $x$ Zahlen des Gleitpunktrasters sind, wird dies für $x = z/n$ i. a. nicht der Fall sein (vgl. Abb. 1).

Als konkretes Zahlenbeispiel diene das folgende Polynom:

$$P(x) = 8118x^4 - 11482x^3 + x^2 + 5741x - 2030$$

Dieses Polynom soll an der Stelle $x = 0.707107$ ausgewertet werden. Die Programmiersprache FORTRAN-SC (vgl. [7]) ist installiert auf einer IBM-Rechenanlage mit /370-Architektur. Einfach lange Gleitkommazahlen werden in einem sechsstelligen hexadezimalen Zahlenformat dargestellt. Der

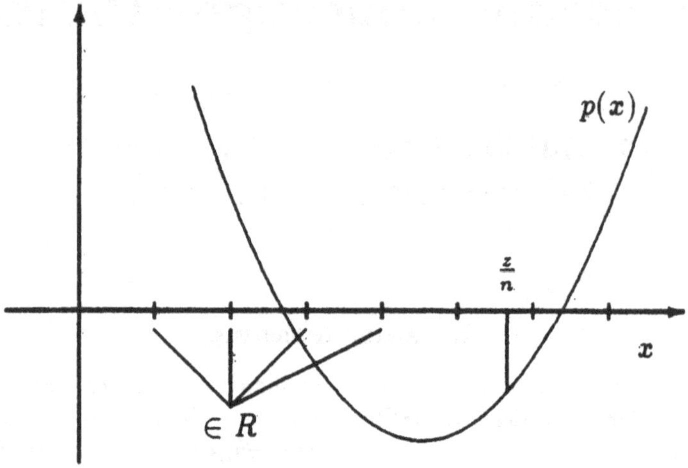


Abbildung 1:

Wert $x = 0.707107$ ist in diesem Raster nicht exakt darstellbar (Konvertierungsfehler). Ein ähnliches Problem ergibt sich, wenn man ein Polynom z. B. an der Stelle $\pi$, die ja im Gleitpunktraster nicht darstellbar ist, auswerten möchte. Wie kann nun aber der Polynomwert an einer solchen Stelle berechnet bzw. eingeschlossen werden?

## 1.1 Erster Lösungsansatz (intervallmäßiges Hornerschema)

Zur reellwertigen Lösung dieses Problems würde man das Hornerschema anwenden. Analog ist die Vorgehensweise hier; man ersetzt nur die reellen bzw. Gleitpunktoperationen durch Intervalloperationen, was durch die Rautenschreibweise kenntlich gemacht wird:

$$
\begin{aligned}
X &= z \mathbin{\Diamond\!\!\!\!/\,} n \\
T_N &= a_N \\
T_k &= T_{k+1} \mathbin{\Diamond\!\!\!\!\times} X \mathbin{\Diamond\!\!\!\!+} a_k, \; k = N-1, \ldots, 0.
\end{aligned}
$$

Das Intervall $X$ enthält den exakten Wert $x = z/n$ und für den Wert des Polynoms an der Stelle $x$ gilt aufgrund der Inklusionsmonotonie der Intervallrechnung

$$P(x) \in P(X) \subseteq T_0.$$

$T_0$ schließt also den Wert des Polynoms an der Stelle $x = z/n$ ein. Das zugehörige FORTRAN-SC Programm hat folgendes Aussehen:

```
      P R O G R A M   M A I N
c     Vereinbarung des dynamischen Feldtyps POLY
c     und des dynamischen Feldes P
      DYNAMIC / POLY = REAL(:) / P
      INTERVAL HORN
      REAL z, n
      INTEGER grad
      READ(*,*) grad
c     Bereitstellen des Speicherplatzes fuer
c     das dynamische Feld P
      ALLOCATE P(0:grad)
      READ(*,*) P, z, n
      WRITE(*,*) HORN(IVAL(P), IVAL(z/<n, z/>n))
c     Durch IVAL werden aus reellen Zahlen bzw. Vektoren
c     Intervalle bzw. Intervallvektoren erzeugt
      END

      F U N C T I O N   H O R N (P,X)
      DYNAMIC / IPOLY = INTERVAL(:) / P
      INTERVAL X, HORN
      INTEGER k
c     Intervallmaessige Durchfuehrung des Hornerschemas
      HORN = P(UB(P))
c     UB liefert den oberen Index des Feldes
      DO 10 k = UB(P)-1, 0, -1
   10    HORN = HORN * X + P(k)
      RETURN
      END
```

Löst man obiges Problem auf diese Weise, so erhält man das relativ weite Intervall

$$[-0.977 \cdot 10^{-3}, +0.147 \cdot 10^{-2}]$$

als Einschließung der Lösung, aus dem nicht einmal das Vorzeichen der Lösung ablesbar ist. Dies trifft sogar dann zu, wenn man z. B. als Auswertestelle das Punktintervall $z \bigtriangledown n$ verwendet. Der Grund hierfür ist die naive Anwendung der Intervallrechnung, die rasch zur Aufblähung führt.

## 1.2 Zweiter Lösungsansatz (genaue Punktauswertungen, Einschließungen von Ableitungen)

Hierbei wird das Polynom für die beiden Gleitpunktzahlen

$$r := z \bigtriangledown n \quad \text{und} \quad s := z \bigtriangleup n$$

mit hoher Genauigkeit ausgewertet. Da die beiden Werte $r$ und $s$ benachbarte Maschinenzahlen sind, kann man darauf hoffen, daß das Polynom zwischen diesen beiden Werten nicht „wild schwingt“, sondern hinreichend glatt, d. h. in diesem Falle sogar monoton ist (vgl. Abb. 2). Dann kann der Funktions-

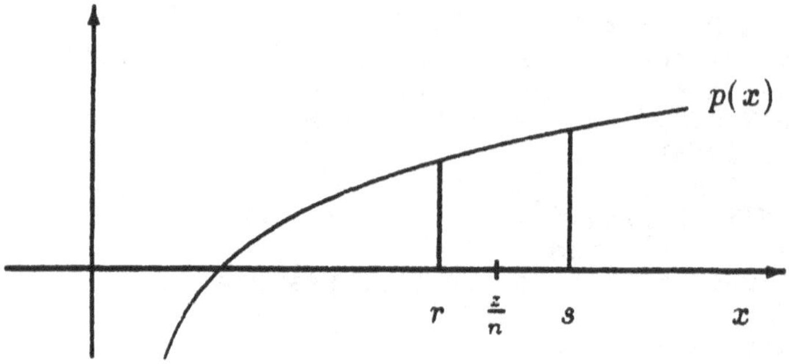


Abbildung 2:

wert an einer Zwischenstelle durch die Funktionswerte an den Randpunkten des Intervalls $X := [r, s]$ eingeschlossen werden. Durch das folgende Lemma wird nun ein hinreichendes Kriterium für die Monotonie des Polynoms $P$ in $X$ angegeben:

**Lemma 1** *Existiert ein $k_0 \in \mathbb{N}$ mit*

$$0 \notin P^{(k_0)}(X),$$

*d. h. die $k_0$-te Ableitung hat in $X$ keine Nullstelle und sind für alle $k \in \mathbb{N}$ mit $0 < k < k_0$*

$$P^{(k)}(r) \cdot P^{(k)}(s) > 0,$$

*d. h. die Polynomwerte am linken und rechten Rand der $k$-ten Ableitung von $P$ haben gleiches Vorzeichen, so gilt*

$$P(z/n) \in P(X) = [min\{P(r), P(s)\}, max\{P(r), P(s)\}].$$

**Beweisidee:** $0 \notin P^{(k_0)}(X) \Rightarrow (k_0 - 1)$-te Ableitung monoton in $X$ und $P^{(k_0-1)}(r) \cdot P^{(k_0-1)}(s) > 0 \Rightarrow 0 \notin P^{(k_0-1)}(X) \Rightarrow \ldots \Rightarrow 0 \notin P'(X) \Rightarrow P(X)$ monoton in $X$.

Die Auswertung von $P^{(k_0)}(X)$ erfolgt mit der im ersten Lösungsansatz beschriebenen Funktion HORN, d. h. durch Anwendung des intervallmäßig durchgeführten Hornerschemas.

Zur genauen Punktauswertung für Rasterzahlen wird das Polynom als lineares Gleichungssystem in der folgenden Form geschrieben:

$$A = \begin{bmatrix} 1 & & & & \\ -x & 1 & & 0 & \\ & & \ddots & & \\ 0 & & -x & 1 & \\ & & & -x & 1 \end{bmatrix}, \quad b = \begin{bmatrix} a_N \\ a_{N-1} \\ \vdots \\ a_1 \\ a_0 \end{bmatrix}$$

$$A \in M_{N+1,N+1},\ b \in V_{N+1}.$$

Löst dann der Vektor $res \in V_{n+1}$ das lineare Gleichungssystem

$$A \cdot res = b,$$

so gilt (vgl. [1])

$$res_{N+1} = P(x).$$

Der weiter unten im FORTRAN-SC Programm verwendete lineare Gleichungssystemlöser `LINO` liefert als Ergebnis eine genaue Einschließung von *res* also u. a. von $P(x)$.

Die Ableitung eines Polynoms läßt sich formal nach der Formel

$$P'(x) = \sum_{k=1}^{N} k a_k x^{k-1}$$

durchführen. Will man einen Einschluß von $P'(x)$ berechnen, so müssen die Koeffizienten $k \cdot a_k,\ k = 1, \ldots, N$ intervallmäßig berechnet werden.

Insgesamt ergeben sich also folgende FORTRAN-SC Programmeinheiten:

```
      P R O G R A M   M A I N
c
c     Polynomwert P(x) an einer im Gleitpunktsystem nicht
c     darstellbaren Auswertestelle x = zaehler/nenner.
c
      DYNAMIC / POLY  = REAL(:) / P
      DYNAMIC / IPOLY = INTERVAL(:) / Q, ABL
c
c     POLY ist also ein dynamischer Feldtyp mit Komponenten
c     vom Typ REAL, P ist ein Feld vom Typ POLY
c     IPOLY ist ein entsprechender Feldtyp mit Komponenten
c     vom Typ INTERVAL, Q und ABL sind vom Typ IPOLY
c
      REAL zaehler, nenner, r, S
      INTEGER  grad, k
      INTERVAL HORN, Pwert, X

      EXTERNAL ABL, HORN, Pwert
c     gibt dem Compiler ABL, HORN und Pwert als
c     Funktionen zu erkennen
      WRITE(*,*) 'Polynomgrad?'
      READ(*,*) grad
      ALLOCATE p(0:grad)
c     stellt fuer p Speicherplatz zur Verfuegung

      WRITE(*,*) 'a0, a1, ...?'
      READ (*,*) P
      WRITE(*,*) 'Zaehler, Nenner?'
      READ (*,*) zaehler, nenner
```

```
c     Divisionen mit gerichteter Rundung ausfuehren
      r = zaehler /< nenner
      s = zaehler /> nenner

      X = IVAL(r,s)
c     Durch IVAL wird X zum Intervall mit der Unter-
c     grenze r und der Obergrenze s
      WRITE(*,*)'P mittels Horner:',HORN(IVAL(P),X)
      WRITE(*,*)'           links :',Pwert(IVAL(P),r)
      WRITE(*,*)'           rechts:',Pwert(IVAL(P),s)

c     Bestimmung der Ableitung von P
      Q = ABL( IVAL(P) )
c     Die Allokierung von Q geschieht automatisch
      WRITE(*,*)'1. Ableitung mittels Horner:',HORN(Q,X)
      WRITE(*,*)'                     links :',Pwert(Q,r)
      WRITE(*,*)'                     rechts:',Pwert(Q,s)

c     Bestimmung der 2. Ableitung von P
      Q = ABL(Q)
      WRITE(*,*)'2. Ableitung mittels Horner:',HORN(Q,X)
      E N D


      F U N C T I O N   ABL (P)
c
c     Berechnung der Intervallkoeffizienten des
c     Ableitungspolynoms eines vorgegebenen
c     Intervallpolynoms P.
c
      INTEGER k
      DYNAMIC / IPOLY = INTERVAL(:) / ABL, P
c     Der Ergebnistyp von ABL ist ein dynamisches Feld
c     mit Intervallkomponenten
      ALLOCATE ABL ( 0 : UB(P)-1 )
c     Speicherplatz wird nur noch vom Index 0 bis
c     UB(P)-1 benoetigt, da der Grad um 1 reduziert ist.
      DO 10 k = 1, UB(P)
c       Multiplikation eines Integers mit einem Intervall
   10   ABL(k-1) = k * P(k)
      E N D


      F U N C T I O N   Pwert ( P, x )
c
c     G e n a u e   Auswertung eines reellen Polynoms
c     an der Stelle x.
c
      INTERVAL Pwert
      DYNAMIC / INTERVAL(:) / P, RES, B
      DYNAMIC / REAL(:,:) / A
      INTEGER grad, k
      REAL x
```

```
c     Achtung! Geschachtelte WRITE-Anweisung
c              moeglich. Dann Laufzeitfehler!
      IF ( INF(P) .NE. SUP(P) )
     & WRITE(*,*) '!!! Kein Punktpolynom !!!'
      grad = UB(P)

      ALLOCATE A(0:grad, 0:grad), B(0:grad)
c     Speicherplatz wird entspr. dem Grad bereitgestellt
      A = 0
      DO 10 k = 0, grad
        A(k,k) = 1
        IF (k .LT. grad) A(k+1,k) = -x
        B(k)   = P(grad-k)
   10 CONTINUE

      CALL LINO(A, B, RES )
c     Aufruf des linearen Gleichungssystemloesers mit
c     der Punktmatrix A und dem Intervallvektor B
      Pwert = RES( UB(RES) )
      E N D
```

Im folgenden werden die Programmeingabe (⇒) und die Programmausgabe aufgelistet.

Programmeingabe:

```
   grad
⇒  4
   a0       a1       a2       a3       a4
⇒  -2030    5741     1        -11482   8118
   zaehler  nenner
⇒  707107   1000000
```

Ergebnis (Programmausgabe):

```
P mittels Horner: (<-0.9765625E-03, 0.1464844E-02>)
          links : (<-0.1457500E-10,-0.1457498E-10>)
          rechts: (<-0.1981292E-10,-0.1981290E-10>)

1. Ableitung mittels Horner: (<-0.3906250E-02, 0.3906250E-02>)
                     links : (<-0.8775881E-04,-0.8775878E-04>)
                     rechts: (<-0.8799644E-04,-0.8799642E-04>)

2. Ableitung mittels Horner: (<-0.4010411E+01,-0.3966214E+01>)
```

Gut zu erkennen ist die relativ grobe Einschließung mittels intervallmäßigem Horner-Schema sowie die hochgenauen Einschließungen der Punktauswertung am linken und rechten Rand mittels des linearen Gleichungssystemlösers. Da die zweite Ableitung die Null nicht enthält, ist mit obigem Lemma gezeigt, daß

$$P\,(z/n) \in [-0.199 \cdot 10^{-10}, -0.145 \cdot 10^{-10}].$$

Das berechnete Ergebnisintervall ist als Einschließung der Menge $P(z \diamond n)$ das bzgl. des verwendeten Gleitpunktrasters (6 Hexadezimalziffern) bestmögliche. Die Schranken sind noch etwas weit, da ja für die ganze Menge $[z \triangledown n, z \triangle n]$ ausgewertet wird, was natürlich auch wieder eine Lösungsmenge ergibt. Will man die Einschließung noch verbessern, muß man ein feineres Gleitpunktraster wählen.

Zum Abschluß wird noch ein entsprechendes PASCAL-SC (vgl. [8]) Programmlisting angegeben:

```
PROGRAM polyt ( INPUT,OUTPUT ) ;
use irari,lss,mvrari,mvirari,new_rts ;
VAR degree : INTEGER ;

PROCEDURE main ( degree : INTEGER ) ;
{ Eigentliches Hauptprogramm, wegen dynamischer Felder }
{ in Prozedur eingebettet.                             }
{ Einschliessungen von Polynomwerten mit nicht im      }
{ Gleitpunktraster liegenden Ausgangswerten            }

VAR p  : RVECTOR[0..degree] ;
    q  : IVECTOR[0..degree] ;
    z,n,r,s  : real ;
    y  : interval ;

FUNCTION horner ( p : IVECTOR; x : interval ) : interval ;
{ Intervallmaessiges Hornerschema fuer ein }
{ Intervallpolynom mit Intervallargument   }

VAR horn : interval ;
    k    : integer ;
BEGIN
  horn  := p[UBOUND(p)] ;
  FOR k := UBOUND(p) - 1 DOWNTO 0 DO
      horn := horn * x + p[k];
  horner := horn ;
END ;

FUNCTION derive ( p : IVECTOR ) : IVECTOR [0..UBOUND(p)] ;
{ Intervallkoeffizienten des Ableitungspolynoms }
{ eines vorgegebenen Intervallpolynoms          }

VAR k : integer ;
BEGIN
  FOR k := 1 TO UBOUND(p) DO
      derive[k-1] := k * p[k];
  derive[UBOUND(p)] := INTPT(0.0) ;
END ;
```

```
FUNCTION pvalue ( p : IVECTOR ; x : real ) : interval ;
{ Genaue Polynomwertberechnung eines Punktpolynoms }
{ an der Stelle x unter Verwendung des linearen    }
{ Gleichungssystem-Loesers LSS                     }

VAR n : integer ;
    k : integer ;
    res : IVECTOR[1..UBOUND(p)+1] ;
    a   : RMATRIX[1..UBOUND(p)+1,1..UBOUND(p)+1] ;
    b   : RVECTOR[1..UBOUND(p)+1] ;
    errcode : integer ;
BEGIN
    n := UBOUND(p)+1 ;
    a := MRID(n) ; {a = Einheitsmatrix mit n Zeilen}
    FOR k := 1 TO n-1 DO
    BEGIN
       a[k+1,k] := -x ;
       b[k]     := INF(p[n-k]) ;
    END ;
    b[n] := INF(p[0]) ;
    LSS ( n,a,b,res,errcode ) ;
    IF (INF(p) <> SUP(p)) OR (errcode<>0) THEN
    BEGIN WRITELN ( 'Keine Einschliessung gefunden!' ) ;
          HALT(1) ;
    END
    ELSE
      pvalue := res[n] ;
END ;

BEGIN
   {Rumpf der Prozedur main}
   UNDERFLOWERR ( FALSE ) ;
   WRITELN('Polynomkoeffizienten in aufsteigender ',
           'Reihenfolge,');
   WRITELN('   d.h.: konstantes Glied zuerst:' ) ;
   VRREAD ( INPUT,p ) ;
   WRITELN ( 'Zaehler und Nenner der Auswertestelle: ' ) ;
   READ ( z,n ) ;
   r    := z/<n ;
   s    := z/>n ;
   y    := INTVAL ( r,s ) ;
   { y ist engstmoegliches, die Auswertestelle }
   { einschliessendes Maschinenintervall       }
   WRITE ( ' P with Horner : ') ;
   IWRITE ( OUTPUT, horner(INTPT(p),y) ) ;
   WRITELN ;
   WRITE ( ' P links : ' ) ;
   IWRITE ( OUTPUT, pvalue ( INTPT(p), r ) ) ;
   WRITELN ;
   WRITE ( ' P rechts : ' ) ;
   IWRITE ( OUTPUT, pvalue ( INTPT(p), s ) ) ;
   WRITELN ;
   WRITE ( ' 1. Ableitung : ' ) ;
   q := derive(INTPT(p)) ;
   IWRITE ( OUTPUT, horner ( q,y ) ) ;
   WRITELN ;
END ;
```

```
BEGIN { Hauptprogramm }
   { Festlegung des Grades des Polynoms und }
   { Aufruf der Hauptprozedur main          }

   WRITELN ( 'Polynomgrad ? ' ) ;
   READ ( degree ) ;
   main(degree) ;
END.
```

**Bemerkung:** Berechnet man obiges Beispiel mit PASCAL-SC, so unterscheiden sich die Unter- und Oberschranke für den gesuchten Polynomwert

$$P(0.707107) = -0.19152732527\ldots \cdot 10^{-10}$$

nur in der letzten Stelle. Dies liegt daran, daß PASCAL-SC eine Dezimalarithmetik verwendet, in welcher die Auswertestelle $z/n$ exakt darstellbar (d. h. $r = s = Y = z/n$) ist.

# 2 Einschließung des Lösungswertebereichs der Volterraschen Integralgleichung

Gesucht ist die Lösung $y(t)$ der Integralgleichung

$$y(t) = \eta + \int_{t_0}^{t} f(y(\tau))d\tau$$

für ein Zeitintervall $[t_0, t_0 + h]$ mit einer stetigen, zeitunabhängigen Funktion $f$. Diese Aufgabenstellung ist ein Teilschritt zur verifizierten Einschließung der Lösung eines Anfangswertproblems (vgl.[6]). Das gestellte Problem liegt bereits in Fixpunktgestalt

$$y = Ty$$

vor mit dem Operator $T$

$$Ty(t) := \eta + \int_{t_0}^{t} f(y(\tau))d\tau.$$

Hierauf läßt sich nun der folgende Satz anwenden.

**Satz 1 (Brouwerscher Fixpunktsatz)** *Sei $D$ eine nichtleere, abgeschlossene Teilmenge eines Banachraumes $B$ und $T$ eine Abbildung mit*

$$T(D) \subset D.$$

*Wenn $T$ einer Lipschitzbedingung*

$$\|Tx - Ty\| \leq k \cdot \|x - y\|$$

*mit $k < 1$ genügt, dann existiert genau ein Fixpunkt $x^* \in D$ mit $Tx^* = x^*$.*

Die Lipschitz-Bedingung läßt sich immer erfüllen, wenn man nur die Schrittweite $h$ genügend klein wählt. Die erste Bedingung (die Abbildung in sich) muß, da es sich hier um ein kontinuierliches Problem handelt, für alle $t \in [t_0, t_0 + h]$, also für alle $t$ des gewählten Zeitintervalls, erfüllt sein. Sei

$$y(t) \in [y] \text{ für alle } t \in [t_0, t_0 + h]$$

angenommen, dann läßt sich $Ty(t)$ folgendermaßen einschließen:

$$\begin{aligned} Ty(t) &= \eta + \int_{t_0}^{t} f(y(\tau))d\tau \\ &\in \eta + \int_{t_0}^{t} f([y])d\tau \\ &= \eta + (t - t_0)f([y]) \\ &\subset \eta + [0, h]f([y]). \end{aligned}$$

Das letzte Gleichheitszeichen ist korrekt, da $f([y])$ über dem Zeitintervall $[t_0, t_0 + h]$ eine Konstante ist. Die Teilmengenbeziehung am Schluß ergibt sich mit der Voraussetzung $t \in [t_0, t_0 + h]$. Kann man nun für ein Intervall $[y]$ erreichen, daß

$$\eta + [0, h] \cdot f([y]) \subset [y]$$

gilt, so sind die Voraussetzungen von Satz 1 erfüllt, und es ist gewährleistet, daß in dem Intervall $[y]$ eine Lösung existiert und daß diese eindeutig ist (vgl. Abb. 3). Man erhält also eine grobe (zeitunabhängige) Einschließung der Lösung über dem gesamten Zeitintervall.

Der Ansatz eines Iterationsverfahrens kann nun folgendermaßen aussehen:

$[y]^0 := \eta;\ k := 0;$
**repeat**
  $[\hat{y}]^k := [y]^k \cdot (1 + \varepsilon) - [y]^k \cdot \varepsilon;$
  $[y]^{k+1} := \eta + [0, h] \cdot f([\hat{y}]^k);$
  $k := k + 1;$
**until** $[y]^{k+1} \subset [\hat{y}]^k$ **or** $k \geq k_{max}$

Die Wahl von $\eta$ als Startwert $[y]^0$ der Iteration ist beliebig. Im ersten Schritt der Iterationsschleife wird das Einschließungsintervall etwas aufgebläht

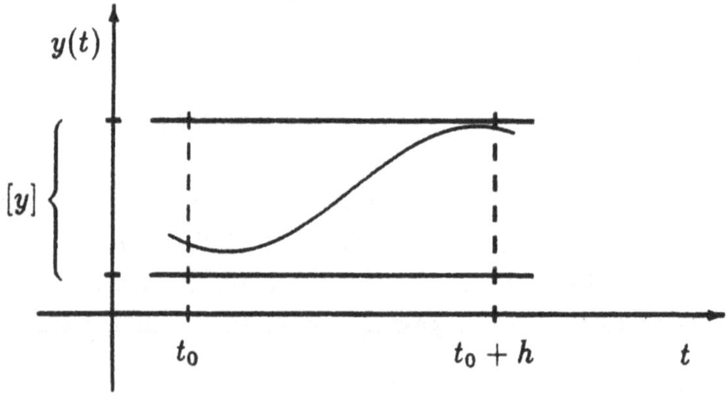


Abbildung 3:

($\varepsilon$-*Inflation*), um anschließend die Auswertung mit dem aufgeblähten Intervall durchzuführen. Dies führt zu einer Beschleunigung des Verfahrens und macht die Inklusion bei manchen Problemen erst möglich.

Das Verfahren wird entweder beendet bei Erfüllung der Inklusionsbedingung $[y]^{k+1} \subset [\hat{y}]^k$, was die Lösung $[y]^{k+1}$ liefert, oder bei Erreichen einer maximalen Iterationszahl, falls die Inklusionsbedingung nicht erfüllt werden konnte und damit auch keine Einschließung der Lösung gefunden wurde.

Ist die Inklusionsbedingung für ein $[y]^{k+1}$ erfüllt, so kann eine Verbesserung des Einschließungsintervalls $[y]$ mit Hilfe der folgenden Iteration erreicht werden:

$[z]^0 := [y]^{k+1}$; $n := 0$;
**repeat**
  $[z]^{n+1} := \eta + [0, h] \cdot f([z]^n)$;
  $n := n + 1$;
**until** $[z]^{n+1} = [z]^n$ **or** $n \geq n_{max}$

Zum Abschluß wird noch die FORTRAN-SC Implementierung angegeben:

```
c                    H
c                   /
c     u(t) = eta + | 0.1/u - u*u + sin(u) dt
c                   /
c                  0
c
      INTEGER KMAX
      REAL EPSILON
      PARAMETER ( EPSILON=0.25, KMAX=10 )
      INTEGER K
      LOGICAL ROUGH
      REAL H
      INTERVAL ETA, F, U, UDACH
```

```
c
c      Operatordefinitionen mit Hilfe der Funktionen
c      IRMUL und SUBSET
c
       OPERATOR * = IRMUL (INTERVAL,REAL) INTERVAL
       OPERATOR .SB. = SUBSET (INTERVAL,INTERVAL) LOGICAL

       WRITE(*,*) 'ENTER INTERVAL FOR ETA'
       READ(*,*) ETA
100    WRITE(*,*) 'ENTER REAL VALUE FOR H'
       READ(*,*,END=9999) H
       K = 0
c
c      Startwert
c
       U = ETA
       ROUGH = .TRUE.
c
c      Epsilon-Aufblaehung
c
200         IF (ROUGH) THEN
                 UDACH = U * (1+EPSILON) - U * EPSILON
            ELSE
                 UDACH = U
            ENDIF
c
c           Iterationsschritt
c
            U = ETA + IVAL (0.0,H) * F (UDACH)
            K = K+1
c
c      Abbruchbedingung
c
       IF (U .SB. UDACH) THEN
            WRITE(*,*) K,'ENCLOSURE = ',U
            ROUGH = .FALSE.
       ELSE IF (.NOT.ROUGH) THEN
            GOTO 100
       ENDIF
       IF (K .LT. KMAX) GOTO 200
       WRITE(*,*) ' ABORTED'
       GOTO 100
9999   STOP
       END

       FUNCTION F (U)
c
c      f(u) = 0.1/u - u*u + sin(u)
c
       INTERVAL F, U
       IF (INF(U).LE.0.0 .AND. SUP(U).GE.0.0) THEN
         WRITE(*,*)'DIVISION BY ZERO: PROGRAM STOPPED'
         STOP
       ENDIF
       F = (<0.1>) / U - U * U + SIN (U)
c      Mit (<0.1>) wird der Dezimalwert 0.1 maximal genau
c      in ein hexadezimales Intervall eingeschlossen
       END
```

```
      FUNCTION IRMUL (A,R)
c     Multiplikation: Intervall mit Real
      REAL R
      INTERVAL A,IRMUL
      IRMUL = IVAL ( MIN ( INF(A) *< R, SUP(A) *< R ) ,
     &               MAX ( INF(A) *> R, SUP(A) *> R ) )
c     Multiplikation mit gerichteten Rundungen nach
c     unten (mit <) und nach oben (mit >).
      END

      FUNCTION SUBSET (A,B)
c     echte Teilmenge
      LOGICAL SUBSET
      INTERVAL A,B
      SUBSET = INF(A).GT.INF(B) .AND. SUP(A).LT.SUP(B)
      END
```

# Literatur


[1] Böhm, H.: *Berechnung von Polynomnullstellen und Auswertung arithmetischer Ausdrücke mit garantierter maximaler Genauigkeit.* Dissertation, Universität Karlsruhe, 1983.

[2] *FORTRAN-SC, A Study of a FORTRAN Extension for Engineering/Scientific Computation with Access to ACRITH*, Language Reference and User's Guide. IBM Development Laboratory Böblingen, Germany, 1988.

[3] IBM *High-Accuracy Arithmetic Subroutine Library* (ACRITH). Program Description and User's Guide, SC 33-6164-02, 3rd Edition, 1986.

[4] Kulisch, U. (Ed.): *PASCAL-SC: A Pascal Extension for Scientific Computation*, Information Manual and Floppy Disks, Version IBM PC. B. G. Teubner, Stuttgart, John Wiley & Sons, Chichester, 1987.

[5] Kulisch, U. (Ed.): *PASCAL-SC: A Pascal Extension for Scientific Computation*, Information Manual and Floppy Disks, Version ATARI ST, B. G. Teubner, Stuttgart, 1987.

[6] Lohner, R.: *Einschließung der Lösung bei gewöhnlichen Anfangs- und Randwertaufgaben und Anwendungen.* Dissertation, Universität Karlsruhe, 1988.

[7] Metzger, M. und Walter, W.: *FORTRAN-SC - Eine FORTRAN-Erweiterung für wissenschaftliches Rechnen.* In diesem Band, S. 45 ff., 1988.

[8] Neaga, M.: *PASCAL–SC - Eine PASCAL-Erweiterung für wissenschaftliches Rechnen.* In diesem Band, S. 69 ff., 1988.

# Einschließungen bei Anfangs- und Randwertaufgaben gewöhnlicher Differentialgleichungen

R. Lohner
Institut für Angewandte Mathematik
Universität Karlsruhe (TH)

**Zusammenfassung**

**In diesem Beitrag werden Methoden zur automatischen Berechnung von Schranken für die Lösung gewöhnlicher Anfangs- und Randwertprobleme auf Digitalrechnern vorgestellt. Dabei werden mathematisch gesicherte Schranken berechnet, da alle Fehler, wie z. B. Diskretisierungs- und Rundungsfehler, voll berücksichtigt werden.**

**Für Anfangswertaufgaben kommen Intervall-Versionen von Einschrittverfahren zur Anwendung, und es werden einige Möglichkeiten für die Behandlung der Fehlerfortpflanzung aufgezeigt. Bei Randwertaufgaben werden Intervall-Versionen von Schießverfahren verwendet, die bei der Durchführung des Algorithmus die automatische Verifikation der Existenz und lokale Eindeutigkeit der Lösung liefern. Als einzige Voraussetzung für die Anwendbarkeit wird bei allen Verfahren gefordert, daß das zu lösende Problem hinreichend glatt ist.**

## 1 Einführung

Eine der schon bei Moore (vgl. [19]–[21]) auftretenden Schwierigkeiten bei der Behandlung von Anfangswertproblemen soll an folgendem Beispiel verdeutlicht werden. Gegeben sei die Gleichung des harmonischen Oszillators

$$u'' + u = 0$$

mit den Anfangsbedingungen

$$u(0) = u_0 \text{ und } u'(0) = u_1.$$

Hierfür soll nun ein Einschrittverfahren folgendermaßen simuliert werden. Zunächst wird das vorgegebene Problem als System geschrieben

$$\begin{pmatrix} u \\ u' \end{pmatrix}' = \begin{pmatrix} 0 & 1 \\ -1 & 0 \end{pmatrix} \cdot \begin{pmatrix} u \\ u' \end{pmatrix}.$$

Hierzu läßt sich natürlich sofort ein Fundamentalsystem angeben

$$\begin{pmatrix} \cos t & \sin t \\ -\sin t & \cos t \end{pmatrix}.$$

Dieses bewirkt eine Drehung von $(u(t), u'(t))^T$ in der Phasenebene um den Ursprung (Abb. 1). Ein Einschrittverfahren hat nun die folgende Form

$$\begin{pmatrix} u_{j+1} \\ u'_{j+1} \end{pmatrix} = \begin{pmatrix} \cos h & \sin h \\ -\sin h & \cos h \end{pmatrix} \cdot \begin{pmatrix} u_j \\ u'_j \end{pmatrix}.$$

Hierbei ist $u_{j+1} := u(t_j + h)$, $u_j := u(t_j)$, $u'$ entsprechend; $h$ bezeichnet die Schrittweite. Eine äquidistante Wahl der Schrittweite ist nicht notwendig, sondern wurde lediglich zur Vereinfachung eingeführt.

Bei der intervallmäßigen Durchführung des Einschrittverfahrens erhält man nun, ausgehend von einer Einschließung $[u_j]$ der exakten Lösung $u$ zum Zeitpunkt $t_j$, eine Einschließung $[u_{j+1}]$ der exakten Lösung $u$ zum Zeitpunkt $t_{j+1}$. Durch die Vorgabe der exakten Fundamentalmatrix muß kein Diskretisierungsfehler berücksichtigt werden, d. h. man erhält eine Einschließung der Lösung allein durch Drehung von $[u_j]$ um den Winkel $h$ mit dem Nullpunkt als Zentrum. Zum Zeitpunkt $t_{j+1} = t_j + h$ muß nun die bestmögliche Intervall-Einschließung $[u_{j+1}]$ des gedrehten Intervallvektors $[u_j]$ angegeben werden (Abb. 1). Bei wiederholter Anwendung dieser

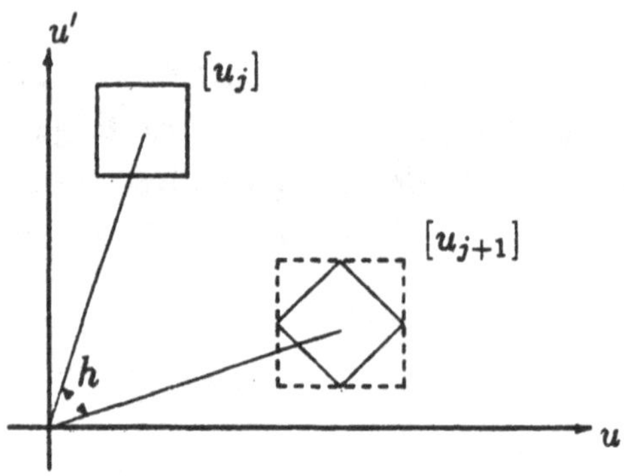


Abbildung 1:

Drehung bläht sich der Einschließungsvektor immer weiter auf, auch wenn exakt gerechnet wird und obwohl kein Diskretisierungsfehler auftritt. Der Aufblähungsfaktor für jeden Teilschritt ergibt sich in diesem Fall zu

$$|\sin h| + |\cos h| \geq 1 .$$

Das Gleichheitszeichen steht nur bei Drehungen um Vielfache von $\pi/2$. Für kleine Schrittweiten $h$ erhält man nach Durchlauf einer Periode einen Aufblähungsfaktor von

$$e^{2\pi} \approx 535 ,$$

was zu enormen Problemen führt.

Bei Verwendung intervallmäßig durchgeführter Einschrittverfahren zur Lösung gewöhnlicher Differentialgleichungen muß also zusätzlich zu den numerischen Problemen mit einer solchen Aufblähung gerechnet werden. Dieser sog. *wrapping*-Effekt ist völlig unabhängig von numerischen Gegebenheiten wie Verfahrens- oder Rundungsfehlern; er wird einzig durch die hierbei verwendeten Intervalle bedingt. Zur Vermeidung des *wrapping*-Effekts wird man versuchen geeignete Basistransformationen durchzuführen, d. h. mit gedrehten Intervallvektoren oder sogar mit schiefwinkligen Koordinaten zu rechnen, also beliebige Koordinatentransformationen zuzulassen.

# 2 Anfangswertaufgaben

Vorgegeben sei das System gewöhnlicher autonomer Differentialgleichungen

$$u' = f(u)\,,\ u = u(t) \in I\!R^n,\ f \in C^p(D, I\!R^n)\,,\ D \subseteq I\!R^n \text{ offen} \tag{2.1}$$

mit der Menge von Anfangsbedingungen

$$u(0) \in [u_0] \subseteq D\,. \tag{2.2}$$

Die Forderung der Autonomie bedeutet keine Einschränkung, da jede gewöhnliche Differentialgleichung durch Hinzufügen einer Gleichung als autonomes System gewöhnlicher Differentialgleichungen geschrieben werden kann. Durch das Zulassen einer ganzen Menge von Anfangsbedingungen wird auch eine Menge von Problemen behandelt und man muß eine Menge von Lösungen einschließen. Dabei ist eine kontinuierliche Einschließung gesucht, d. h. eine Einschließung der Lösung $u(t)$ für alle $t \in [0,T] \subseteq I\!R$ , also ein Funktionsstreifen

$$[u(t)] = [\underline{u}(t), \overline{u}(t)],\ \ t \in [0,T]$$

mit $u(t) \in [u(t)]$ für alle $t \in [0,T]$ und alle $u(0) = u_0 \in [u_0]$ und nicht nur eine Einschließung für diskrete Punkte aus $[0,T]$.

**Bemerkungen:**

i) Die klassische Punkt-Anfangswertaufgabe ist als Spezialfall enthalten, wenn der Durchmesser $d([u_0]) = 0$ ist.

ii) Auch als Parameter in der Differentialgleichung können Intervalle zugelassen werden. Diese Parameter-Intervalle können folgendermaßen in Anfangsintervalle überführt werden. Falls

$$f(u) = f(u, c), \quad u, f(u) \in \mathbb{R}^n, \quad c \in [c] \subseteq \mathbb{R}^m,$$

so setzt man

$$v := \begin{pmatrix} u \\ c \end{pmatrix} \in \mathbb{R}^{n+m}, \; g(v) := \begin{pmatrix} f(u,c) \\ 0 \end{pmatrix}, \; g : D \times [c] \to \mathbb{R}^{n+m}.$$

Damit ist

$$v' = g(v), \; v(0) \in [u_0] \times [c]$$

äquivalent mit (2.1) und (2.2).

**Beispiel:** Es sei das Anfangswertproblem

$$u'' + c\,u = 0, \; c \in [c] \subseteq \mathbb{R}, \; u(0) \in [w_0], \; u'(0) \in [w_1]$$

gegeben. Setze $u_1 = u$, $u_2 = u'$, $u_3 = c$. Dann ergibt sich

$$\begin{array}{rclcl} u_1' & = & u_2 & , & u_1(0) \in [w_0] \\ u_2' & = & -u_3 u_1 & , & u_2(0) \in [w_1] \\ u_3' & = & 0 & , & u_3(0) \in [c] \end{array}$$

iii) Es werden keinerlei Monotonie-Voraussetzungen wie z. B. *Quasimonotonie* oder *Invers-Monotonie* benötigt. Nur die Intervall-Auswertungen der auftretenden Funktionen müssen existieren und die Differentialgleichung muß hinreichend glatt sein.

## 2.1 Einschrittverfahren

Als Grundlage für das Einschließungsverfahren wird ein explizites Einschrittverfahren gewählt. Hierzu wird ein Gitter

$$t_j = t_0 + j \cdot h, \; j = 0, 1, 2, \ldots$$

mit der Schrittweite $h > 0$ definiert. Da keine Schrittweitensteuerung betrachtet wird, kann die Schrittweite zur Vereinfachung konstant gewählt werden, was aber nicht notwendig ist. Betrachtet man die Anfangswertaufgabe (2.1) und bezeichnet deren Lösung $u(t_j)$ in den Gitterpunkten $t_j$ mit $u_j$, dann gilt mit der Verfahrensfunktion $\varphi = \varphi(u)$ eines expliziten Einschrittverfahrens

$$u_{j+1} = u_j + h \cdot \varphi(u_j) + z_{j+1}, \ j \geq 0, \ u_0 \in [u_0]. \tag{2.1.1}$$

Dabei gibt $z_{j+1}$ den lokalen Fehler wieder, der im $(j+1)$-ten Schritt, also im Intervall $[t_j, t_{j+1}]$ begangen wird. Dies ist gerade der mit $h$ multiplizierte, lokale Diskretisierungsfehler.

Es sei darauf hingewiesen, daß (2.1.1) eine exakte Darstellung der Lösung $u(t)$ an den Gitterpunkten ist, da der exakte lokale Fehler $z_{j+1}$ verwendet wird. Dieser lokale Fehler ist i. a. nicht bekannt, da man ja sonst die exakte Lösung kennen würde.

Das Ziel wird es nun sein, eine Einschließung für $z_{j+1}$ und damit für die Lösung selbst zu bestimmen. Hierzu sollte die Verfahrensfunktion $\varphi$ des Einschrittverfahrens so gewählt werden, daß der lokale Fehler $z_{j+1}$ entweder „leicht" durch die Lösung $u$ oder Ableitungen davon ausgedrückt werden kann, oder daß er wenigstens „leicht" durch $u$ oder Ableitungen von $u$ abgeschätzt werden kann. Die Ableitungen von $u$ und damit der lokale Diskretisierungsfehler können, wie später zu sehen sein wird, durch die Funktion $u$ selbst ausgedrückt werden, was für die Berechnung einer Einschließung des Diskretisierungsfehlers hilfreich sein wird. Eine mögliche und einfache Wahl von $\varphi$ ist die Taylorentwicklung vom Grad $(p-1)$ um $t_j$. Damit ergibt sich die Darstellung des lokalen Fehlers zu

$$z_{j+1} = \frac{h^p}{p!} u^{(p)}(\tau_{j+1}) \tag{2.1.2}$$

mit einer unbekannten Zwischenstelle $\tau_{j+1} \in (t_j, t_{j+1})$.

Es können auch implizite Verfahren behandelt werden, was aber zu einer komplizierteren Darstellung führt. Auch sind implizite Verfahren in diesem Zusammenhang nicht sehr sinnvoll, da sie üblicherweise bei großen Schrittweiten benutzt werden, das hier vorgestellte Verfahren aber wegen (2.2.4) keine sehr großen Schrittweiten zuläßt.

Im folgenden soll kurz erläutert werden, warum die Benutzung einer Taylorentwicklung als Verfahrensfunktion in diesem Fall so vorteilhaft ist. Definiert man mit

$$(u)_k := \frac{1}{k!} u^{(k)}(t_j)$$

den k-ten Taylorkoeffizienten einer Funktion $u$, so ist

$$(c)_0 = c, \quad (c)_k = 0 \qquad \text{für } k \geq 1,\ c = \text{const.}$$
$$(t)_0 = t_j, \quad (t)_1 = 1, \quad (t)_k = 0 \quad \text{für } k \geq 2$$

$$\begin{aligned}(u \pm v)_k &= (u)_k \pm (v)_k \\ (u * v)_k &= \sum_{j=0}^{k} (u)_j (v)_{k-j} \quad \text{(Cauchy-Produkt)} \\ (u/v)_k &= ((u)_k - \sum_{j=0}^{k-1} (u/v)_j (v)_{k-j})/(v)_0 \,.\end{aligned}$$

Die Rechenregeln für $+, -, *, /$ sind vom Rechnen mit Potenzreihen bekannt. Ähnliche Rekursionsformeln gelten auch für viele Standardfunktionen, z. B. für die Exponentialfunktion

$$(e^u)_0 = e^{u(t_j)}, \ (e^u)_k = \frac{1}{k} \sum_{j=0}^{k-1} (k-j)(e^u)_j (u)_{k-j} \,.$$

Die hier vorgestellte Methode ist unter dem Begriff *automatisches Differenzieren* bekannt, in der Numerik aber bisher kaum verbreitet.
Für eine Anfangswertaufgabe

$$u' = f(u), \quad u(t_j) = u_j$$

gilt nun

$$\begin{aligned}(u)_{k+1} &= \frac{1}{(k+1)!} u^{(k+1)}(t_j) \\ &= \frac{1}{k+1} \left( \frac{1}{k!} \frac{d^k}{dt^k} f(u(t_j)) \right) \qquad (2.1.3) \\ &= \frac{1}{k+1} (f(u))_k,\end{aligned}$$

d. h. der $(k+1)$-te Taylorkoeffizient von $u$ kann rekursiv aus $(u)_0, \ldots, (u)_k$ berechnet werden. Somit kann die p-te Ableitung von $u$ und damit der Diskretisierungsfehler in (2.1.2) bestimmt werden, falls $u$ selbst bekannt ist.

Die Vorgehensweise wird nun so sein, daß man zunächst eine grobe Einschließung von $u$ bestimmt; diese wird verwendet, um eine Einschließung der p-ten Ableitung von $u$ und somit des Diskretisierungsfehlers zu erhalten; damit wird schließlich eine bessere Einschließung von $u$ bestimmt.

## 2.2 Entwicklung der Lösung nach lokalen Fehlern

Man betrachte $z_0, z_1, \ldots, z_{j+1}$ in (2.1.1) als unabhängige Variablen, d. h.

$$u_{j+1} = u_{j+1}(z_0, z_1, \ldots, z_{j+1}),$$

wobei $u_{j+1}$ stetig differenzierbar ist, falls die Verfahrensfunktion $\varphi$ stetig differenzierbar ist. Entwickelt man nun $u_{j+1}$ nach dem Mittelwertsatz um $s_0, \ldots, s_{j+1}$, welche im Laufe des Verfahrens geeignet gewählt werden, so erhält man

$$u_{j+1} = \tilde{u}_{j+1} + \sum_{k=0}^{j+1} \frac{\partial u_{j+1}(\hat{z})}{\partial z_k}(z_k - s_k), \tag{2.2.1}$$

wobei $\tilde{u}_{j+1} = u_{j+1}(s_0, \ldots, s_{j+1})$ der Funktionswert an der Entwicklungsstelle ist, also weiter gilt

$$\tilde{u}_{j+1} = \tilde{u}_j + h \cdot \varphi(\tilde{u}_j) + s_{j+1}, \quad \tilde{u}_0 = u_0 = z_0 = s_0.$$

Wie später gezeigt wird, können die Diskretisierungsfehler $z_k$ aufgrund ihres Aufbaus nach (2.1.2) mit den obigen Rekursionsformeln eingeschlossen werden. Die $s_k$ werden dann als Mittelpunkte dieser Einschließungen gewählt. Man hat also gewissermaßen eine Entwicklung nach lokalen Fehlern.
Mit den Abkürzungen

$$A_k := I + h \cdot \frac{\partial \varphi(u_k)}{\partial u} \text{ und } A_{j+1,k} = \frac{\partial u_{j+1}(\hat{z})}{\partial z_k}, \; 0 \le k \le j+1 \tag{2.2.2}$$

folgt

$$A_{j+1,k} = A_j \cdot A_{j-1} \cdot \ldots \cdot A_k, \quad A_{j+1,j+1} = I,$$

wobei die Koeffizientenmatrix $A_{j+1,k}$ i. a. für jeden Zeitschritt verschiedene Zwischenstellen $\hat{z}$ aufweist. Bei der späteren intervallmäßigen Auswertung der $A_j$ werden für $\hat{z}$ zeitunabhängige Einschließungsintervalle verwendet, sodaß die berechneten Einschließungen $[A_j]$ der Matrizen ebenfalls zeitunabhängig sind. Unter Verwendung der Abkürzungen (2.2.2) läßt sich nun (2.2.1) folgendermaßen schreiben

$$u_{j+1} = \tilde{u}_j + h \cdot \varphi(\tilde{u}_j) + \sum_{k=0}^{j} A_{j+1,k}(z_k - s_k) + z_{j+1}\,. \tag{2.2.3}$$

Diese Beziehung bildet die Grundlage, mit der man mittels intervallmäßiger Auswertung eine gewünschte Einschließung bekommt. Aus dieser Beziehung ist auch zu ersehen, daß man im Zeitschritt $t_j \to t_{j+1}$ die Entwicklungsstelle $s_{j+1}$ noch nicht benötigt. Sie kann im Anschluß an diesen Schritt festgelegt werden. Man berechnet nun zunächst eine grobe Einschließung von $u(t)$ auf

$[t_j, t_{j+1}]$. Ist $[u_j]$ eine Einschließung von $u(t_j)$ und gilt für ein „a priori"-Intervall $[u^0_{j+1}] \supseteq [u_j]$ nach einem Iterationsschritt die Inklusion

$$[u^1_{j+1}] := [u_j] + [0, h] \cdot f([u^0_{j+1}]) \subseteq [u^0_{j+1}], \tag{2.2.4}$$

dann ist nach dem *Banachschen Fixpunktsatz*, angewandt auf die *Picard-Lindelöffsche Iteration* der äquivalenten Integralgleichung, $[u^1_{j+1}]$ eine Einschließung von $u(t)$ auf dem gesamten Zeitintervall $[t_j, t_{j+1}]$. Diese Einschließung ist aufgrund der konstanten Schranken i. a. nicht besonders gut, kann nun aber zusammen mit (2.1.2) verwendet werden, um den lokalen Diskretisierungsfehler $z_{j+1}$ einzuschließen. Falls $[u_j]$ im Inneren von $[u^0_{j+1}]$ liegt, kann mit (2.2.4) auch eine Schrittweite $h > 0$ berechnet werden, so daß (2.2.4) gilt. Mit Hilfe der Einschließung $[z_{j+1}]$ des lokalen Diskretisierungsfehlers wird nun durch Intervallauswertung von (2.2.3) eine verbesserte Einschließung $[u_{j+1}]$ von $u(t_{j+1})$ berechnet. Bei der hier verwendeten Taylor-Entwicklung folgt sogar die kontinuierliche Einschließung durch das Intervallpolynom

$$u(t) \in [u_j] + [u'_j](t - t_j) + \ldots + \frac{(t - t_j)^{p-1}}{(p-1)!}[u_j^{(p-1)}] + \left(\frac{t - t_j}{h}\right)^p [z_{j+1}]$$

für alle $t \in [t_j, t_{j+1}]$, da man Einschließungen für jeden Taylor-Koeffizienten berechnen kann.

## 2.3 Behandlung des globalen Fehlers

Die Beziehung (2.2.3) läßt sich in leicht modifizierter Form schreiben als

$$\begin{aligned} u_{j+1} &= \tilde{u}_{j+1} + r_{j+1} \\ r_{j+1} &= \sum_{k=0}^{j+1} A_{j+1,k}(z_k - s_k) \\ &= A_j \sum_{k=0}^{j} A_{j,k}(z_k - s_k) + (z_{j+1} - s_{j+1}) \\ &= A_j r_j + (z_{j+1} - s_{j+1}). \end{aligned} \tag{2.3.1}$$

Die Berechnung einer Intervalleinschließung $[u_{j+1}]$ von $u(t_{j+1})$ bedeutet nach (2.3.1) Intervallauswertung der Summe für $r_{j+1}$, d. h. Einschließung des globalen Diskretisierungsfehlers mittels der Rekusionsformel aus (2.3.1). Diese Berechnung erweist sich als Hauptproblem des ganzen Verfahrens. Im folgenden werden einige Möglichkeiten, um diese Intervallauswertung durchzuführen, erläutert.

**Auswertung 1: Intervallvektor**

Die wohl einfachste Möglichkeit $r_{j+1}$ auszuwerten ist, in jedem Zeitschritt $r_{j+1}$ in einen Intervallvektor $[r_{j+1}]$ einzuschließen und nur diesen Intervallvektor im Rechner abzuspeichern

$$\begin{aligned}[r_0] &:= [z_0] - s_0 ; \\ [r_{j+1}] &:= [A_j][r_j] + [z_{j+1}] - s_{j+1},\ j \geq 0 .\end{aligned}$$

Dieses Vorgehen benötigt wenig Speicherplatz und ist schnell. Es hat aber den Nachteil, daß es auf Grund des zu Beginn erwähnten *wrapping*-Effekts bei oszillierenden Lösungen unbrauchbar ist, aber auch bei nicht oszillierenden Lösungen können die Einschließungen explodieren.

Sollte diese Auswertung unbefriedigend sein, wird man versuchen, Koordinatentransformationen durchzuführen. Hierzu stellt man den globalen Diskretisierungsfehler dar als Produkt aus einer Punktmatrix und einem Intervallvektor

$$\begin{aligned} r_0 &\in B_0[\widehat{r}_0],\quad B_0 := I,\quad [\widehat{r}_0] := [z_0] - s_0 \\ r_{j+1} &\in B_{j+1}[\widehat{r}_{j+1}],\ j \geq 0 \text{ mit} \\ & \quad [\widehat{r}_{j+1}] := (B_{j+1}^{-1}[A_j]B_j)[\widehat{r}_j] + B_{j+1}^{-1}([z_{j+1}] - s_{j+1}) . \end{aligned}$$

Die Einschließung bildet also ein Parallelepiped. Man muß nun versuchen die Matrix $B_{j+1}$, d. h. die neue Basis, geschickt zu wählen.

**Auswertung 2: Parallelepiped**

Wähle

$$B_{j+1} \in [A_j]B_j,\quad j \geq 0,$$

d. h. $B_{j+1}$ als Approximation desjenigen Fundamentalsystems, das für $t = t_0$ die Einheitsmatrix ist. Dieses Verfahren erweist sich als vorteilhaft bei oszillierenden Lösungen mit geringer oder keiner Dämpfung. Ansonsten ist es jedoch fast nie anwendbar, da stets die Inverse $B_{j+1}^{-1}$ gebildet werden muß, $B_{j+1}$ bei den meisten Problemen aber schlecht konditioniert, wenn nicht gar singulär ist (z. B. bei linearen Differentialgleichungen mit konstanten Koeffizienten, deren Koeffizientenmatrix Eigenwerte mit verschiedenen Realteilen besitzt). Dieses Verfahren wird also recht häufig zusammenbrechen.

Die bisherigen Überlegungen führen zu dem Schluß, daß eine Wahl für $B_{j+1}$ gefunden werden sollte, die sowohl die Regularität als auch eine gute Kondition von $B_{j+1}$ gewährleistet.

**Auswertung 3: QR-Zerlegung**

Wiederum wählt man zunächst eine Matrix $\tilde{B}_{j+1}$ aus der Intervallmatrix $[A_j]B_j$, führt von dieser aber eine QR-Zerlegung durch und nimmt den orthogonalen Anteil Q als Transformationsmatrix

$$B_{j+1} := \tilde{Q}_{j+1}, \text{ wobei } \tilde{B}_{j+1} = \tilde{Q}_{j+1}\tilde{R}_{j+1} \text{ mit } \tilde{B}_{j+1} \in [A_j]B_j\,.$$

Man extrahiert also die Drehungen aus der Matrix und verwendet gedrehte Intervallvektoren. Dieses Verfahren hat den Vorteil, daß man immer auf dem Rechner fast orthogonale, d. h. reguläre Matrizen mit kleiner Kondition verwendet.

Vertauscht man bei diesem Vorgehen die Reihenfolge der Differentialgleichungen, so kann man ganz andere Einschließungen erhalten, da die QR-Zerlegung ja bekanntlich den ersten Spaltenvektor normiert und alle weiteren jeweils orthogonalisiert, was zu unterschiedlichen Aufblähungen führt (vgl. Abb. 2).

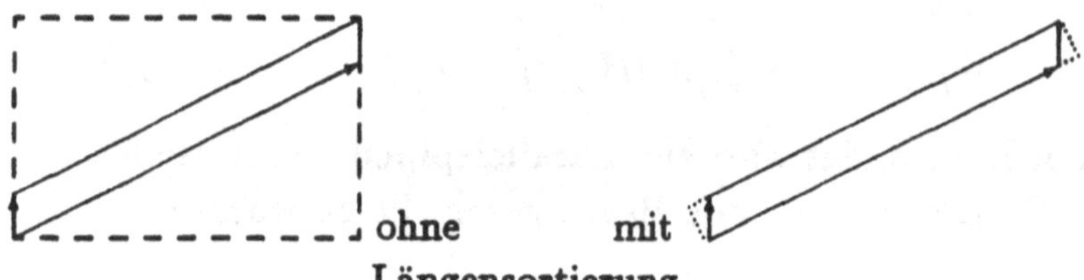


Abbildung 2:

Um solche Effekte zu vermeiden, sollte man vor Beginn der QR-Zerlegung die Spalten der Matrix $\tilde{B}_{j+1}$ nach folgendem Kriterium sortieren:

> Ausgehend vom Parallelepiped $\tilde{B}_{j+1}[\hat{r}_j]$, dessen i-ter Kantenvektor die Richtung der i-ten Spalte von $\tilde{B}_{j+1}$ und die Länge $l_i :=$ (Länge der i-ten Spalte von $\tilde{B}_{j+1}$) $\cdot\, d([\hat{r}_j]_i)$ hat, setzt man den zur längsten Kante gehörenden Spaltenvektor in die 1. Spalte, den zur kürzesten Spalte gehörenden Spaltenvektor in die letzte Spalte, die übrigen entsprechend und setzt $\hat{B}_{j+1} := \tilde{B}_{j+1}P^T$, d. h. $\hat{B}_{j+1}(P[\hat{r}_j])$ ist dasselbe Parallelepiped wie $\tilde{B}_{j+1}[\hat{r}_j]$, nur mit der Länge nach geordneten Kantenvektoren. Die QR-Zerlegung wird nun mit $\hat{B}_{j+1}$ anstelle von $\tilde{B}_{j+1}$ durchgeführt.

Eine Verbesserung der Einschließung von $r_{j+1}$ kann man z. B. dadurch erzielen, daß man zwei Koordinatentransformationen parallel durchführt und geeignete Durchschnittsbildungen vornimmt. Wählt man zwei Basistransformationen $B_{j+1}, C_{j+1}$, dann gilt

$$r_{j+1} \in B_{j+1}[r_{j+1}^{(1)}] \quad \text{und} \quad r_{j+1} \in C_{j+1}[r_{j+1}^{(2)}]\,. \tag{2.3.2}$$

Wegen

$$\begin{cases} r_{j+1} = B_{j+1}\tilde{r}_{j+1}^{(1)} = C_{j+1}C_{j+1}^{-1}B_{j+1}\tilde{r}_{j+1}^{(1)} \in C_{j+1}((C_{j+1}^{-1}B_{j+1})[r_{j+1}^{(1)}]) \\ r_{j+1} = C_{j+1}\tilde{r}_{j+1}^{(2)} = B_{j+1}B_{j+1}^{-1}C_{j+1}\tilde{r}_{j+1}^{(2)} \in B_{j+1}((B_{j+1}^{-1}C_{j+1})[r_{j+1}^{(2)}]) \end{cases}$$

mit $\tilde{r}_{j+1}^{(1)} \in [r_{j+1}^{(1)}]$ und $\tilde{r}_{j+1}^{(2)} \in [r_{j+1}^{(2)}]$ folgt, daß man $r_{j+1}$ auch mit folgenden Durchschnitten einschließen kann

$$\begin{cases} r_{j+1} \in B_{j+1}([r_{j+1}^{(1)}] \cap (B_{j+1}^{-1}C_{j+1})[r_{j+1}^{(2)}]) \\ r_{j+1} \in C_{j+1}([r_{j+1}^{(2)}] \cap (C_{j+1}^{-1}B_{j+1})[r_{j+1}^{(1)}])\,. \end{cases}$$

Aufgrund der Durchschnittsbildungen sind dies i. a. bessere Einschließungen als (2.3.2). Insgesamt erhält man durch die gegenseitige Beeinflussung während der Rechnung eine bessere Einschließung des Fehlervektors $r_{j+1}$, als wenn man das Verfahren mit beiden Basistransformationen hintereinander durchführt und anschließend den Durchschnitt bildet.

**Auswertung 4: Innere Einschließung**

Die hier erläuterte Vorgehensweise ist dann sinnvoll, wenn das Anfangsintervall $[z_0]$ großen Durchmesser im Vergleich mit den lokalen Diskretisierungsfehler-Intervallen $[z_{j+1}]$, $j \geq 0$, hat. Man stellt zunächst die Lösung in der folgenden Form dar

$$u_{j+1} = \tilde{u}_{j+1} + C_{j+1}(z_0 - s_0) + \tilde{r}_{j+1}$$

mit

$$\tilde{r}_{j+1} := \sum_{k=1}^{j+1} A_{j+1,k}\,(z_k - s_k) + (A_{j+1,0} - C_{j+1})(z_0 - s_0)$$

und

$$C_0 := I, \quad C_{j+1} \in [A_j]\,C_j\,.$$

Die Auswertung erfolgt dann durch

$$[u_{j+1}] = \tilde{u}_{j+1} + C_{j+1}([z_0] - s_0) + [\tilde{r}_{j+1}],$$

wobei $[\tilde{r}_{j+1}]$ mit einer der Auswertungen 1 – 3 bestimmt wird. Diese Darstellung in Restgliedform mit dem separat stehenden Anfangsvektor ermöglicht nun auch die innere Einschließung jeder Komponente von $u_{j+1}$ auszurechnen, wenn der Durchmesser des Fehlerterms nicht zu groß wird. Eine innere Einschließung soll heißen, daß man ein Intervall angeben kann, das im Lösungsintervall enthalten ist und das nur Werte enthält, die auch tatsächlich als Lösungswerte vorkommen. Man kann also mit diesem Verfahren neben der Aussage über die maximale Größe, evtl. mit grober Überschätzung, auch eine Aussage über die minimale Größe der Lösungsmenge machen und somit eine echte Empfindlichkeitsanalyse durchführen.

# 3 Randwertaufgaben

Gegeben sei die gewöhnliche autonome Differentialgleichung

$$\begin{aligned} u' = f(u), \quad f \in C^p(D, \mathbb{R}^n), \ D \subseteq \mathbb{R}^n \text{ offen}, \\ u = u(t) \in \mathbb{R}^n, \ t \in [a, b] \subseteq \mathbb{R} \end{aligned} \tag{3.1}$$

mit den Randbedingungen

$$r(u(a), u(b)) = 0, \ r \in C^1(D \times D, \mathbb{R}^n)\,. \tag{3.2}$$

Mit den in Abschnitt 2 erarbeiteten Methoden zur Einschließung von Lösungen gewöhnlicher Anfangswertaufgaben und mit den bekannten Methoden zur Verifikation der Existenz und Einschließung von Lösungen endlich dimensionaler Gleichungssysteme sind die Hilfsmittel zum Existenznachweis und zur Einschließung von Lösungen gewöhnlicher Randwertaufgaben mittels Schießverfahren gegeben.

**Bemerkungen:**

i) Wie bei Anfangswertaufgaben sind auch hier Parameter-Intervalle in der Differentialgleichung und in den Randbedingungen möglich. Es können also überabzählbar viele Randwertaufgaben gleichzeitig behandelt werden.

ii) Die Problemstellung (3.1–2) umfaßt unter anderem

- lineare und nichtlineare Eigenwertprobleme

- Randwertaufgaben mit freiem Rand (der zusätzliche Parameter wird als neue Funktion mit ins System aufgenommen, das System wird also erweitert)
- Periodizitätsprobleme (Hinzuschreiben der periodischen Randbedingungen)
- Verzweigungsprobleme

iii) Für die erfolgreiche Durchführung der beschriebenen Methoden ist i. a. die Kenntnis einer guten Näherungslösung notwendig.

**Ausnahme:** Der lineare Fall, der auf ein lineares Gleichungssystem mit Intervallkoeffizienten führt.

iv) Bei linearen Problemen sind zum Teil sehr starke Vereinfachungen der Methode möglich.

v) Auch Mehrpunkt-Randbedingungen sind möglich.

## 3.1 Einfachschießverfahren

Beim Einfachschießverfahren ersetzt man zunächst die Randwertaufgabe (3.1–2) durch die Anfangswertaufgabe

$$u' = f(u), \;\; u(a) = s, \; s \in D\,. \tag{3.1.1}$$

Setzt man nun eine Lösung $u(t;s)$ der Anfangswertaufgabe, die neben $t$ auch von $s$ abhängt, in die Randbedingung (3.2) ein, so ergibt sich

$$F(s) :- r(u(a;s), u(b;s)) = r(s, u(b;s))\,. \tag{3.1.2}$$

Die Funktion $F : D \to I\!R^n$ gibt also den Fehler an, den man in der Randbedingung begeht, da dort $r(u(a), u(b)) = 0$ gefordert wird.

Ist nun $s^*$ eine isolierte Nullstelle von $F$, dann löst $u(t;s^*)$ sowohl das Anfangswertproblem (3.1.1), mithin also die Differentialgleichung (3.1), als auch die Randbedingung (3.2), ist also auch isolierte Lösung der Randwertaufgabe (3.1–2). Andererseits löst $u(t)$ als Lösung der Randwertaufgabe (3.1–2) auch trivialerweise das Anfangswertproblem (3.1.1) und erfüllt die Beziehung $F(s) = 0$, womit die Äquivalenz der beiden Aufgabenstellungen gezeigt ist.

## 3.2 Mehrfachschießverfahren

Ausgehend von einem auf dem Intervall $[a, b]$ nicht notwendig äquidistant gewählten Gitter $a = t_0 < t_1 < \ldots < t_m = b$ betrachtet man auf jedem Teilintervall $[t_j, t_{j+1}]$ die separate Anfangswertaufgabe

$$u' = f(u), \quad u(\tau) = \sigma, \quad \sigma \in D, \tag{3.2.1}$$

wobei $\tau$ ein Gitterpunkt und $\sigma$ ein Anfangswert des entsprechenden Teilintervalls ist. Bezeichnet $s$ den Blockvektor

$$s := (s_0, s_1, \ldots, s_m)^T \in D \times D \times \ldots \times D = D^{m+1}$$

und $u(t; \tau, \sigma)$ eine Lösung von (3.2.1), so hat die Randwertaufgabe (3.1–2) genau dann eine isolierte Lösung, falls $s^*$ isolierte Nullstelle des folgenden Gleichungssystems ist

$$F : D^{m+1} \to \mathbb{R}^{n\cdot(m+1)}, \quad F(s) := \begin{pmatrix} u(t_1; t_0, s_0) - s_1 \\ u(t_2; t_1, s_1) - s_2 \\ \vdots \\ u(t_m; t_{m-1}, s_{m-1}) - s_m \\ r(s_0; s_m) \end{pmatrix}. \tag{3.2.2}$$

## 3.3 Einschließungen

Zusammenfassend läßt sich sagen, daß die Lösbarkeit der Randwertaufgabe

$$\begin{cases} u' = f(u), \quad f \in C^p(D, \mathbb{R}^n), \quad D \subseteq \mathbb{R}^n \text{ offen}, \\ \qquad u = u(t) \in \mathbb{R}^n, \quad t \in [a, b] \subseteq \mathbb{R}, \\ r(u(a), u(b)) = 0, \; r \in C^1(D \times D, \mathbb{R}^n) \end{cases}$$

auf die Lösbarkeit des endlichdimensionalen Systems

$$F(s) = 0$$

mit F aus (3.1.2) oder (3.2.2) zurückgeführt wurde.

Dieses Gleichungssystem kann z. B. unter Verwendung eines Intervall-Newton-Verfahrens iterativ gelöst werden, d. h. es kann eine Nullstelle von $F$ eingeschlossen werden. Durch den *Mittelwertsatz* und den *Brouwerschen Fixpunktsatz* ist dann sichergestellt, daß das nichtlineare Gleichungssystem $F(s) = 0$ in $[s^*]$ eine (lokal) eindeutige Lösung besitzt, d. h. in $[s^*]$ existiert ein eindeutiger Startvektor $s^*$. Diese Einschließung $[s^*]$ einer Lösung des Gleichungsystems führt sofort zu einer kontinuierlichen Einschließung $[u(t)]$

einer lokal eindeutigen Lösung $u(t)$ der Randwertaufgabe (3.1–2) auf dem gesamten Intervall, indem man die Differentialgleichung (3.1) mit den Startintervallen $[s^*]$ integriert (vgl. Abschnitt 1), d. h. indem man beim Einfachschießverfahren die Anfangswertaufgabe

$$u' = f(u), \quad u(a) \in [s^*], \quad t \in [a, b]$$

und beim Mehrfachschießverfahren die Anfangswertaufgabe

$$u' = f(u), \quad u(t_k) \in [s_k^*], \quad t \in [t_k, t_{k+1}], \quad k = 0, 1, \ldots, m-1$$

löst.

# 4 Anwendungen und Beispiele

## 4.1 Einschließung implizit definierter Funktionen und Kurven

Mit dem Verfahren zur Einschließung der Lösung eines Anfangswertproblems einer gewöhnlichen Differentialgleichung kann man, wie an einem einfachen Beispiel zu sehen sein wird, auch implizit definierte Funktionen und Kurven einschließen. Gegeben sei eine hinreichend glatte Funktion

$$F : \mathbb{R}^2 \to \mathbb{R},$$

sowie ein Punkt

$$(x_0, y_0) \in \mathbb{R}^2 \text{ mit } F(x_0, y_0) = 0, \quad \operatorname{grad} F(x_0, y_0) \neq (0, 0)\,.$$

Dann ist nach dem *Satz über implizite Funktionen* in einer Umgebung von $(x_0, y_0)$ durch

$$F(x, y) = 0 \tag{4.1.1}$$

eine eindeutig bestimmte Kurve $(x(t), y(t))$ bzw. Funktion $y = g(x)$ oder $x = h(y)$ definiert, die durch den Punkt $(x_0, y_0)$ geht. Diese Kurve kann durch die gewöhnliche Anfangswertaufgabe

$$\begin{aligned} x' &= F_y(x, y), & x(0) &= x_0 \\ y' &= -F_x(x, y), & y(0) &= y_0 \end{aligned}$$

beschrieben werden, wie man leicht sieht, wenn man die Kurve $(x(t), y(t))$ in die Gleichung (4.1.1) einsetzt und differenziert. Die Lösung dieser Anfangswertaufgabe und damit die implizit definierte Kurve bzw. Funktion kann mit den entwickelten Methoden eingeschlossen werden.

Dieses Vorgehen läßt sich nun wieder bei gewöhnlichen Randwertaufgaben anwenden. Sei

$$u'' = f(u, u', \lambda),\ u(a) = \alpha,\ u(b) = \beta\,.$$

Für ein $\lambda_0$ sei eine Lösung $u_0(t)$ oder eine Einschließung davon bekannt. Man setzt nun $x = u'(a)$ und $y = \lambda$ für die unbekannte Anfangsbedingung $u'(a)$ bzw. für die unbekannten $\lambda$, für die eine Lösung existiert.

Für $x_0 = u_0'(a)$ und $y_0 = \lambda_0$ ist somit eine Lösung bekannt. Man betrachtet eine Lösung $u(t; x, y)$ der Anfangswertaufgabe

$$u'' = f(u, u', y), \quad u(a) = \alpha, \quad u'(a) = x$$

und definiert

$$F(x, y) := u(b; x, y) - \beta,$$

indem man die Lösung der Anfangswertaufgabe in die Randbedingung des rechten Randes einsetzt. Für $x = x_0$ und $y = y_0$ ist $u(b; x_0, y_0)$ Lösung der Randwertaufgabe, d. h. $F(x_0, y_0) = 0$, sodaß die Voraussetzungen für die oben beschriebene Vorgehensweise erfüllt sind und man damit Einschließungen für $x = u'(a)$ und $y = \lambda$ berechnen kann. Diese gehören zu einer Familie von Lösungen der Randwertaufgabe. Damit ist es möglich, wenn man nur eine einzige Lösung der Randwertaufgabe kennt, mit Hilfe einer Anfangswertaufgabe eine ganze Schar von Lösungen der Randwertaufgabe einzuschließen. Obwohl die Aufgabe recht einfach aussieht, ist ihre numerische Durchführung sehr aufwendig.

Alle im weiteren Verlauf erörterten Beispiele wurden mit einem Programm gerechnet, das in PASCAL-SC geschrieben wurde. Es läßt als Eingabe autonome Systeme mit allen arithmetischen Operationen und PASCAL-Standardfunktionen zu. Ob letztendlich gute Einschließungen erzielt werden, hängt unter anderem von der Wahl der Verfahrensparameter ab und auch davon, ob die Differentialgleichung besonders *steif* ist oder sonstige „bösartigen“ Eigenschaften hat. Man kann also nicht immer gleichbleibend gute Ergebnisse erwarten.

## 4.2 Eingeschränktes Drei-Körper-Problem

Das eingeschränkte Drei-Körper-Problem beschreibt die Bewegung eines kleinen Satelliten im Schwerefeld von Erde und Mond auf periodischer Bahn mit (approx.) Periode $T = 6.192\,169\,331\,396$.

In einem Koordinatensystem mit Ursprung im gemeinsamen Schwerpunkt von Erde und Mond (Erde und Mond mitrotierend) sind

| | |
|---|---|
| $u_1, u_2$ | Ortskoordinaten |
| $u_3, u_4$ | Geschwindigkeitskoordinaten. |

Abbildung 3 gibt den ungefähren Bahnverlauf wieder.

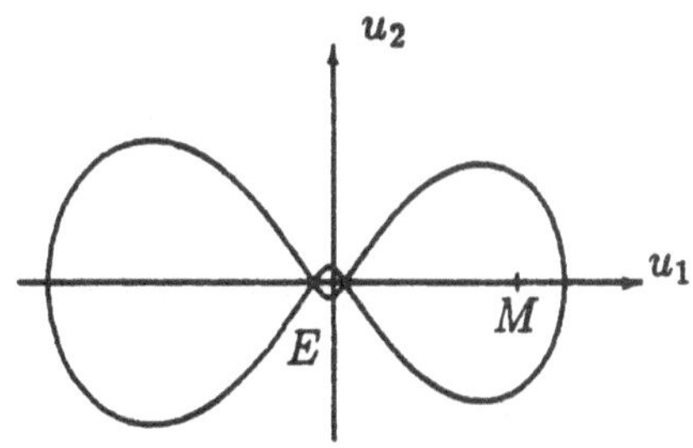


Abbildung 3:

Das das Problem beschreibende Differentialgleichungssystem hat folgendes Aussehen

$$\left\{\begin{array}{lcl} u_1' & = & u_3 \\ u_2' & = & u_4 \\ u_3' & = & u_1 + 2u_4 - \frac{\lambda(u_1+\mu)}{((u_1+\mu)^2+u_2^2)^{3/2}} - \frac{\mu(u_1-\lambda)}{((u_1-\lambda)^2+u_2^2)^{3/2}} \\ u_4' & = & u_2 - 2u_3 - \frac{\lambda u_2}{((u_1+\mu)^2+u_2^2)^{3/2}} - \frac{\mu u_2}{((u_1-\lambda)^2+u_2^2)^{3/2}} \end{array}\right.$$

mit $\mu = \frac{1}{82.45}$, $\lambda = 1 - \mu$ und den Anfangswerten

$$u_1(0) = 1.2,\ u_2(0) = 0,\ u_3(0) = 0,\ u_4(0) = -1.049\,357\,509\,83\,.$$

Es handelt sich hier um ein in der Literatur beliebtes und kritisches Testbeispiel für Verfahren zur numerischen Lösung gewöhnlicher Anfangswertaufgaben. In den großen Schleifen (vgl. Abb. 3) kann mit einer großen Schrittweite ($\approx 0.1$) gerechnet werden, während in Erdnähe mit sehr kleinen Schrittweiten ($\approx 10^{-4}$) gearbeitet werden muß. Bei interaktiver Eingabe von Schrittweiten und Ordnungen in das Programm, ergaben sich folgende Ergebnisse

$$\left.\begin{array}{lcl} h & = & 0.00025\ldots 0.05 \\ p & = & 12\ldots 14 \end{array}\right\} \geq 5 \text{ signifikante Stellen Genauigkeit}$$

$$\left.\begin{array}{lcl} h & = & 0.0002\ldots 0.04 \\ p & = & 2 \end{array}\right\} \geq 11 \text{ signifikante Stellen Genauigkeit.}$$

Dabei wurde im zweiten Fall die Näherung $\tilde{u}_{j+1}$ doppelt genau berechnet, während alle anderen Rechnungen, insbesondere die Matrixmultiplikationen zur Bestimmung des Restglieds, weiterhin einfach lang berechnet wurden.

Die Durchführung ging nur unter Benutzung des Verfahrens mit der QR-Zerlegung für einen ganzen Durchgang gut. Das Verfahren mit der intervallmäßigen Auswertung scheitert, wenn der Satellit in Erdnähe kommt, das Verfahren mit einer Näherung der Fundamentalmatrix ohne QR-Zerlegung bricht noch früher zusammen.

## 4.3 Van der Pol Diffentialgleichung

Die Van der Pol-Differentialgleichung

$$u'' + \varepsilon(u^2 - 1)u' + u = 0$$

wird in der mathematischen Literatur gern als einfaches Beispiel eines selbsterregten Schwingers untersucht. Sie hat genau einen Grenzzyklus, bei dem sowohl die Amplitude $a$ wie auch die Periode $T$ von besonderem Interesse sind. Beide Größen lassen sich bestimmen, wenn wir folgende Randbedingung hinzunehmen

$$\begin{aligned} u'(0) &= u'(T/2) = 0, \\ u(T/2) &= -u(0). \end{aligned}$$

Der Grenzzyklus ist für kleine $\varepsilon$ nahezu ein Kreis, während sich für größer werdendes $\varepsilon$ zwei Spitzen ausbilden.

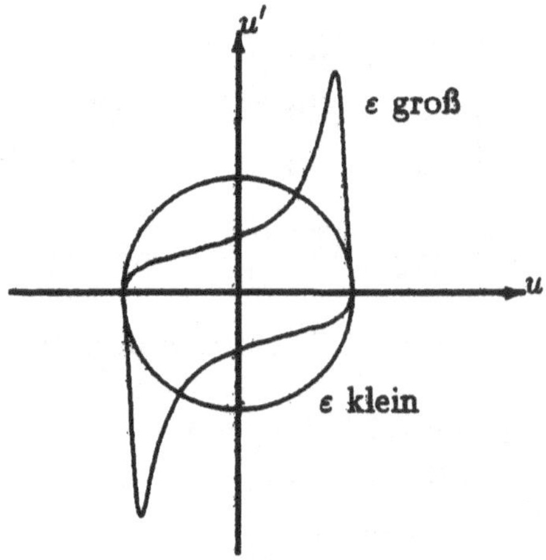


Abbildung 4:

Es ergaben sich folgende Ergebnisse:

| $\varepsilon$ | 0.1 | 0.5 | 10 |
|---|---|---|---|
| $a$ | $2.000103979^{97}_{73}$ | $2.0024879^{45}_{23}$ | $2.0142853^{66}_{56}$ |
| $T/2$ | $3.1435556^{5}_{0}$ | $3.1903379^{4}_{0}$ | $9.539184^{87}_{70}$ |

Obwohl das Problem für wachsendes $\varepsilon$ numerisch schwieriger wird, erhält man selbst für relativ große $\varepsilon$ noch gute Ergebnisse.

## 4.4 Periodische Lösungen der nichtlinearen Pendelgleichung

In Schmitt [22] werden symmetrische periodische Lösungen der periodisch erregten nichtlinearen Pendelgleichung

$$u'' + c\,u' + \sin u = b \cdot \cos t \tag{4.4.1}$$

nachgewiesen (wobei in [22] keine Dämpfung vorhanden sein darf, also dort $c = 0$ ist). Auch mit dem hier vorgestellten Einfachschießverfahren z. B. für $c = 0$ und $b = 1$ erhält man als Einschließung eines Startvektors für eine $2\pi$-periodische Lösung

$$u(0) \in -2.1061248\,{}^{58}_{61} \quad \text{und} \quad u'(0) \in [-6.74, 2.68] \cdot 10^{-9}.$$

Während die Methoden in [22] aber von den Symmetrieeigenschaften der Gleichung (4.4.1) für $c = 0$ abhängig sind (mit $u(t)$ ist dann auch immer $u(-t)$ eine Lösung der Gleichung), bereitet es mit den hier entwickelten Verfahren keine Schwierigkeiten, auch für die gedämpfte Gleichung periodische Lösungen nachzuweisen. Für $b = c = 1$ erhält man z. B. Anfangswerte einer $2\pi$-periodischen Lösung in

$$u(0) \in -0.116194188\,{}^{19}_{24} \quad \text{und} \quad u'(0) \in 0.9994609179\,{}^{788}_{508}.$$

In [22] wird gezeigt, daß es im Falle $c = 0$ und $u'(0) = 0$ in der $(u(0), b)$-Ebene Verzweigungspunkte gibt, in denen sich gerade $2\pi$-periodische Lösungen von (4.4.1) verzweigen. Die Verzweigungspunkte $(a, b)$ sind Lösungen des Gleichungssystems

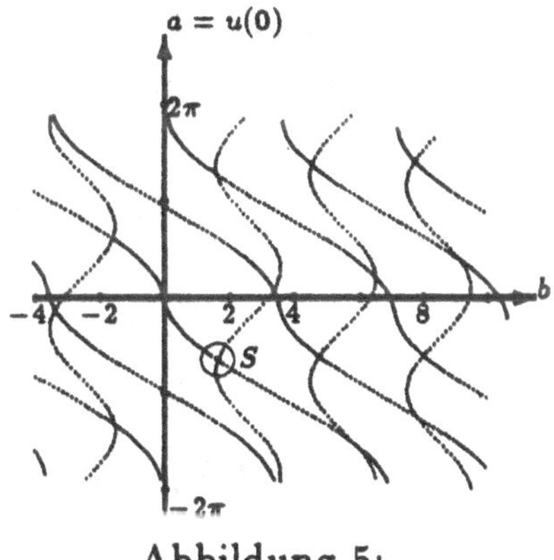

Abbildung 5:

$$\begin{cases} v'(\pi; a, b) = 0 & \text{mit} \quad v := \frac{\partial u}{\partial a} \\ w'(\pi; a, b) = 0 & \text{mit} \quad w := \frac{\partial u}{\partial b}\,. \end{cases} \tag{4.4.2}$$

Die Größen $u, v, w$ und deren Ableitungen an der Stelle $t = \pi$ können aus dem folgenden System berechnet bzw. sogar eingeschlossen werden

$$\begin{cases} u'' + \sin u = b \cdot \cos t, & u(0) = a, & u'(0) = 0 \\ v'' + v \cdot \cos u = 0, & v(0) = 1, & v'(0) = 0 \\ w'' + w \cdot \cos u = \cos t, & w(0) = 0, & w'(0) = 0\,. \end{cases}$$

Das Lösen des Systems (4.4.2) mit einem Intervall-Newton-Verfahren ergibt z. B. die Einschließung eines Verzweigungspunktes (Punkt S in Abb. 5) im Intervall

$$a \in -2.5348715\,^{37}_{66} \text{ und } b \in 1.6139442\,^{99}_{83}.$$

Andere Verzweigungspunkte erreicht man durch Wahl anderer Startwerte für die Newton-Iteration.

## 4.5 Mathieu-Differentialgleichung mit kubischer Nichtlinearität

Die Mathieu-Differentialgleichung

$$u'' + c\,u' + (1 + \cos t)u + u^3 = 0 \tag{4.5.1}$$

mit den periodischen Randbedingungen

$$u(0) - u(2\pi) = 0 \text{ und } u'(0) - u'(2\pi) = 0$$

beschreibt ein weiteres Problem mit periodischen Lösungen. Das Einfachschießverfahren führt sowohl mit ($c \neq 0$) als auch ohne ($c = 0$) Dämpfung zum Erfolg.

Für die Dämpfungskonstante $c = 0.1$ beginnt eine $2\pi$-periodische Lösung in

$$u(0) \in 0.393201\,^{8}_{7} \text{ und } u'(0) \in 0.163858\,^{3}_{2}.$$

Diese konnte sogar mit Hilfe der Floquet-Theorie (und Hartmann [9]) als asymptotisch stabil nachgewiesen werden. Für die Dämpfungskonstante $c = 0.0001$ konnten sogar zwei $2\pi$-periodische Lösungen nachgewiesen werden, deren Anfangswerte in folgenden Intervallen liegen

$$u(0) \in 0.4238540687\,^{85}_{59} \text{ und } u'(0) \in 0.000162641\,^{740}_{689}$$

bzw.

$$u(0) \in 1.893220\,^{176}_{085} \text{ und } u'(0) \in 0.91665\,^{828}_{723}.$$

Da mit jeder Lösung $u(t)$ auch die Funktion $-u(t)$ eine Lösung von (4.5.1) ist, konnten im Fall $c = 0.1$ also zwei und im Fall $c = 0.0001$ sogar insgesamt vier $2\pi$-periodische Lösungen nachgewiesen werden.

## 4.6 Nichtlineare Eigenwertaufgabe

Bei Keller [14] wird das folgende nichtlineare Eigenwertproblem behandelt, das aus dem Bereich der Schmiertheorie stammt (Druckverteilung in einem Schmierfilm zwischen einem rotierenden Zylinder und einer Ebene)

$$\begin{cases} \varepsilon u' = \frac{\pi}{2} \cdot \left(\sin^2(\frac{\pi}{2}t) - \lambda \cdot \frac{\sin^4(\frac{\pi}{2}t)}{u}\right), & -1 < t < 1 \\ u(-1) = u(1) = 1 \end{cases} \tag{4.6.1}$$

Für verschiedene Werte von $\varepsilon > 0$ soll $\lambda$ so bestimmt werden, daß (4.6.1) eine Lösung besitzt.

Interessant sind hierbei nun die Vergleiche der Näherungslösungen $\tilde{\lambda}$ von Keller aus [14] mit den hier durch das einfache Schießverfahren berechneten Einschließungen:

| $\varepsilon$ | $\lambda$ | $\tilde{\lambda}$ |
|---|---|---|
| 2.00 | $1.3240657061^{87}_{62}$ | 1.3078921 |
| 1.00 | $1.2979065287^{494}_{034}$ | 1.2932779 |
| 0.20 | $1.064655453^{1041}_{0518}$ | 1.06465511 |
| 0.10 | $1.0186567613^{807}_{750}$ | 1.01865686 |
| 0.01 | $1.0001998403^{309}_{228}$ | 1.00019988 |

Keller erwartet aufgrund von Fehlerbetrachtung und Vergleichsrechnung

gute Näherungen $\tilde{\lambda}$ für große Werte von $\varepsilon$
und schlechtere für kleine Werte von $\varepsilon$.

Die Einschließungen zeigen dagegen, daß genau das umgekehrte Verhalten zutrifft, d. h.

für kleine $\varepsilon$ sind die Näherungen gut,
für große $\varepsilon$ dagegen schlechter.

Hier zeigt sich besonders deutlich, daß man ohne die gesicherten Aussagen eines Einschließungsverfahrens auch bei sorgfältiger Interpretation von Approximationen durchaus falsche Schlüsse ziehen kann.

## 4.7 Steife, lineare, homogene Randwertaufgabe

Die steife, lineare, homogene Randwertaufgabe

$$\begin{cases} u'' - u' - 110\, u = 0 \\ u(0) = u(10) = 1 \end{cases}$$

wird ebenfalls oft als numerisches Testbeispiel verwendet. Ihre exakte Lösung kann sofort angegeben werden

$$\begin{pmatrix} u(t) \\ u'(t) \end{pmatrix} = \frac{e^{110}-1}{e^{110}-e^{-100}} e^{-10t} \begin{pmatrix} 1 \\ -10 \end{pmatrix} + \frac{1-e^{-100}}{e^{100}-e^{-100}} e^{11t} \begin{pmatrix} 1 \\ 11 \end{pmatrix}.$$

Störungen von $u(0) = 1$ um $\varepsilon$ wirken sich bei $t = 10$ um etwa $10^{37}\varepsilon$ aus, was natürlich zum Scheitern des Einfachschießverfahrens führt.

Unter Verwendung von $m = 20$ Teilintervallen, einer Schrittweite von $h = 5 \cdot 10^{-3}$ und der Ordnung $p = 16$ erhält man mit dem Mehrfachschießverfahren gute Einschließungen und vor allem einen überraschenden Effekt. Je nachdem in welcher Richtung die im Schießverfahren auftretenden Anfangswertaufgaben gelöst werden, erhält man am linken oder am rechten Rand des Integrationsintervalles gute oder weniger gute Einschließungen. Man erhält bei

(i) Integration von links nach rechts:

| | |
|---|---|
| 6 | korrekte Ziffern bei $t \approx 0$ |
| 10 | korrekte Ziffern bei $t \approx 10$ |

(ii) Integration von rechts nach links:

| | |
|---|---|
| 10 | korrekte Ziffern bei $t \approx 0$ |
| 6 | korrekte Ziffern bei $t \approx 10$ |

Eine derartige Schwankung der Genauigkeit könnte z. B. kaum erkannt werden, wenn man nur Approximationen berechnet. Außerdem wäre es dann wohl schwierig herauszufinden, wo die höhere bzw. geringere Genauigkeit vorliegt. Bei der Berechnung von Einschließungen kann man ein solches Ergebnis jedoch sofort dazu verwenden, um die Einschließungen nochmals wesentlich zu verbessern, indem man einfach den Durchschnitt beider Einschließungen bildet.

(iii) So erhält man ohne weitere Rechnung:

| | |
|---|---|
| 8 | korrekte Ziffern in der Mitte bei $t \approx 5$ |
| 10 | korrekte Ziffern bei den Rändern $t \approx 0$ und $t \approx 10$ |

Mittelwertbildung bei Näherungslösungen hingegen bringt i. a. keine Verbesserung, man kann damit das Ergebnis sogar gleichmäßig schlecht machen.

### 4.8 Randwertaufgabe von Trösch

Die folgende nichtlineare steife Randwertaufgabe ist ebenfalls ein beliebtes Testobjekt für numerische Verfahren bei gewöhnlichen Randwertaufgaben.

$$\begin{cases} u'' = \lambda \cdot \sinh(\lambda u) \\ u(0) = 0, \;\; u(1) = 1. \end{cases}$$

Für zunehmende Werte von $\lambda$ wird die numerische Behandlung immer schwieriger, da sich unmittelbar neben dem rechten Rand eine Singularität der (Fortsetzung der) Lösung befindet, welche für große $\lambda$ dem Rand immer näher rückt (für $\lambda = 5$ liegt diese Singularität etwa bei $t \approx 1.0326$).

Mit dem Mehrfach-Schießverfahren konnten folgende Einschließungen erzielt werden:

| $\lambda$ | Anz. der Teilintervalle | Anz. korrekte Ziffern |
|---|---|---|
| 5 | 4 | $\geq 8$ |
| 10 | 8 | $\geq 7$ |
| 30 | 16 | $\geq 6$ |

Hierbei wurden in der Nähe des rechten Randes kleine Teilintervalle, d. h. kleine Schrittweiten verwendet. Man sieht, daß selbst für einen extremen Wert wie $\lambda = 30$ noch gute Ergebnisse erzielt werden konnten, obwohl alle Rechnungen nur einfach lang durchgeführt wurden.

# Literatur


[1] Adams, E. und Lohner, R.: *Error Bounds and Sensitivity Analysis.* In Stepleman, R. S. (Hrsg.): *Scientific Computing*, North-Holland Publishing Company, Amsterdam, 1983.

[2] Bachmann, K.-H.: *Fehlereinschließung für Näherungslösungen von Systemen gewöhnlicher Differentialgleichungen.* ZAMM **63**, S. 64–65, 1983.

[3] Bauch, H.: *On the Iterative Inclusion of Solutions in Initial Value Problems for Differential Equations.* Computing **22**, S. 339–354, 1979.

[4] Bauch, H.: *Zur iterativen Lösungseinschließung bei Anfangswertproblemen mittels Intervallmethoden*, ZAMM **60**, S. 137–145, 1980.

[5] Bauch, H.: *Zur Lösungseinschließung bei Anfangswertaufgaben gewöhnlicher Differentialgleichungen nach der Defektmethode.* ZAMM **57**, S. 387–396, 1977.

[6] Eijgenraam, P.: *The Solution of Initial Value Problems using Interval Arithmetic.* Mathematical Centre Treats **144**, Stichting Mathematisch Centrum, Amsterdam, 1981.

[7] *FORTRAN-SC, A Study of a FORTRAN Extension for Engineering/Scientific Computation with Access to ACRITH*, Language Reference and User's Guide. IBM Development Laboratory Böblingen, Germany, 1988.

[8] Hansen, E.: *On Solving Two-Point Boundary-Value Problems using Interval Arithmetic.* In Hansen, E. (Hrsg.): *Topics in Interval Analysis*, Clarendon Press, Oxford, 1969.

[9] Hartman, Ph.: *Ordinary Differential Equations.* J. Wiley & Sons, New York, 1964.

[10] Hunger, S.: *Intervallanalytische Defektabschätzung bei Anfangswertaufgaben für Systeme gewöhnlicher Differentialgleichungen.* Berichte der Gesellschaft für Mathematik und Datenverarbeitung, Nr. **41**, Bonn, 1971.

[11] IBM *High-Accuracy Arithmetic Subroutine Library* (ACRITH). Program Description and User's Guide, SC 33-6164-02, 3rd Edition, 1986.

[12] Jackson, L. W.: *Interval Arithmetic Error-Bounding Algorithms.* SIAM J. Numer. Anal., Vol. **12**, No. 2, 1975.

[13] Kaucher, E. und Miranker, W. L.: *Self-Validating Numerics for Function Space Problems.* Academic Press, New York, 1984.

[14] Keller, H. B.: *Numerical Methods for Two Point Boundary Value Problems.* Blaisdell Publishing Company, Waltham, Mass., 1968.

[15] Krückeberg, F.: *Ordinary Differential Equations.* In Hansen, E. (Hrsg.): *Topics in Interval Analysis*, Clarendon Press, Oxford, 1969.

[16] Krückeberg, F. und Leisen, R.: *Solving Initial Value Problems of Ordinary Differential Equations to Arbitrary Accuracy with Variable Precision Arithmetic.* In Proceedings of the 11th IMACS World Congress on System Simulation and Scientific Computation, Vol. **1**, Oslo, 1985.

[17] Kulisch, U. (Ed.): *PASCAL-SC: A Pascal Extension for Scientific Computation*, Information Manual and Floppy Disks, Version IBM PC. B. G. Teubner, Stuttgart, John Wiley & Sons, Chichester, 1987.

[18] Kulisch, U. (Ed.): *PASCAL-SC: A Pascal Extension for Scientific Computation*, Information Manual and Floppy Disks, Version ATARI ST, B. G. Teubner, Stuttgart, 1987.

[19] Moore, R. E.: *The Automatic Analysis and Control of Error in Digital Computing Based on the Use of Interval Numbers.* In Rall, L. B. (Hrsg.): *Error in Digital Computation*, Vol. **1**, John Wiley & Sons, New York / London / Sydney, 1965.

[20] Moore, R. E.: *Interval Analysis.* Prentice Hall, Englewood Cliffs, N. J., 1966.

[21] Moore, R. E.: *Methods and Applications of Interval Analysis.* SIAM, Phil., 1979.

[22] Schmitt, B. V. und Sari, N.: *Sur la Structure de L'Equation du Pendule Forcé.* Unveröffentlichtes Manuskript, Universität Metz, Frankreich, 1984.

[23] Schwanenberg, P.: *Intervallanalytische Methoden zur Lösung von Randwertaufgaben bei gewöhnlichen Differentialgleichungen.* Berichte der Gesellschaft für Mathematik und Datenverarbeitung, Nr. **35**, Bonn, 1970.

[24] Stewart, N. F.: *A Heuristic to Reduce the Wrapping Effect in the Numerical Solution of* $x' = f(t, x)$. BIT **11**, S. 328–337, 1971.

[25] Wauschkuhn, U.: *Intervallanalytische Methoden zum Existenznachweis und zur Konstruktion der Lösung von Periodizitätsproblemen bei gewöhnlichen Differentialgleichungen.* Berichte der Gesellschaft für Mathematik und Datenverarbeitung, Nr. **83**, Bonn, 1973.

# Praktikum „Einschließung bei Differentialgleichungen“

R. Lohner
Institut für Angewandte Mathematik
Universität Karlsruhe (TH)

## 1 Aufgaben zum Praktikum

Die Programmier-Aufgaben befassen sich nicht direkt mit dem Thema Einschließung bei Differentialgleichungen, sondern mit Vorstufen davon, nämlich der Berechnung und Einschließung von Taylorkoeffizienten einer Funktion und der Einschließung des Wertes bestimmter Integrale.

Für die Einschließung bei Differentialgleichungen stehen zwei fertige Programm-Pakete zu Verfügung, mit denen Lösungen gewöhnlicher Anfangswertaufgaben eingeschlossen werden können. Eines dieser Programme ist in PASCAL-SC geschrieben und läuft auf KWS- und ATARI-ST-Rechnern, das andere ist eine Übertragung eines großen Teils dieses PASCAL-SC-Programms auf FORTRAN 77 mit ACRITH und läuft auf IBM /370-Rechnern. Eine kurze Einführung in das PASCAL-SC-Programm AWA ist nach den Aufgaben zu finden.

Für gewöhnliche Randwertaufgaben können Einschließungen berechnet werden, wenn man im Rahmen eines Schießverfahrens die Ergebnisse der obigen Programme in einem Programm weiterverarbeitet, das die Lösung linearer Gleichungssysteme mit Intervallkoeffizienten einschließen kann (z.B. OTC von ACRITH oder PSCDEMO in PASCAL-SC).

**Aufgabe 1:** Berechnung und Einschließung von Taylorkoeffizienten

Für eine Funktion $f(x)$, die genügend glatt ist (z.B. analytisch), können die Taylorkoeffizienten auf bequeme Art und Weise mittels Rekursionsformeln berechnet werden. Führen wir für den k-ten Taylorkoeffizienten (bei Entwicklung um eine Stelle $x = x_0$) die Bezeichnung

$$(f)_k := \frac{f^{(k)}(x_0)}{k!} = \frac{1}{k!}\frac{d^k f(x_0)}{dx^k}$$

ein, so läßt sich die Taylorreihe von f schreiben in der Form

$$f(x) = \sum_{k=0}^{\infty} (f)_k (x - x_0)^k.$$

Für die Taylorkoeffizienten einer Konstanten $c$ bzw. der Variablen $x$ gilt trivialerweise

$$(c)_0 = c,\ (c)_k = 0 \quad \text{für } k \geq 1,$$
$$(x)_0 = x_0,\ (x)_1 = 1,\ (x)_k = 0 \quad \text{für } k \geq 2.$$

Da für den 0-ten Taylorkoeffizienten einer beliebigen Funktion $u(x)$ immer $(u)_0 = u(x_0)$ gilt, genügt es die Koeffizienten für $k \geq 1$ anzugeben. Für die vier Grundverknüpfungen $+, -, *, /$ gelten dann die folgenden Formeln

$$\begin{aligned}
(f \pm g)_k &= (f)_k \pm (g)_k, \\
(f * g)_k &= \sum_{j=0}^{k} (f)_j (g)_{k-j}, \\
(f/g)_k &= \left( (f)_k - \sum_{j=1}^{k} (g)_j (f/g)_{k-j} \right) / (g)_0 .
\end{aligned}$$

Ähnliche Rekursionsformeln lassen sich, wie man der folgenden Zusammenstellung entnehmen kann, für viele Standardfunktionen aufstellen.

$$\begin{aligned}
(e^f)_k &= \frac{1}{k} \sum_{j=0}^{k-1} (k-j)(e^f)_j (f)_{k-j}, \\
(f^a)_k &= \frac{1}{k(f)_0} \sum_{j=0}^{k-1} (a(k-j) - j)(f)_{k-j} (f^a)_j, \quad a \in \mathbb{R} \text{ konstant}, \\
(\ln f)_k &= \frac{1}{(f)_0} \left( (f)_k - \frac{1}{k} \sum_{j=1}^{k-1} (k-j)(f)_j (\ln f)_{k-j} \right), \\
(\sin f)_k &= \frac{1}{k} \sum_{j=0}^{k-1} (j+1)(\cos f)_{k-j-1} (f)_{j+1}, \\
(\cos f)_k &= \frac{1}{k} \sum_{j=0}^{k-1} (j+1)(\sin f)_{k-j-1} (f)_{j+1}, \\
(\sinh f)_k &= \frac{1}{k} \sum_{j=0}^{k-1} (j+1)(\cosh f)_{k-j-1} (f)_{j+1}, \\
(\cosh f)_k &= \frac{1}{k} \sum_{j=0}^{k-1} (j+1)(\sinh f)_{k-j-1} (f)_{j+1},
\end{aligned}$$

$$(\arctan f)_k = \frac{1}{1+(f)_0{}^2}\left((f)_k - \frac{1}{k}\sum_{j=1}^{k-1} j(\arctan f)_j(1+f^2)_{k-j}\right).$$

Diese Rekursionsformeln lassen sich äußerst einfach als Operatoren in PASCAL-SC oder in FORTRAN-SC implementieren und zwar sowohl mit **REAL** als auch mit **INTERVAL** Datentypen, wodurch dann Einschließungen der Taylorkoeffizienten auf elegante Art und Weise berechnet werden können.

Eine Möglichkeit der Realisierung besteht darin, alle Koeffizienten $(f)_0$ bis $(f)_p$ in einem Feld abzuspeichern, in PASCAL-SC etwa über einen Typ der Form

```
TYPE r_taylor  =  DYNAMIC ARRAY [*] OF REAL;
     i_taylor  =  DYNAMIC ARRAY [*] OF INTERVAL;
```

Für die Taylorkoeffizienten $(f)_k, 0 \leq k \leq p$ sind dann folgende Variablen zu vereinbaren

```
VAR  fr : r_taylor[0..p];
     fi : i_taylor[0..p];
```

Die obigen Rekursionsformeln lassen sich nun durch geeignete Operatoren realisieren, z. B. berechnet

```
OPERATOR * (f,g:i_taylor) it_it_mult : i_taylor[0..UBOUND(f)];
VAR j,k : INTEGER;
BEGIN
   FOR k:= 0 TO UBOUND(f) DO
     it_it_mult[k]:= ##( FOR j:= 0 TO k SUM ( f[j]*g[k-j] ) );
END;
```

alle Koeffizenten $(f*g)_k$, $k = 0,\ldots,$UBOUND$(f)$.

Schreiben Sie in PASCAL-SC oder FORTRAN-SC je ein Modul für reelle Taylor-Arithmetik und Intervall-Taylor-Arithmetik, indem Sie die oben angegebenen Formeln als Operatoren für reelle bzw. Intervall-Operanden implementieren.

Schreiben Sie unter Verwendung dieser beiden Module ein Programm, das die Taylorentwicklung einer beliebigen aus den obigen Operationen zusammengesetzten Funktion berechnet.

**Bemerkung:**

Die hier beschriebene Methode zur Berechnung von Taylorkoeffizienten und damit auch von höheren Ableitungen von $f$ ist in der Literatur auch als *automatisches Differenzieren* bekannt.

**Aufgabe 2:** Einschließung des Wertes bestimmter Integrale

Verwendet man übliche Integrationsformeln der Numerik (Trapez-, Simpson-Regel etc.), so vernachlässigt man normalerweise den Fehlerterm und hat damit nur Approximationen des Integralwertes. Mit Hilfe der automatischen Differentiation aus Aufgabe 1 können aber die in den Restgliedern auftretenden höheren Ableitungen von $f$ (an unbekannten Zwischenstellen) sehr einfach eingeschlossen werden. Damit ist dann die Berechnung einer verifizierten Einschließung für den Integralwert möglich.

Wendet man die Trapezregel auf das Integral $\int_a^b f(x)dx$ an, mit einem äquidistanten Gitter $x_j = a + jh, h = (b-a)/n$, so gilt

$$\int_{x_j}^{x_{j+1}} f(x)\,dx = \frac{h}{2}(f(x_j) + f(x_{j+1})) - \frac{h^3}{12}f''(\xi_j) \quad \text{mit} \quad \xi_j \in (x_j, x_{j+1}).$$

Also gilt exakt

$$\begin{aligned}\int_a^b f(x)\,dx &= \frac{h}{2}(f(x_0) + 2f(x_1) + \ldots + 2f(x_{n-1}) + f(x_n)) \\ &\quad -\frac{h^3}{12}(f''(\xi_0) + f''(\xi_1) + \ldots + f''(\xi_{n-1}))\end{aligned}$$

mit $\xi_j \in (x_j, x_{j+1})$.

Durch Einschließen der Zwischenstellen in die zugehörigen Intervalle und anschließende Intervallauswertung erhält man die folgende Einschließung für den Integralwert

$$\begin{aligned}\int_a^b f(x)\,dx &\in \frac{h}{2}(f(x_0) + 2f(x_1) + \ldots + 2f(x_{n-1}) + f(x_n)) \\ &\quad -\frac{h^3}{12}(f''([x_0, x_1]) + f''([x_1, x_2]) + \ldots + f''([x_{n-1}, x_n])).\end{aligned}$$

Die hier auftretenden zweiten Ableitungen lassen sich mit den in Aufgabe 1 definierten Operatoren für den Typ `i_taylor` berechnen, es ist $f'' = 2(f)_2$.

Die allgemeine Vorgehensweise dabei besteht darin, daß man zunächst den Fehler, d. h. das Fehlerintervall berechnet; ist dieses noch zu groß, verfeinert man das Gitter und berechnet den Fehler erneut. Erst wenn dieser genügend klein ist, berechnet man die Trapezsumme und addiert das Fehlerintervall hinzu, um eine Einschließung des Integrals zu erhalten.

Schreiben Sie ein Programm, das den Wert eines Integrals nach dem angegebenen Verfahren einschließt (Die Einschließung wird natürlich i. a. nicht maximal genau sein).

Schreiben Sie ein Programm, das analog eine Einschließung mit Hilfe der Simpsonregel berechnet. Für die Simpsonregel gilt

$$\int_{x_j}^{x_{j+2}} f(x)\,dx = \frac{h}{3}\left(f(x_j) + 4f(x_{j+1}) + f(x_{j+2})\right) - \frac{h^5}{90} f^{(iv)}(\xi_j),$$

wobei $\xi_j \in (x_j, x_{j+2})$ und $n$ gerade sein müssen. Ferner ist $f^{(iv)} = 24(f)_4$ .

**Aufgabe 3:** Lineare Vektor-Iterationen

Lineare Vektor-Iterationen der Form $x_{j+1} = Ax_j + b$, $x_0 \in I\!R^n$ (wo die $n \times n$-Matrix $A$ und der n-Vektor $b$ auch von j abhängen können) führen bei intervallmäßiger Behandlung auf oft unerwartete Aufblähungs-Effekte („wrapping effect"), welche meist durch geometrische Drehungen versursacht werden, die in der durch $A$ vermittelten Abbildung vorkommen.

Da derartige Iterationen bei der Einschließung von Lösungen von gewöhnlichen Anfangswertaufgaben eine wichtige Rolle spielen (dort sind i. a. $A$ und $b$ von $j$ abhängige Intervall-Größen), ist eine isolierte Untersuchung der mit solchen Iterationen verbundenen Fehlerquellen von großem Interesse.

Eine Möglichkeit, die Aufblähungen der Intervalleinschließungen zu reduzieren, ist die Verwendung von geeigneten Basistransformationen, d. h. die Iterierten $x_j$ werden in affine Bilder von Intervallvektoren, also in Parallelepipede, eingeschlossen.

Programmieren Sie für den Fall n=2 die folgenden Varianten eines Einschließungsverfahrens für die Iteration $x_{j+1} = Ax_j + b$

$$(1)\begin{cases} x_0 \text{ ist ein gegebener (Intervall-)Vektor} \\ x_{j+1} = Ax_j + b \quad \text{für } j \geq 0 \text{ mit Intervall-Operationen berechnet} \end{cases}$$

$$(2)\begin{cases} x_0 \text{ ist ein gegebener (Intervall-)Vektor} \\ \text{setze: } y_0 := x_0, \quad B_0 := I \quad \text{(Einheitsmatrix)} \\ \text{und berechne} \\ y_{j+1} \;=\; (B_{j+1}^{-1}AB_j)y_j + B_{j+1}^{-1}b \\ x_{j+1} \;=\; B_{j+1}y_{j+1} \end{cases}$$

wobei die Matrizen $B_{j+1}$ auf folgende Arten gewählt werden können

(3) $B_{j+1} \in AB_j$ ($AB_j$ wird mit Intervallarithmetik berechnet)

(4) $B_{j+1} = Q_{j+1}$, wobei $\tilde{B}_{j+1} \in AB_j$ und $\tilde{B}_{j+1} = Q_{j+1}R_{j+1}$ eine QR-Zerlegung ist (näherungsweise genügt).

Im Fall n=2 ist die Matrix Q aus der QR-Zerlegung von $B = \begin{pmatrix} a & b \\ c & d \end{pmatrix}$ die folgende Matrix

$$Q = \frac{-sign(a)}{\sqrt{a^2+c^2}} \begin{pmatrix} a & c \\ c & -a \end{pmatrix}.$$

Dabei wurde die Richtung des ersten Spaltenvektors von B beibehalten und die der zweiten Spalte hierzu orthogonalisiert. Ändert man diese Reihenfolge, läßt man also die Richtung des zweiten Spaltenvektors fest und orthogonalisiert man den ersten Spaltenvektor hierzu, so erhält man

$$Q = \frac{-sign(b)}{\sqrt{b^2+d^2}} \begin{pmatrix} b & d \\ d & -b \end{pmatrix}.$$

Dies ergibt zwei Varianten von (4). (Bei n-dimensionalen Problemen gibt es natürlich noch viel mehr Möglichkeiten).

Verwenden Sie als Testdaten die Matrizen

(a) $A = \begin{pmatrix} \cos\varphi & \sin\varphi \\ -\sin\varphi & \cos\varphi \end{pmatrix}$ z. B. $\varphi = \frac{\pi}{4} \Rightarrow \sin\varphi = \cos\varphi \approx 0.70710678$

(b) $A = \begin{pmatrix} \frac{35}{32} & -\frac{15}{32} \\ \frac{45}{64} & -\frac{5}{64} \end{pmatrix} = \begin{pmatrix} 1.09375 & -0.46875 \\ 0.703125 & -0.078125 \end{pmatrix}$

(c) $A = \begin{pmatrix} a & a \\ 0 & a \end{pmatrix}$ mit Werten von $a \approx 1$.

Die Matrix (a) beschreibt eine Drehung um den Winkel $\varphi$ und ist ein Fundamentalsystem für die DGL $y''+y=0$, die Matrix (b) das Fundamentalsystem

$$Y(x) = \begin{pmatrix} 3e^{-x} - 2e^{-2x} & 2e^{-2x} - 2e^{-x} \\ 3e^{-x} - 3e^{-2x} & 3e^{-2x} - 2e^{-x} \end{pmatrix}$$

des Systems $y_1' = y_1 - 2y_2$, $y_2' = 3y_1 - 4y_2$ an der Stelle $x = ln(8/5)$. Die Matrix (c) beschreibt eine Scherstreckung und ist ein Fundamentalsystem der einfachen Gleichung $y'' = 0$.

**Aufgabe 4:** Einschließung bei Anfangswertaufgaben

Verwenden Sie das Programm AWA, um für verschiedene Anfangswertaufgaben mit Differentialgleichungen ihrer Wahl Einschließungen zu berechnen. Variieren Sie dabei die numerischen Parameter wie Schrittweite h, Verfahrensordnung p und Einschließungsmethode, um deren Einfluß auf die Qualität der berechneten Einschließung zu testen.

# 2 Kurze Bedienungsanleitung zum Programm AWA

Das Programm AWA berechnet Einschließungen für die Lösungen von gewöhnlichen **A**nfangs**W**ert**A**ufgaben. Das Programm arbeitet im wesentlichen interaktiv, d. h. die Differentialgleichung, die numerischen Parameter wie Anfangswerte, Schrittweite und Verfahrensordnung etc. können am Bildschirm eingegeben werden.

## 2.1 Eingabe der Differentialgleichung

Das Programm erwartet stets ein System von autonomen Differentialgleichungen erster Ordnung. Gleichungen höherer Ordnung müssen also durch die übliche Transformation $u_1 = u$, $u_2 = u'$, ... , $u_n = u^{(n-1)}$ in ein System erster Ordnung überführt werden. Ebenso müssen nichtautomone Systeme durch Einführung der Funktion $u_{n+1} = t$ ($t$ = unabhängige Variable) und der zusätzlichen Differentialgleichung $u'_{n+1} = 1$ mit $u_{n+1}(0) = t_0$ in ein autonomes System transformiert werden ($t_0$ = Anfangspunkt des Integrationsintervalls).

In dem Differentialgleichungssystem dürfen folgende Operationen und Funktionen auftreten

> $+, -, *, /$, **sqr**, **sqrt**, **exp**, **log**, **sin**, **cos**, **arctan**, **sinh**, **cosh**, sowie $\uparrow$ (Exponentiation mit konstanten Exponenten) und die Funktion **sico** (im Zusammenhang mit **sin**, **cos**, **sinh**, **cosh**, siehe Syntaxdefinition weiter unten).

Alle Konstanten werden intern als Intervalle dargestellt, weshalb bei der Eingabe alle Konstanten auch Intervalle sein dürfen. Die gesuchten Funktionen müssen mit `U1, U2,..., UN` (`N` = max. Dimension) bezeichnet werden und die rechten Seiten der Differentialgleichung mit `F1, F2,..., FN` (alles groß geschrieben). Wird z. B. die Gleichung $y'' + y = 0$ in das System $y_1' = y_2$, $y_2' = -y_1$ umgeschrieben (mit $y_1 = y$, $y_2 = y'$), so kann dieses in der Form

```
F1 = U2
F2 = -U1
;;
```

eingegeben werden ($y_1$ = `U1`, $y_2$ = `U2`).

Bei der Eingabe können jederzeit Hilfsvariablen definiert werden, die (ähnlich wie in BASIC) als definiert gelten, sobald sie auf der linken Seite einer Zuweisung das erste Mal auftreten. Das System $y' = y + y * z$, $z' = z - y * z$ kann z. B. wie folgt eingegeben werden

```
y  = U1    z = U2    $ Hilfsvariablen fuer U1,U2 (umbenannt)
yz = y*z             $ Hilfsvariable fuer y*z = U1*U2
F1 = y + yz          $ y' = y + y*z
F2 = z - yz          $ z' = z - y*z
;;
```

In jeder Zeile kann ein Kommentar stehen, der mit dem \$-Zeichen eingeleitet wird und dann bis zum Zeilenende gilt (s. o. ).

Die Eingabe der Differentialgleichung wird mit einem Strichpunkt beendet. Danach kann eine Liste von zuvor definierten Variablen stehen (durch Leerzeichen getrennt), deren Werte man sich während der Integration ausgeben lassen kann. Z. B. kann man mit

```
  F1 =  U2                              $ Differential-
  F2 = -U1                              $    gleichung
norm = sqrt( sqr(U1) + sqr(U2) )        $ Hilfsvariable
;                                       $ DGL Ende
U1 U2 norm                              $ Ausgabeliste
;
```

die Lösungskomponenten `U1`, `U2` und die Norm des Vektors (`U1`,`U2`) ausgeben lassen.

Die Differentialgleichung (incl. Ausgabeliste) kann auch auf ein File geschrieben werden. Beim Programmstart kann dieses File dann angegeben werden. Wird stattdessen nur `<CR>` (= RETURN) eingegeben, so wird die interaktive Eingabe der DGL erwartet.

**Bemerkungen:**

1. Alle Funktionen `F1`, `F2` usw., die nicht explizit definiert werden, werden automatisch mit dem Wert 0 initialisiert.

2. Die Behandlung von Eingabefehlern ist noch sehr mangelhaft; größere DGL-Systeme sollten besser von einer Datei eingelesen werden. Bei Tippfehlern mit unklaren Konsequenzen empfiehlt sich i. a. ein Neustart des Programms.

3. Namen dürfen keine Sonderzeichen enthalten. Groß- und Kleinbuchstaben werden unterschieden.

## 2.2 Syntaxregeln der Eingabe

Die Syntax der zugelassenen Formelausdrücke ist im folgenden durch Syntaxdiagramme angegeben. Hierin dürfen durchgezogene Linien nur von links nach rechts sowie von oben nach unten und punktierte Linien nur von rechts nach links sowie von unten nach oben durchlaufen werden. Im Eingabetext zu verwendende Zeichen sind mit Kreisen ○ bzw. abgerundeten Rechtecken ▢ eingerahmt.

EINGABE

AUSGABELISTE

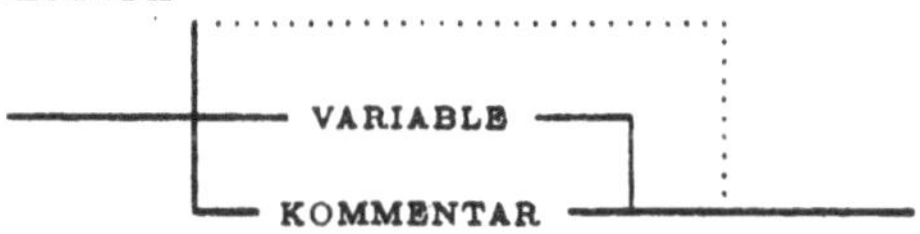


DGL

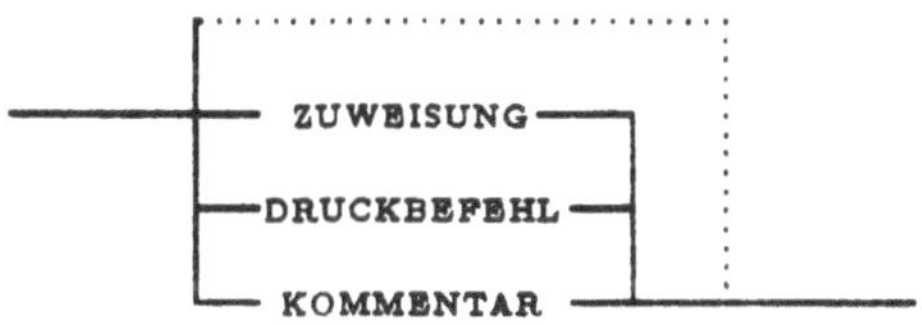


DRUCKBEFEHL

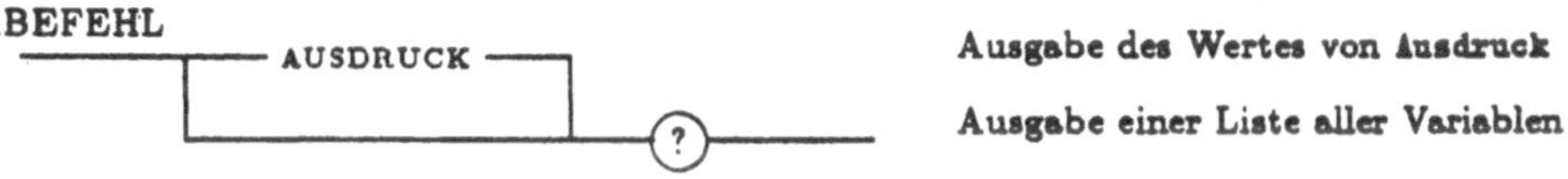


KOMMENTAR

(„;“ innerhalb eines Kommentars wird nicht als Eingabeende gewertet.)

ZUWEISUNG

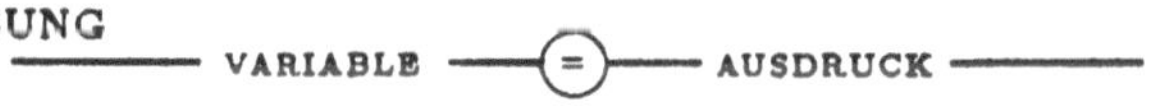


(Bei der Eingabe wird auch **AUSDRUCK = AUSDRUCK** ohne Fehlermeldung akzeptiert, wenn der links vom Gleichheitszeichen stehende Ausdruck mit einer Variablen beginnt. In diesem Fall wird dieser ersten Variablen der rechts vom Gleichheitszeichen stehende Ausdruck zugewiesen, der Rest des links stehenden Ausdrucks wird ignoriert.)

AUSDRUCK

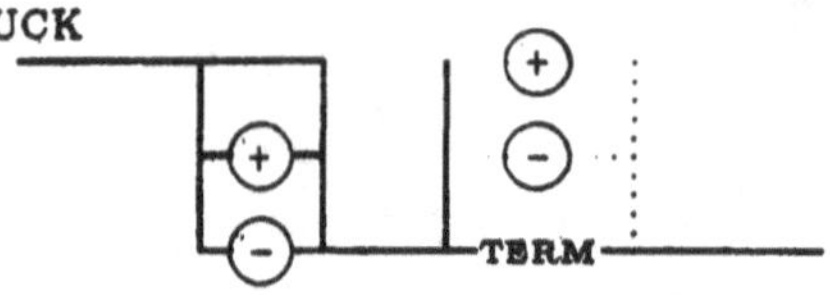


TERM

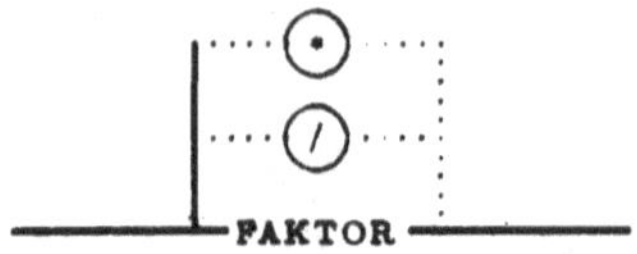


FAKTOR

WERT

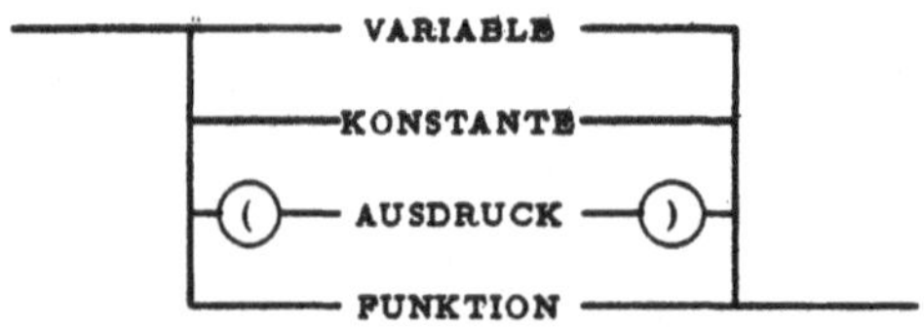


(Eine **VARIABLE** darf erst dann als **WERT** auftreten, wenn sie mindestens einmal auf der linken Seite einer Zuweisung gestanden hat. Ausnahmen sind die U1, ...,UN, siehe **RESERVIERTE VARIABLE**.)

FUNKTION

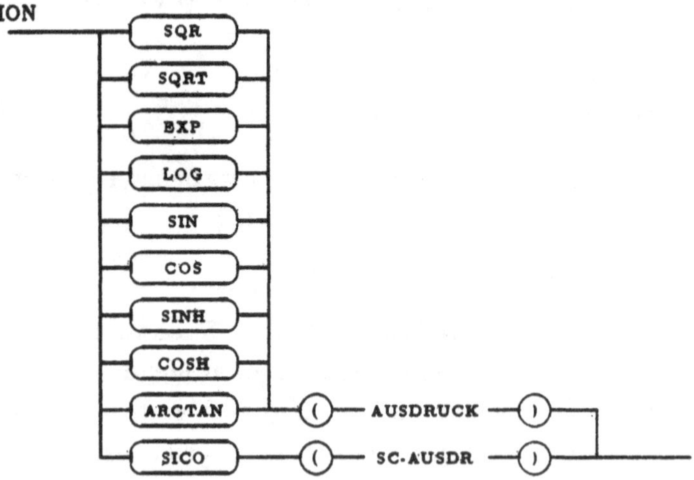


(Alle Funktionsnamen dürfen auch klein geschrieben werden, Groß- und Klein-Buchstaben dürfen sogar beliebig gemischt werden.)

**SC-AUSDR**: Funktionsaufruf von **SIN**, **COS**, **SINH**, **COSH** oder eine Variable, die durch einen solchen Funktionsaufruf definiert wurde.

**sico**: liefert den „Partner-Knoten“ des Arguments, also z. B.

$$\left.\begin{array}{ll} S = & sin(2 * U1) \\ C = & sico(S) \end{array}\right\} \Rightarrow C = cos(2 * U1)$$

$$\left.\begin{array}{ll} ch = & cosh(U1 * U2) \\ sh = & sico(ch) \end{array}\right\} \Rightarrow sh = sinh(U1 * U2)$$

VARIABLE

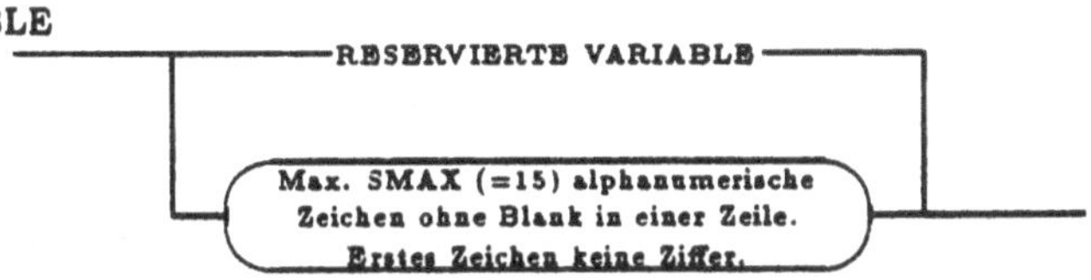


RESERVIERTE VARIABLE

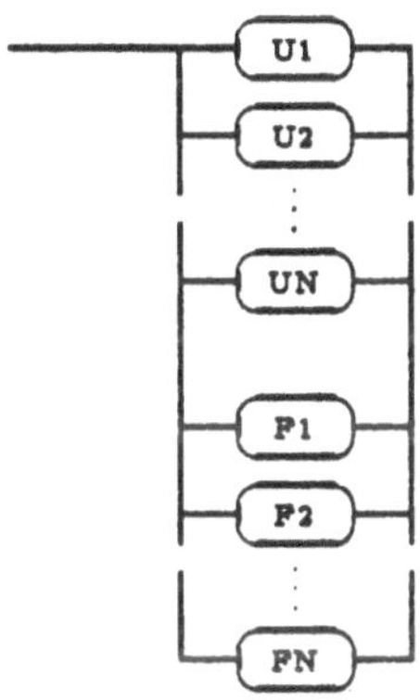


Die $U_i$, $1 \leq i \leq N$, stehen für die $N$ gesuchten Funktionen und dürfen nicht auf der linken Seite einer Zuweisung stehen.

Die $F_i$, $1 \leq i \leq N$, stehen für die $N$ Funktionen der rechten Seite der DGL und dürfen wie normale Variablen verwendet werden. Zu Beginn der Eingabe sind alle $F_i$ mit dem Wert 0 initialisiert. (Dies gilt auch nach jedem Teilabschnitt, wenn während der Integration die DGL geändert wird.)

KONSTANTE

REAL-KONST

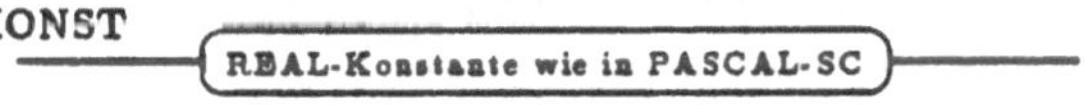


## 2.3 Eingabe der Anfangswerte und numerischen Parameter

Nach der Eingabe von “;“ am Ende der (evtl. leeren) Ausgabeliste bzw. nach dem Einlesen der DGL von einem File, fragt das Programm nach, ob die nun folgende Ein- und Ausgabe auf einer Datei protokolliert werden soll. Wird dies gewünscht, so ist anschließend noch ein Filename für diese Protokolldatei einzugeben. Daran anschließend werden dann die numerischen Parameter sowie der Anfangsvektor erwartet. Zunächst sind einzugeben:

*aus* Ausgabeparameter (INTEGER $\geq 1$); dieser Wert gibt an, der wievielte Integrationsschritt jeweils auszugeben ist. $aus = 1$ : jeden Schritt ausgeben; $aus = 2$ : jeden 2. Schritt ausgeben, etc.

$T$ Endpunkt der Integration. Die Integration der DGL beginnt immer bei $t = 0$, da es sich stets um ein autonomes System handelt.

$h$ Schrittweite mit der die Integration durchzuführen ist.

$p$ Verfahrensordnung, d. h. es wird in jedem Zeitschritt eine Taylorentwicklung der Lösung bis zur Ordnung $p$ berechnet.

Danach ist ein Wert für die Steuerung der Einschließungsart einzugeben. Die Werte haben folgende Bedeutung:

0: (Intervallvektor) Die Lösung wird nach jedem Schritt in einen Intervallvektor eingeschlossen und dieser dient als Anfangswert für den nächsten Integrationsschritt. (Ergibt starke Aufblähungen z.B. bei oszillierenden Lösungen.)

1: (Parallelepiped) Die Lösung wird nach jedem Schritt in ein Parallelepiped eingeschlossen, welches als Anfangsmenge für den nächsten Zeitschritt genommen wird. (I. a. gut bei oszillierenden Lösungen, schlecht wenn das Fundamentalsystem schlecht konditioniert ist, was häufig der Fall ist!)

2: (QR-Zerlegung) Die Lösung wird nach jedem Schritt in einen Quader eingeschlossen (nicht notwendigerweise achsenparallel); dieser dient als Anfangsmenge für den nächsten Integrationsschritt. (I. a. auch bei schlecht konditionierten Fundamentalsystemen gut.)

3: Es werden Durchschnitte der Einschließungen der Verfahren 0 und 1 berechnet.

4: Es werden Durchschnitte der Einschließungen der Verfahren 0 und 2 berechnet.

Als nächstes kann gewählt werden, was auszugeben ist (in jedem *aus*-ten Schritt):

0: Die Lösungseinschließungen an den Stützstellen

1: Die Taylorkoeffizienten der Entwicklung der Lösung um den linken Randpunkt des augenblicklichen Teilintervalles

2: Wie 1, nur sind die Koeffizienten noch mit den entsprechenden Potenzen der Schrittweite h multipliziert

3: Die Ableitungen der Lösung am linken Randpunkt des Teilintervalles

4-6: wie 1,2,3, jedoch werden für die jeweiligen Größen Einschließungen der Wertebereiche auf dem ganzen augenblicklichen Teilintervall ausgegeben

7: Es werden Einschließungen für die in der Ausgabeliste aufgezählten Variablen ausgegeben

Als letztes ist nun der Anfangsvektor einzugeben, und zwar in der Reihenfolge `U1(0), U2(0), ..., UN(0)`. Es können sowohl **REAL**- als auch **INTERVAL**-Werte eingegeben werden (Intervalle in der üblichen Notation, z. B. [0.999, 1.001]). Wurde mindestens ein echtes Intervall eingegeben, so wird noch abgefragt, ob die Überschätzung der Lösungsmenge (komponentenweise) ausgegeben werden soll, was mit `j` oder `n` zu beantworten ist.

Die Ausgabe der darauf folgenden Integration sieht z. B. für den Parameter 0 (nur Lösungseinschließung) wie in Tabelle 1 aus.

| | | |
|---|---|---|
| t = 0.000000000000E+00 | | |
| [ 1.000000000000E+00, 1.000000000000E+00] | 0.000E+00 | [3.000E+00, 3.000E+00] |
| [-1.000000000000E+00, -1.000000000000E+00] | 0.000E+00 | [7.000E+00, 7.000E+00] |
| t = 1.000000000000E-01 | | |
| [ 1.249264077866E+00, 1.249264077869E+00] | 3.000E-12 | [1.776E+00, 3.250E+00] |
| [-3.881974282882E-01, -3.881974282879E-01] | 3.000E-13 | [4.552E+00, 7.748E+00] |
| t = 2.000000000000E-01 | | |
| [ 1.412373581244E+00, 1.412373581250E+00] | 6.000E-12 | [1.105E+00, 2.189E+00] |
| [ 7.173348917573E-02, 7.173348917638E-02] | 6.500E-13 | [3.460E+00, 5.790E+00] |
| Einschließung der Lösung $u(t)$, wobei jede Komponente $u_i$ in einer neuen Zeile steht | Durchmesser der Einschließungen | Einschließung des Wertebereichs der ersten Ableitung auf $[t, t+h]$ |

Tabelle 1: Beispiel eines Ausgabeprotokolls

Wurde ein Anfangsintervall eingegeben und läßt man sich die Überschätzung der Lösungsmenge ausgeben, so erscheint diese in der dritten Spalte anstelle der Wertebereiche der Ableitung. Diese Überschätzung (**REAL**-Größe) ist folgendermaßen zu interpretieren:

> Ist für die Überschätzung bei einer Komponente $i$ der Wert $a$ ausgedruckt und ist die Einschließung für $u_i(t)$ das Intervall $[v, V]$, dann nimmt $u_i(t)$ alle Werte im Intervall $[v + a, V - a]$ an, sofern $v + a \leq V - a$ gilt.

Ist die Integration bei $t = T$ angekommen, so kann man sie mit neuen numerischen Parametern weiterlaufen oder wieder mit einem neuen Anfangsvektor bei $t = 0$ beginnen lassen. Läßt man die Integration weiter laufen, so hat man die Möglichkeit, eine neue Differentialgleichung einzugeben, die dann mit der augenblicklichen Einschließungsmenge als Anfangsmenge integriert wird. Integriert man nicht weiter und gibt auch keinen neuen Anfangsvektor ein, so kann eine neue Differentialgleichung eingegeben werden, was einem Neustart des Programms entspricht. Gibt man auch keine neue Differentialgleichung ein, so wird das Programm beendet.

## 2.4 Hinweise

1. Ist a priori nicht klar, welche Einschließungsart zu wählen ist (0,...,4), so ist i. a. 4 (d. h. Durchschnitte von 0 und 2) oder 3 (d. h. Durchschnitte von 0 und 1) eine geeignete Wahl.

2. Die größtmögliche Schrittweite h, die man benutzen kann, ist i. a. ungefähr diejenige, die das explizite Eulerverfahren im stabilen Fall noch zuläßt (dies gilt leider unabhängig von der gewählten Verfahrensordnung $p$). Ist die Schrittweite zu groß gewählt, so erscheint entweder eine Meldung, daß keine Einschliessung erreicht werden konnte, (man kann dann weiter iterieren lassen oder eine kleinere Schrittweite eingeben) oder das Programm endet mit einem Overflow. Ein Abbruch mit Overflow ist i. a. ein ziemlich sicheres Zeichen für eine zu groß gewählte Schrittweite. Dennoch empfiehlt es sich nicht mit zu kleinen Schrittweiten zu rechnen, sondern lieber mit höheren Verfahrensordnungen, da so meist eine kürzere Rechenzeit erreicht wird.

3. Nach der Eingabe der Differentialgleichung (vor Eingabe der numerischen Parameter) fragt das Programm nach, ob die Ausgabe auf eine Datei protokolliert werden soll. Wird die Frage bejaht, so muß anschließend ein Dateiname für dieses Protokoll angegeben werden. Diese Ausgabedatei enthält dann alle Daten, die während der Integration eingegeben und berechnet wurden. Lediglich die Differentialgleichung

selbst erscheint nicht in diesem Protokoll. Werden während eines Programmlaufes mehrere Differentialgleichungen eingegeben, deren Ergebnisse protokolliert werden sollen, so muß für jede Gleichung ein neuer Protokoll-Filename eingegeben werden, da sonst eine bereits bestehende Datei gelöscht würde.

4. Durch Drücken der `UNDO`-Taste kann das Programm während der Integration vorzeitig angehalten werden. Der augenblicklich in Arbeit befindliche Zeitschritt wird noch fertig gerechnet und anschließend wird die weitere Integration abgebrochen. Der Zustand des Programmes ist dann der gleiche, wie wenn von Beginn an der augenblicklich erreichte Zeitpunkt als Integrationsende T vorgegeben gewesen wäre.

# Literatur

siehe Seite 205 ff.

# Methoden zur Lösung von Integral- und Differentialgleichungen

E. Kaucher
Institut für Angewandte Mathematik
Universität Karlsruhe (TH)

**Zusammenfassung**

**Es wird eine zusammenfassende Übersicht gegeben über die Grundkonzepte zur E-verifizierten numerischen Lösung von Funktionenraumproblemen wie gewöhnliche Differentialgleichungssysteme, Integralgleichungen, unendliche Gleichungssysteme, parameterabhängige Gleichungen usw.**

Digitale Rechner werden schon seit einiger Zeit zur verifizierenden Lösung von Problemen der numerischen Algebra eingesetzt. In diesem Beitrag wird ein Konzept vorgestellt, das es ermöglicht, ähnliche Methoden auch auf funktionale Probleme anzuwenden. Grundlage hierzu sind die schon seit 1984 in [13] dargelegten Prinzipien. Eine kleine Auswahl von Aufgabenstellungen, die dann auf einem Rechner gelöst werden können, zeigt die folgende nicht erschöpfende Aufstellung:

1. **Gewöhnliche Differentialgleichungssysteme**

$$y' = f(x, y),\ y(0) = \eta$$

gesucht: $y(x),\ x \in [0,1]$.

2. **Integralgleichungen**

$$y = \int_0^1 K_1(s,t)\, y(t)\, dt + \int_0^s K_2(s,t)\, y(t)\, dt + g(s)$$

gesucht: $y(s),\ s \in [0,1]$.

3. **Unendliche Gleichungssysteme**

$$x_i = \sum_{j=1}^{\infty} K_{ij}\, x_j + g_i,\ i = 1, 2, \ldots$$

gesucht: $x = (x_1, x_2, \ldots)$.

## 4. Parameterabhängige lineare Gleichungssysteme

$$A(t)\,x(t) = b(t) \text{ zum Beispiel}$$

$$\text{mit } A = \begin{pmatrix} 1-t^2 & 3 & 4 \\ 2 & 1+t^2 & 1-t \\ t & t^2 & t^3 \end{pmatrix}, \; t \in [0,1]$$

gesucht: $x(t)$ in Abhängigkeit vom Parameter $t$.

## 5. Parametrisierte Differentialgleichungssysteme

$$\dot{z}_i(t) = \varphi_i(t,z,w),\; i = 1,\ldots,n$$
$$\dot{w}(t) = \alpha(t,z,w)$$

AWP: $z(0) = R,\; w(0) = f(R)$

gesucht: $z(t,R),\; w(t,R)$ mit $z = (z_1,\ldots,z_n)$ in Abhängigkeit vom Parametervektor $R = (R_1,\ldots,R_N)$.

Die ersten drei Probleme sind miteinander verwandt. So treten unendliche Gleichungssysteme z. B. auf bei Fourier-Analysen, Basisentwicklungen der Lösung von Problemen bei Differential- und Integralgleichungen und entsprechend schwachen Lösungsansätzen und insbesondere bei der Diskretisierung partieller Differentialgleichungen. Die parameterabhängige Lösung des Differentialgleichungssystems unter Punkt 5 führt mit den Bezeichnungen $x_i := z_i(t,R)$, $i = 1,\ldots,n$ und $u := w(t,R)$ auf eine Lösung des partiellen Differentialgleichungssystems

$$u_t + \sum_{i=1}^{n} u_{x_i}\,\varphi_i(t,x,u) = \alpha(t,x,u), \quad u(0,x) = f(x),\; x \in \mathbb{R}.$$

Als langfristiges Ziel ist ein Programmkalkül angestrebt, mit dem man funktionale Probleme so auf einem Rechner bearbeiten kann, wie dies bislang für numerisch algebraische Probleme der Fall war. Um die Analogie zur numerischen Algebra herauszuarbeiten, wird zunächst das allgemeine algebraische Fixpunktproblem $x = Ax + b$ herangezogen. Wenn der Spektralradius von $A$ kleiner 1 ist, wird man unter Berücksichtigung eines geeigneten Startwertes $x_0$ eine Iteration der Form

$$x_{i+1} := Ax_i + b,\; i = 0,1,\ldots \tag{1}$$

auf dem Rechner durchführen und beim Erreichen einer bestimmten Genauigkeit abbrechen. Ein entsprechendes funktionales Problem wäre die Bestimmung eines Fixpunktes der Integralgleichung

$$x(s) = \int_0^1 K(s,t)\, x(t)\, dt + g(s)$$

in einem Banach- oder Hilbertraum, der unter geeigneten Voraussetzungen an den Kern $K(s,t)$ über eine Iterationsvorschrift im funktionalen Sinne

$$x_{i+1} := \mathcal{K} x_i + g, \; i = 0, 1, \ldots \tag{2}$$

mit dem Integraloperator $\mathcal{K}x(s) := \int_0^1 K(s,t)\, x(t)\, dt$ gewonnen werden kann. Beide Iterationsvorschriften unterscheiden sich im wesentlichen nicht in der Form, sondern im Typ der Iterierten und der Interpretation der verwendeten Operatoren. In (1) sind die Iterierten Vektoren und die Verknüpfungen Skalarprodukte, während in (2) mit Funktionen und funktionalen Operatoren gearbeitet werden muß. Im Hinblick auf eine Bearbeitung der Vorschrift (2) mit einem Rechner sind deswegen zwei grundsätzliche Voraussetzungen zu schaffen. Zum einen muß man Funktionen auf irgendeine Weise in der Maschine darstellen bzw. approximieren können (Datentyp) und zum anderen müssen die funktionalen Operatoren realisiert werden.

Dieses Ziel vor Augen, orientiert man sich zunächst wieder an gewohnten algebraischen Strukturen, also den reellen Zahlen und den darauf definierten Verknüpfungen $(\mathbb{R}, +, -, *, /)$. Da sich die reellen Zahlen nicht geschlossen auf der Maschine darstellen lassen, arbeitet man auf dem Rechner gewöhnlich mit der Struktur $(R, \boxplus, \boxminus, \boxast, \boxslash)$ bestehend aus Gleitpunktzahlen fester Länge und den approximativen $\square$-Operationen. Dabei ist unter einer Gleitpunktmaschinenzahl $\xi \in R$ im Prinzip eine Entwicklung von $\xi$ in dem der Maschine zugrunde liegenden Zahlensystem mit Basis $b$ zu verstehen, wobei die Ziffern von $\xi$ den Entwicklungskoeffizienten entsprechen.

Auch Funktionen kann man innerhalb eines gewissen Konvergenzbereiches bezüglich einer gegebenen Funktionenbasis entwickeln. Sei z. B. $f \in M$ ein Element des Funktionenraumes $M$, $\Phi = \langle \varphi_i(s) \rangle_{i=1}^{\infty}$ eine Basis von $M$ und $f(s) = \sum_{i=1}^{\infty} f_i\, \varphi_i(s)$ in $\Phi$ entwickelbar, dann ist als funktionale Verallgemeinerung des Begriffs Gleitpunktmaschinenzahl eine Darstellung fester Länge der Form

$$f(s) \sim \sum_{i=1}^{N} f_i\, \varphi_i(s), \; f_i \in \mathbb{R}$$

anzusehen. Als Übertragung in einen entsprechenden Intervallfunktionenraum werden Einschließungen der Form

$$f(s) \in \sum_{i=1}^{N} F_i\, \varphi_i(s), \; F_i \in I\mathbb{R}$$

betrachtet. Legt man sich nun auf eine bestimmte Basis $\Phi$ fest, dann wird das Rechnen mit Funktionen bzw. Funktionsmengen auf das Rechnen mit deren Koeffizienten in der Basisdarstellung zurückgeführt werden. Zur Erfassung der Koeffizienten bietet sich dann natürlich die *array*-Datenstruktur an.

Für die weiteren Überlegungen werden einige Bezeichnungen eingeführt. Der zur Basis $\Phi$ bezogene Koeffizienten-Darstellungsraum $I\!R^N$ wird isomorph bezeichnet mit $S_N M$, d. h.

$$S_N M := \{\sum_{i=1}^{N} f_i \varphi_i \mid f_i \in I\!R,\ \varphi_i \in \Phi\}.$$

Mit der Abkürzung $\boldsymbol{f} := (f_1, \ldots, f_N)$ und fest gewählter endlicher Basis $\Phi = <\varphi_1, \ldots, \varphi_N>$ wird ein Element $f \in S_N M$ beschrieben durch

$$f = \sum_{i=1}^{N} f_i \varphi_i = \Phi \boldsymbol{f}.$$

Entsprechendes wird für den Intervallkoeffizienten-Darstellungsraum $IS_N M$, der zum $I I\!R^N$ isomorph ist, festgelegt. Für seine Elemente $F \in IS_N M$ gilt die Darstellung

$$IS_N M := \{\sum_{i=1}^{N} F_i \varphi_i \mid F_i \in I I\!R, \varphi_i \in \Phi\} \tag{3}$$

$$F = \sum_{i=1}^{N} F_i \varphi_i = \Phi \boldsymbol{F}.$$

Wie bei der Definition der Intervallrechnung üblich, kann man den $IS_N M$ auch als Teilmenge der Potenzmenge $I\!PM$ über $M$ einführen. Von besonderer Wichtigkeit ist nun die Interpretation von Elementen $F \in IS_N M$. Der Leser möge sich immer vor Augen halten, daß die Elemente aus $IS_N M$ im Graphensinne zu interpretieren sind. Wenn $M$ z. B. über dem Intervall [0,1] erklärt ist, bedeutet das

$$F = F(s) = \sum_{i=1}^{N} F_i \varphi_i(s) = \{y \in M \mid y(s) \in \sum_{i=1}^{N} F_i \varphi_i(s),\ s \in [0,1]\}. \tag{4}$$

D. h. $F$ ist ein Funktionenschlauch, der im Graphensinne eine Teilmenge $F \subseteq M$ charakterisiert.

Anhand des Beispiels einer Volterraschen Integralgleichung 2. Art

$$x(s) = \int_0^s K(s,t)\, x(t)\, dt + g(s) =: Tx(s) \tag{5}$$

soll das weitere Vorgehen motiviert werden. Als geeigneten Funktionenraum $M$ könnte man etwa den Raum $L^2_{[0,1]}$ der auf $[0,1]$ quadratisch integrierbaren Funktionen oder den $C^0_{[0,1]}$ zugrunde legen. Diese Gleichung stellt ein typisches Fixpunktproblem dar. Für analoge Probleme der numerischen Algebra können üblicherweise Existenzaussagen gemacht werden, sofern eine Menge, die gewisse Voraussetzungen erfüllt, durch die Abbildungsvorschrift in sich abgebildet wird. Grundlage für die Übertragung solcher Aussagen auch auf funktionale Probleme bildet der folgende

**Satz 1 (Schauderscher Fixpunktsatz)**
*Sei $M$ ein Banachraum, $f : M \to M$ eine kompakte Abbildung und $X \subseteq M$ eine nichtleere, konvexe, abgeschlossene und beschränkte Teilmenge von $M$, dann gilt:*

$$f(X) \subseteq X \;\Rightarrow\; \exists \hat{x} \in M \textit{ mit } \hat{x} \in X \textit{ und } \hat{x} = f(\hat{x}). \tag{6}$$

Auf die obige Integralgleichung (5) bezogen, wäre bei kompakter Abbildung $T$ also eine Menge $X \in \mathbb{P}M$ zu suchen, die den Bedingungen des Satzes genügt und die Eigenschaft

$$X(s) \supseteq \int_0^s K(s,t)\,X(t)\,dt + g(s) \tag{7}$$

besitzt. Hier bedeutet zunächst $\subseteq$ die in (6) zu erfüllende Inklusion bezüglich des zugrunde gelegten Raumes $M$. Da von $f$ verlangt wird, daß $f : M \to M$ abbildet, ist der Klassenerhalt gesichert, d. h. gilt die Teilmengencharakterisierung (7) im Graphensinne (4), so gilt (7) auch im Sinne von (6).

Gelingt es also, die rechte Seite der Gleichung auf der Maschine zu berechnen, dann kann durch einen einfachen Inklusionstest auf die Existenz, eines Fixpunktes automatisch geschlossen werden. Hier stellen sich einige Fragen:

(a) Wie realisiert man die auf der rechten Seite auftretenden Operationen $\int, +, -, *, /$ auf dem Rechner?

(b) Wie wird der Inklusionstest „$\subseteq$“ auf die Maschine gebracht?

(c) Wie berechnet man die Menge $X \in \mathbb{P}M$ ?

**Zu Frage (a):**

Mit $\Omega = \{+, -, *, /, \int\}$ sei die Menge der auf $M$ definierten Operationen bezeichnet, die natürlich noch um zusätzliche Operatoren wie exp, sin, cos usw. erweitert werden kann. Gesucht ist nun eine Abbildung der Struktur $(M; \Omega)$ nach $(S_N M; \boxplus, \boxminus, \boxdot, \boxslash, ⨖)$, wobei mit

$\boxdot : S_N M \times S_N M \rightarrow S_N M$, $\circ \in \Omega$ die auf der Maschine zu realisierenden Näherungsoperationen gemeint sind. Es bleibt festzuhalten, daß die $\square$-Verknüpfungen nicht aus $S_N M$ herausführen und daß $\square$ als monadischer Operator aufzufassen ist. Die so auf $S_N M$ erklärte Arithmetik wird in Anlehnung an bekannte Strukturen aus der numerischen Algebra (vgl. [15]) *Funktoid*-Arithmetik und $S_N M$ selbst auch als *Funktoid* bezeichnet (vgl. [13]). Es gilt nun, die $\square$-Operatoren für zwei Elemente $f, g \in S_N M$ auf die Verknüpfung der zugehörigen Koeffizienten zurückzuführen und zwar so, daß das Ergebnis wieder in $S_N M$ liegt. Am einfachsten kann dies für die additiven Operationen erreicht werden:

$$\begin{aligned} f \pm g &= \Phi \boldsymbol{f} \pm \Phi \boldsymbol{g} = \sum_{i=1}^{N} f_i \varphi_i \pm \sum_{i=1}^{N} g_i \varphi_i \\ &= \sum_{i=1}^{N} \underbrace{(f_i \pm g_i)}_{\omega_\pm(\boldsymbol{f},\boldsymbol{g})_i} \varphi_i = \Phi\, \boldsymbol{\omega}_\pm(\boldsymbol{f}, \boldsymbol{g}), \end{aligned}$$

man definiert also

$$f \boxplus g := \Phi\, \boldsymbol{\omega}_\pm(\boldsymbol{f}, \boldsymbol{g}).$$

Etwas mehr Mühe bereitet schon die Multiplikation, weil das Produkt zweier Elemente aus $S_N M$ i. a. kein darstellbares Element in der Basis ergibt und somit aus $S_N M$ herausführt. Man denke hierbei nur an die Monombasis $< 1, x, \ldots, x^N >$ und an das Produkt zweier Polynome vom Grad $N$. Hier spielt nun die Wahl der Basis $\Phi$ eine entscheidende Rolle. Man verwendet nämlich nur solche Basen, bei denen durch geeignetes Runden für Produkte $\varphi_i \varphi_j$, die nicht mehr in $S_N M$ liegen, eine Darstellung der Form $\varphi_i \varphi_j \in \sum_{k=1}^{N} \Gamma_{ijk} \varphi_k$ existiert, z. B. in der Monombasis mittels Taylor- oder Tschebyscheff-Rundung (vgl. [13]). Mit der Abkürzung $\Gamma_k := (\Gamma_{ijk})_{i,j=1,\ldots,N}$ ergibt sich dann

$$\begin{aligned} f * g &= \Phi \boldsymbol{f} * \Phi \boldsymbol{g} = \left( \sum_{i=1}^{N} f_i \varphi_i \right) * \left( \sum_{j=1}^{N} g_j \varphi_j \right) = \sum_{i=1}^{N} \sum_{j=1}^{N} f_i g_j \varphi_i \varphi_j \\ &\approx \sum_{k=1}^{N} \left( \sum_{i=1}^{N} \sum_{j=1}^{N} f_i \Gamma_{ijk} g_j \right) \varphi_k \\ &= \sum_{k=1}^{N} \underbrace{(\boldsymbol{f}^T \Gamma_k \boldsymbol{g})}_{\omega_*(\boldsymbol{f},\boldsymbol{g})_k} \varphi_k = \Phi\, \boldsymbol{\omega}_*(\boldsymbol{f}, \boldsymbol{g}), \end{aligned}$$

dabei sind die $\Gamma_k$ für die feste Basis $\Phi$ a priori bekannt und ein für allemal als Tabelle anzulegen. Man definiert

$$f \boxast g = \Phi\, \boldsymbol{\omega}_*(\boldsymbol{f}, \boldsymbol{g}).$$

Allgemein bestimmt man zu jeder Operation $\circ \in \Omega$ eine Abbildung $\boldsymbol{\omega}_\circ(\boldsymbol{f}, \boldsymbol{g}) : \mathbb{R}^N \times \mathbb{R}^N \to \mathbb{R}^N$ und definiert dann

$$f \boxcircle g := \Phi\, \boldsymbol{\omega}_\circ(\boldsymbol{f}, \boldsymbol{g}).$$

In ähnlicher Weise muß eine Zuordnung von $(IS_N M; \Omega)$ auf eine *Intervall-Funktoid* genannte Struktur $(IS_N M; \diamond\!\!\!+, \diamond\!\!\!-, \diamond\!\!\!\ast, \diamond\!\!\!/, \diamond\!\!\!\$)$ vorgenommen werden, wobei die Rautesymbole hier für die Auswertung in einer solchen *Intervall-Funktoid*-Arithmetik stehen. Man fordert von diesen Operationen, daß sie die folgende wichtige Inklusionseigenschaft besitzen

$$\bigwedge_{\circ \in \Omega} \; \bigwedge_{f, g \in M} \; \bigwedge_{F, G \in IS_N M} (f \in F, g \in G \Rightarrow f \circ g \in F \diamond G). \tag{8}$$

Da die Koeffizienten nun Intervalle, die $\varphi_i(s)$ für festes $s$ jedoch reell sind, muß man, um die Eigenschaft (8) zu erfüllen, die Regeln der gewöhnlichen Intervallrechnung genau beachten. Insbesondere wird hier darauf hingeweisen, daß das Distributivgesetz i. a. keine Gültigkeit mehr besitzt, sondern nur noch in der abgeschwächten Form

$$\bigwedge_{A, B, C \in I\mathbb{R}} (A + B)C \subseteq AC + BC \tag{9}$$

angewendet werden darf. Die Gleichheit gilt im allgemeinen nicht.

Die Multiplikation wird im folgenden für den Fall $N = 2$ mit Basis $\Phi = <\varphi, \psi>$ exemplarisch behandelt. Sei also $\varphi = \varphi(s)$ bzw. $\psi = \psi(s)$ mit $s \in [0, 1]$ beliebig fest:

$$\begin{aligned} F * G &= \Phi \boldsymbol{F} * \Phi \boldsymbol{G} \\ &= (F_1\varphi + F_2\psi) * (G_1\varphi + G_2\psi) \\ &\overset{(9)}{\subseteq} F_1 G_1 \varphi^2 + (F_1 G_2 + F_2 G_1)\varphi\psi + F_2 G_2 \psi^2. \end{aligned}$$

Die Produkte $\varphi^2, \varphi\psi$ und $\psi^2$ liegen i. a. nicht mehr in $\Phi$, sodaß mit Hilfe einer gerichteten Rundung $IS_2$ a priori ein Tableau der folgenden Art angelegt werden muß

$$\begin{aligned} \varphi^2 &\in \Phi\boldsymbol{U} = U_1\varphi + U_2\psi =: IS_2(\varphi^2) \\ \varphi\psi &\in \Phi\boldsymbol{V} = V_1\varphi + V_2\psi =: IS_2(\varphi\psi) \\ \psi^2 &\in \Phi\boldsymbol{W} = W_1\varphi + W_2\psi =: IS_2(\psi^2) \\ &\quad \text{mit } U_i, V_i, W_i \in I\mathbb{R},\ i = 1,2\,. \end{aligned}$$

**Beispiel:**

Monombasis $\Phi = < 1, x, x^2, \ldots >$ über dem Intervall $[0,1]$: Dann ist z. B. mit

$$x^{2+p} \in IS_2(x^{2+p}) := x^2[0,1],\ p \geq 1,\ IS_2 \text{ linearer Operator}$$

eine solche gerichtete Rundung gegeben.

Unter Verwendung der Tabelle formt man nun weiter um

$$\begin{aligned} F * G \subseteq\ & \underbrace{(F_1G_1U_1 + (F_1G_2 + F_2G_1)V_1 + F_2G_2W_1)}_{H_1}\varphi + \\ & \underbrace{(F_1G_1U_2 + (F_1G_2 + F_2G_1)V_2 + F_2G_2W_2)}_{H_2}\psi \end{aligned}$$

und definiert schließlich

$$F \circledast G := \Phi\,\boldsymbol{H} = \Phi\,\omega_*(\boldsymbol{F}, \boldsymbol{G}).$$

Weil zur Herleitung s beliebig gewählt wurde, ist die Bedingung (8) für $F \circledast G$ erfüllt.

Auf eine mögliche Fehlerquelle wird im Zusammenhang mit der Realisierung des monadischen Integraloperators $\oint : S_NM \to S_NM$ hingewiesen. Legt man einem über [0,1] definierten Funktionenraum $M$ die Monombasis $\Phi = < 1, x, \ldots, x^N >$ zugrunde und betrachtet der Einfachheit halber das konstante *Intervall-Funktoid*-Element $F = [\alpha, \beta] \in IS_NM$, wobei $[\alpha, \beta]$ ein Intervall ist, dann sind in $F$ alle Elemente $f \in M$ enthalten, die in dem zwischen $\alpha$ und $\beta$ verlaufenden Funktionenschlauch wertemäßig liegen. Abbildung 1 zeigt, daß $F$ zwar als Element von $IS_NM$ konstant ist, d. h. die Grenzfunktionen $\alpha$ und $\beta$ sind konstant, aber daß mit $F$ nicht nur die Menge aller zwischen $\alpha$ und $\beta$ verlaufenden konstanten Funktionen $f \in M$ gemeint ist. Aus

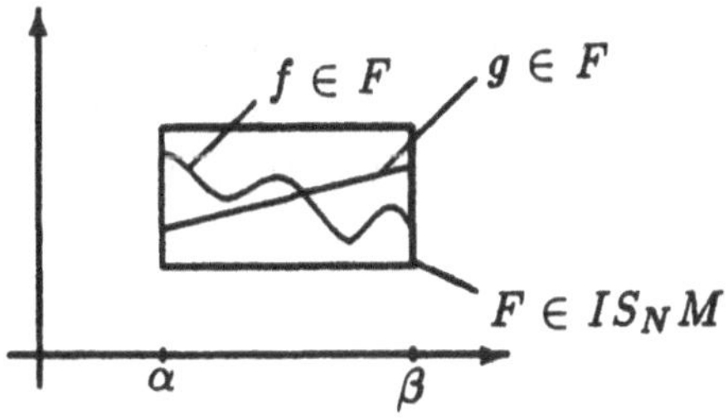


Abbildung 1: Interpretation eines Elements $F \in IS_N M$

diesem Grund darf man bei der Integration nicht einfach die Intervallkoeffizienten vor das Integralzeichen ziehen, d. h.

$$\int (\Phi \boldsymbol{F}) = \int \sum_{i=1}^{N} F_i \varphi_i(t)\, dt \overset{\text{i. a.}}{\neq} \sum_{i=1}^{N} F_i \int \varphi_i(t)\, dt = \left(\int \Phi\right) \boldsymbol{F}. \quad (10)$$

Das Vorziehen der Koeffizienten scheitert abermals an der Ungültigkeit des Distributivgesetzes, hier im infinitesimalen Sinn. Diese Schwierigkeit kann man stets umgehen, indem man z. B. die Bereiche, in denen die $\varphi_i(t)$ positiv bzw. negativ sind, getrennt aufsummiert oder durch eine lineare Transformation $R$ im $\mathbb{R}^N$, durch die Beziehung

$$\begin{aligned} \int (\Phi \boldsymbol{F}) \subseteq \int \underbrace{(\Phi R^{-1})}_{\Psi}(R\boldsymbol{F}) &= \left(\int \Psi\right)(R\boldsymbol{F}) \quad (11) \\ &= \left(\int \Phi\right) R^{-1}(R\boldsymbol{F}), \end{aligned}$$

wobei nun o. B. d. A. $\Psi > 0$ erzielt wird. Auf eine tiefergehende Betrachtung muß hier verzichtet werden (Man beachte allerdings, daß i. a. $R^{-1}(RF) \neq F$ ist).

**Zu Frage (b):**

Den logischen Inklusionsoperator kann man komponentenweise implementieren, denn es gilt, wie man leicht einsieht, die hinreichende, aber nicht notwendige Bedingung

$$F_k \subseteq G_k,\ k = 1, \ldots, N \ \Rightarrow\ F \subseteq G. \quad (12)$$

Es gilt nämlich für alle $\varphi_k \in \Phi$ die Beziehung $F_k\varphi_k \subseteq G_k\varphi_k$ und schließlich $\sum_{k=1}^{N} F_k\varphi_k \subseteq \sum_{k=1}^{N} G_k\varphi_k$. Dieser Inklusionstest ist i. a. nicht optimal, weil die Bedingung (12) eben nicht notwendig ist. Sei nun $R$ eine reguläre Transformationsmatrix, dann kann man analog wie in

(11) durch Übergang in die neue Basis $\Psi := \Phi R^{-1}$ und anschließenden komponentenweisen Test evtl. bessere Ergebnisse erzielen. Anstelle von $F \subseteq G$ bzw. $\Phi \boldsymbol{F} \subseteq \Phi \boldsymbol{G}$ würde man wegen

$$\Phi R^{-1} R\boldsymbol{F} \subseteq \Phi R^{-1} R\boldsymbol{G} \Leftrightarrow \Psi R\boldsymbol{F} \subseteq \Psi R\boldsymbol{G}$$

dann von $(R\boldsymbol{F})_k \subseteq (R\boldsymbol{G})_k$, $k = 1, \dots, N$ auf $F \subsetneq G$ schließen können. Wie die Transformationsmatrix $R$ allerdings am geschicktesten zu wählen ist, kann derzeit noch nicht zufriedenstellend beantwortet werden.

**Zu Frage (c):**

Zur Vereinfachung soll zunächst angenommen werden, daß der Kern $K(s,t)$ in eine von den Parametern $s$ und $t$ abhängige Entwicklung der Gestalt

$$K(s,t) \in \sum_{k=1}^{P} a_k(s)\, B_k(t) \quad \text{mit} \qquad a_k \in S_N M, B_k \in IS_N M, \quad k = 1, \dots, P \tag{13}$$

gebracht werden kann. Man wird weiter unten sehen, daß eine solche Darstellung von $K$ der Verallgemeinerung des Funktoidbegriffs auf Probleme mit zwei unabhängigen Variablen entspringt. Der entscheidende Schritt besteht nun darin, die reellen Koeffizienten $a_k(s)$ vor die Summe zu ziehen und die auf der rechten Seite auftretenden Operationen durch die *Funktoid*- bzw. *Intervall-Funktoid*-Verknüpfungen zu ersetzen. Man vergröbert dadurch den Operator $T$ aus (5), erhält den *Funktoid*-Operator $\Diamond T$

$$TX(s) \subseteq \diamond\!\!\!\!\sum_{k=1}^{P} a_k(s) \diamondsuit \oint_0^s B_k(t) \diamondsuit X(t)\, dt \diamondsuit g(s) =: (\Diamond T)\, X(s) \tag{14}$$

und sucht eine Menge $Y(s) \in IS_N M$ mit der Eigenschaft

$$Y(s) \supseteq (\Diamond T)\, Y(s). \tag{15}$$

Wenn eine solche Menge $Y$ existiert, dann ergibt sich unmittelbar die Existenz eines Fixpunktes $x \in Y$. Denn es gilt dann

$$Y \supseteq (\Diamond T) Y \supseteq TY\,. \tag{16}$$

Die Menge $X \subseteq M$, die man benötigt, um den Schauderschen Fixpunktsatz anzuwenden, kann man durch $X := Y \cap M$ definieren, denn in $Y$ können noch Funktionen enthalten sein, die nicht in $M$ liegen (Man denke z. B. an $M = L^2_{[0,1]}$. Nicht jede beliebige in einem Funktionenschlauch verlaufende Funktion ist quadratisch integrierbar). Diese Durchschnittbildung ist erlaubt, da vorausgesetzt wurde, daß $T : M \to M$ abbildet, d. h. für $X \subseteq M$ gilt $TX = TX \cap M$. Also gilt wegen $X = Y \cap M \subseteq Y$ und (16) auch $TX \subseteq TY \subseteq Y$ und schließlich $TX = TX \cap M \subseteq Y \cap M = X$. Es gilt also $TX \subseteq X$, sodaß mit dem Schauderschen Fixpunktsatz die Aussage folgt

$$\exists \hat{x} \in X \subseteq Y \text{ mit } \hat{x} = T\hat{x}.$$

Schließlich läßt sich ein Algorithmus zur Lösung der Volterraschen Integralgleichung in folgender Weise formulieren:

$Y^{(0)} := \tilde{y};$ (Näherungslösung)
<u>**repeat**</u>
  $Y^{(i+1)} := (\Diamond T)\, Y^{(i)}$
<u>**until**</u> $(Y^{(i+1)} \subseteq Y^{(i)})$; (17)
<u>**if**</u> $(Y^{(i+1)} \subseteq Y^{(i)})$ <u>**then**</u> exit ('$\exists \hat{x} \in Y^{(i+1)}$ mit $\hat{x} = T\hat{x}$')
<u>**else**</u> exit ('Es konnte kein Fixpunkt nachgewiesen werden')

Dieser Algorithmus könnte mit Hilfe der *Funktoid*- resp. *Intervall-Funktoid*-Arithmetik in ein Programm umgesetzt werden, sofern sich $T$ nur aus den Operatoren $\Omega$ zusammensetzt. Verwendet man die Bezeichnung $Tx = T(x; \Omega)$, dann wäre $\Diamond Tx = T(x; \Diamond\Omega)$ eine solche Umsetzung. Ohne näher darauf einzugehen, seien noch zwei Bemerkungen angeführt:

1. In speziellen Fällen kann sogar die Eindeutigkeit des Fixpunktes bewiesen werden.
2. Daß der Operator $T$ kontrahierend ist, muß nicht von vornherein bekannt sein. Man kann im Gegenteil nur durch Forderung einer verschärften Inklusionsbedingung in (6) und (17) zeigen, daß $T$ kontrahierend ist oder es zumindest ein $p \geq 1$ gibt mit $\| T^p \| < 1$, sofern die Iteration in (17) erfolgreich abbricht.

Wie bereits oben erwähnt, muß der Funktoidbegriff auf Probleme mit zwei Parametern erweitert werden. Statt mit dem Funktoid $(M; \Omega) = (M_{[s]}; \Omega)$ in der einen Variablen $s$ benötigt man eine entsprechende Struktur $(M_{[s,t]}; \Omega)$ in den Variablen $s$ und $t$. Analoges gilt natürlich auch für die *Intervall-Funktoide*. Sind

$$\Phi = <\varphi_1(s), \ldots, \varphi_N(s)> \text{ und } \Psi = <\psi_1(t), \ldots, \psi_N(t)>$$

zwei nicht notwendig verschiedene Basissysteme, dann lassen sich Elemente aus $S_N M_{[s,t]}$ in der Form

$$f = \sum_{i=1}^{N} \sum_{j=1}^{N} f_{ij}\, \varphi_i(s)\, \psi_j(t)$$

beschreiben. Eine Arithmetik im obigen Sinne muß jetzt auch für die Räume $S_N M_{[s,t]}$ und $IS_N M_{[s,t]}$ implementiert werden und kann in formaler Analogie zur einparametrigen Arithmetik realisiert werden. Hat man die Arithmetik einmal zur Verfügung, dann kann man die etwas künstlich wirkende Bedingung (13) an den Kern fallen lassen. Wenn der Kern nämlich aus den arithmetischen Operationen in $\Omega$ aufgebaut ist, kann durch Ausführung dieser Operationen im Funktoid zweiter Stufe eine Einschließung $\lozenge K(s,t)$ mit $K(s,t) \in \lozenge K \in IS_N M_{[s,t]}$ automatisch bestimmt werden. Der obige Algorithmus kann dann so formuliert werden, wie er im Prinzip 1:1 in Programmcode umgesetzt wird:

$Y^{(0)} := \tilde{y}$; (Näherungslösung)
$Z := \lozenge K(s,t)$; (Auswertung im *Funktoid* 2. Stufe)
**repeat**

$$Y^{(i+1)} := \oint_t (Z \mathbin{\lozenge\!\!\!\times} Y^{(i)}) \mathbin{\lozenge\!\!\!+} g = T(Y^{(i)}, \lozenge\Omega); \quad (\oint_t \text{ partielle Integration})$$

**until** $(Y^{(i+1)} \subseteq Y^{(i)})$;
**if** $(Y^{(i+1)} \subseteq Y^{(i)})$ **then** exit ('$\exists \hat{x} \in Y^{(i+1)}$ mit $\hat{x} = T\hat{x}$')
**else** exit ('Es konnte kein Fixpunkt nachgewiesen werden')

Numerische Ergebnisse der zu Anfang aufgeführten Problemstellungen wurden bis heute vor allem für den Problemkreis gewöhnlicher Differentialgleichungssysteme sowie für Fredholmsche und Volterrasche Integralgleichungen und unendliche Gleichungssysteme gewonnen. Erste Ergebnisse für partielle Differentialgleichungen liegen ebenfalls vor. Für eine eingehendere Diskussion wird auf die Literatur und hier insbesondere auf [2], [3], [4], [7], [11], [13], [16], [19] und [21] verwiesen.

# Literatur

[1] Alefeld, G. und Herzberger, J.: *Einführung in die Intervallrechnung.* Bibliographisches Institut, Mannheim, 1974.

[2] Corliss, G. F.: *Computing Narrow Inclusions for Definit Integrals.* In [7], S. 150–169.

[3] Dobner, H.-J.: *Einschließungsalgorithmen für hyperbolische Differentialgleichungen.* Dissertation, Universität Karlsruhe, 1986.

[4] Dobner, H.-J. und Kaucher, E.: *Solving Characteristic Initial Value Problems with Guaranteed Errorbounds.* In [7], S. 170–185.

[5] *FORTRAN-SC, A Study of a FORTRAN Extension for Engineering/Scientific Computation with Access to ACRITH*, Language Reference and User's Guide. IBM Development Laboratory Böblingen, Germany, 1988.

[6] IBM *High-Accuracy Arithmetic Subroutine Library* (ACRITH). Program Description and User's Guide, SC 33-6164-02, 3rd Edition, 1986.

[7] Kaucher, E., Kulisch, U. und Ullrich, Ch. (Hrsg.): *Computer Arithmetic – Scientific Computation and Programming Languages.* Teubner, Stuttgart, 1987.

[8] Kaucher, E. und Rump, S. M.: *E-Methods for Fixed Point Equation* $f(x) = x$. Computing **28**, S. 31–42, 1982.

[9] Kaucher, E.: *Interval Analysis in the Extended Interval Space IR.* Computing Suppl. **2**, S. 33–49, 1980.

[10] Kaucher, E. und Miranker, W. L.: *Residual Correction and Validation in Functoids.* Computing Suppl. **5**, S. 169–192, 1984.

[11] Kaucher, E.: *Self-Validating Computation of Ordinary and Partial Differential Equations.* In [7], S. 221–254.

[12] Kaucher, E.: *Self-Validating Numerical Methods.* Proceedings of the AMSE Conference on Modelling & Simulation, Vol. **3**.1, Athen, 1984.

[13] Kaucher, E. und Miranker, W. L.: *Self-Validating Numerics for Function Space Problems.* Academic Press, New York, 1984.

[14] Kaucher, E.: *Solving Function Space Problems with Guaranteed, Close Bounds*. In Kulisch, U. und Miranker, W. L.: *A New Approach to Scientific Computation*, S. 139–164, Academic Press, New York, 1983.

[15] Kulisch, U. und Miranker, W. L.: *Computer Arithmetic in Theory and Practice*. Academic Press, New York, 1981.

[16] Kulisch, U. und Stetter, H. J. (Hrsg.): *Scientific Computation with Automatic Result Verification*. Computing Suppl. 6, Springer, Wien, 1988.

[17] Kulisch, U. (Ed.): *PASCAL-SC: A Pascal Extension for Scientific Computation*, Information Manual and Floppy Disks, Version IBM PC. B. G. Teubner, Stuttgart, John Wiley & Sons, Chichester, 1987.

[18] Kulisch, U. (Ed.): *PASCAL-SC: A Pascal Extension for Scientific Computation*, Information Manual and Floppy Disks, Version ATARI ST, B. G. Teubner, Stuttgart, 1987.

[19] Lohner, R.: *Einschließung der Lösung bei gewöhnlichen Anfangs- und Randwertaufgaben und Anwendungen*. Dissertation, Universität Karlsruhe, 1988.

[20] Moore, R. E. (Hrsg.): *Reliability in Computing – The Role of Interval Methods in Scientific Computing*. Academic Press, San Diego, 1988.

[21] Rall, L. B.: *Optimal Implementation of Differentiation Arithmetic*. In [7], S. 287–295.

# Einschließung der Lösung von linearen Gleichungssystemen auf Vektorrechnern

G. Schumacher
Institut für Angewandte Mathematik
Universität Karlsruhe (TH)

**Zusammenfassung**

Anhand der prototyphaften Implementierung eines selbstverifizierenden Lösers für lineare Gleichungssysteme werden prinzipielle Schwierigkeiten beim Umgang mit Vektorrechnern aufgezeigt, insbesondere was den Aspekt der Genauigkeit betrifft.

## 1 Einleitung

Diese Ausarbeitung soll einen Einblick in Probleme geben, die uns im Hinblick auf Vektorrechner beschäftigen werden. Die neue Technologie dieser Supercomputer ermöglicht es, riesige Datenmengen in relativ kurzer Zeit zu verarbeiten. Diese Maschinen werden im numerischen Bereich sehr intensiv eingesetzt. Die Funktionsweise sowie die Vor- und Nachteile eines solchen Vektorrechners werden am Beispiel der am Rechenzentrum der Universität Karlsruhe installierten CYBER 205 erläutert.

## 2 Vektorrechner

Zunächst sollen einige grundlegende Prinzipien von Vektorrechnern vorgestellt werden. Hauptmerkmal eines Vektorrechners ist ein segmentiertes Rechenwerk, also eine grundsätzlich andere Architektur als bei Universal-Rechnern. Der Geschwindigkeitsvorteil resultiert in erster Linie aus speziell aufbereiteten Daten, die der Rechner sehr schnell verarbeiten kann. Am Beispiel der Addition zweier Vektoren wird die Vorgehensweise verdeutlicht (vgl. Abbildung 1). Während die Komponenten bei den Vektoren mit Index 7 addiert werden, erfolgt gleichzeitig eine Vorbereitung der nachfolgenden Komponenten, hier mit Index 8 - 10, für die Addition, d.h. es wird u. a. eine Dekomposition in Mantisse und Exponent durchgeführt. Ebenfalls parallel

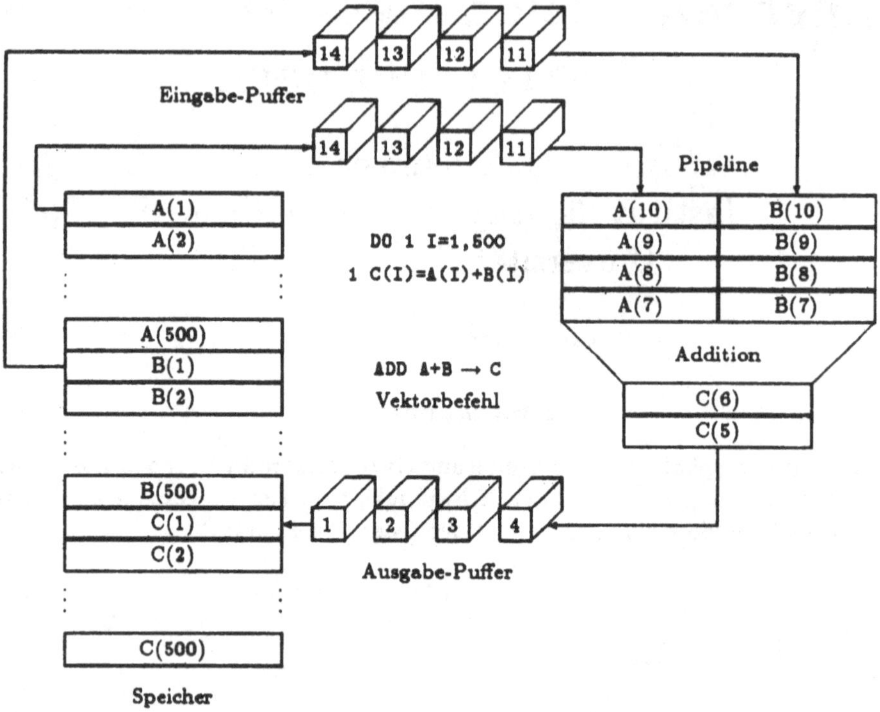


Abbildung 1: Prinzip der Vektorpipe

werden die Ergebnisse der vorhergehenden Additionen in den Ergebnisvektor zurückgeschrieben. Durch diese Segmentierung der Operationen und der Parallelausführung der Teilschritte wird diese enorme Rechenleistung gegenüber Universal-Rechnern erzielt.

# 3 Konsequenzen

Diese Rechnerarchitektur hat natürlich auch Konsequenzen für den Benutzer. Es genügt nicht mehr, ein syntaktisch und semantisch korrektes FORTRAN-Programm einzugeben, sondern man muß, um die volle Effektivität eines solchen Rechners auszunutzen, eine Neuaufbereitung der Daten, insbesondere der Datenstrukturen sowie des Algorithmus in Vektorform durchführen. Dies kann an einem einfachen Beispiel gezeigt werden (vgl. Abbildung 2).

Zur Matrixmultiplikation greift man aus der linksstehenden Matrix eine Zeile und aus der rechtsstehenden Matrix eine Spalte heraus und und führt ein Skalarprodukt durch. Da in FORTRAN die Matrizen spaltenweise abgespeichert werden, kann aber beim Herausgreifen einer Zeile nicht mehr auf zusammenhängende Speicherkomponenten zugegriffen werden, was den zeitlichen Ablauf des Rechenprozesses im Vektorrechner negativ beeinflußt.

Um die volle Effektivität zu erreichen, ist also eine Umorganisation der Speicherung einer Matrix notwendig.

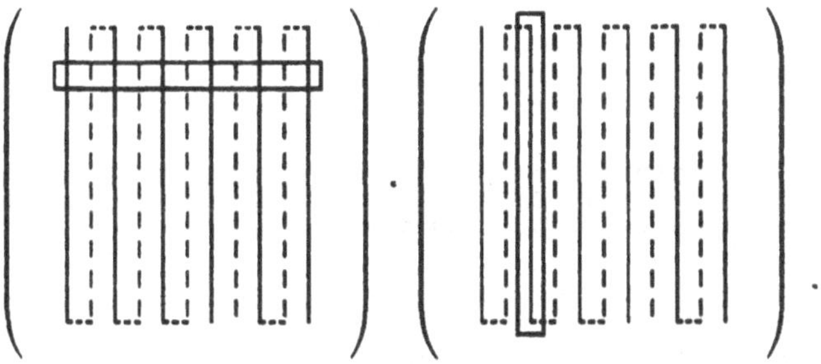

Abbildung 2: Schema zur Matrixmultiplikation

Wie man sieht, handelt es sich hier also um Spezialrechner zur Lösung ganz bestimmter Problemstellungen, die sich noch in irgendeiner Weise in „vektorisierter Form" aufbereiten lassen.

Als Faustregel kann man sagen, daß keine Operationen auftreten sollten, die viele Verzweigungen enthalten, d.h. die auf Vektoren angewandten Operationen sollten möglichst einfach strukturiert sein, da sonst Probleme bei der Vektorisierung der einzelnen Zweige auftreten.

# 4 Spezielle Gegebenheiten

Auf der CYBER 205 des Rechenzentrums der Universität Karlsruhe stehen u. a. folgende Operationen für Vektoren zur Verfügung:

a) die komponentenweise Addition, Subtraktion, Multiplikation und Division zweier Vektoren

b) die komponentenweise Verknüpfung eines Vektors mit einem Skalar

c) die komponentenweise logischen Vergleiche zweier Vektoren

d) das Skalarprodukt zweier Vektoren

e) die Polynomauswertung, wobei die Koeffizienten des Polynoms in einem Vektor gespeichert werden.

f) das Komponentenprodukt, vergleichbar der Summe eines Vektors

g) spezielle Funktionen wie Maximum oder Minimum aller Komponenten

Zur Zahlendarstellung stehen drei Gleitkommaformate zur Verfügung (vgl. Tabelle 1). Das erste Format heißt HALF-PRECISION, das zweite REAL. Das dritte (DOUBLE PRECISION) ist ein doppelt langer Typ, der im wesentlichen so angelegt ist, daß zwei REAL-Zahlen mit fortlaufender Mantisse hintereinander stehen, was auch den gleichen Exponentenbereich erklärt.

| Format | Exponent | Dezimalstellen (ca. ) |
|---|---|---|
| 32 Bit | $-28\ldots+40$ | 7 - 8 |
| 64 Bit | $-8617\ldots+8645$ | 14 |
| 128 Bit | $-8617\ldots+8645$ | 28 |

Tabelle 1: Zahlenformate der CYBER 205

Die Arithmetik hat die unschöne Eigenschaft, daß sie zuerst die Rundung durchführt und dann normalisiert. Dadurch entsteht ein unkontrollierter Verlust an Genauigkeit.

Als Folge davon stehen keine gerichteten Rundungen zur Verfügung; diese sind aber für die Implementierung einer Intervallarithmetik notwendig.

Ein Vorteil der CYBER 205 gegenüber anderen Vektorrechnern sind die nichtnormalisierenden Spezialbefehle, die aber von einer höheren Programmiersprache nur schwer angesprochen werden können und die Programme praktisch unleserlich machen.

Um ein Verfahren auf der CYBER 205 zu programmieren, steht als einziges höhersprachliches Programmierhilfsmittel FORTRAN 200, eine Spracherweiterung von FORTRAN 77, zur Verfügung. Es enthält spezielle Spracherweiterungen für Vektorverknüpfungen, so u. a.

- eine Kurzschreibweise für Vektoranweisungen und Vektoroperationen, z. B.

```
A(1;K) = B(1;K) - C(1;K)
```

  Dabei wird dem Vektor `A`, beginnend mit der ersten Komponente und mit der Länge `K`, das Ergebnis von `B - C`, jeweils beginnend bei der ersten Komponenten und mit der Länge `K`, zugewiesen.

- dynamische Felder, die mit Hilfe von Deskriptoren angesprochen werden, z. B.

```
DESCRIPTOR  Z
REAL        Z
INTEGER     K



ASSIGN  Z, .DYN. K
Z = 3.0
```

Durch das `ASSIGN`-Statement, das an beliebiger Stelle im Programmtext stehen darf, wird ein Vektor `Z` der Länge `K` deklariert. Durch die Anweisung `Z = 3.0` wird jeder Komponente des Vektors `Z` der Wert `3.0` zugewiesen.

- Spezial-Maschineninstruktionen auf Assembler Niveau, wie die bereits erwähnten nichtnormalisierenden Befehle, können durch sogenannte Q8-Befehle angesprochen werden, z. B.

```
CALL Q8DIVUV(X'00',,A(1;K),,B(1;K),,C(1;K))
```

Diese Aufrufe sind mit Steuerparametern versehen und einer sehr strengen Syntax unterworfen. `DIV` steht für komponentenweise Division, `U` für den oberen Teil der Mantisse und `V` für Vektor.

Auf der CYBER 205 ist es möglich, die Grundoperationen Addition, Subtraktion, Multiplikation und Division zweier Zahlen doppelt lang durchzuführen. Hierzu ist es notwendig, zunächst den oberen Teil, dann den unteren Teil der Mantisse durch zwei aufeinanderfolgende Aufrufe zu berechnen. Dieser doppelte Aufwand ist notwendig, obwohl das doppelt lange Ergebnis schon bei der Berechnung des oberen Teils bestimmt, der untere Teil der Mantisse jedoch wieder weggeworfen wird.

- das `WHERE`-Statement als vektorisiertes `IF`-Statement, z. B.

```
WHERE (A(1;K) .GT. B(1;K))
  C(1;K) = A(1;K) + B(1;K)
OTHERWISE
  C(1;K) = 0.0
END WHERE
```

## 5 Vorläufiges Fazit

Als wichtigste Erkenntnis ist festzuhalten, daß die Arithmetik unzuverlässig arbeitet, da man in den Grundoperationen durch die nach der Rundung durchgeführte Normalisierung einen unkontrollierten Verlust an Genauigkeit zu verzeichnen hat.

Das als Spezialbefehl existierende Skalarprodukt ist unbrauchbar, da es keinerlei Aussagen über die Genauigkeit macht.

Die Implementierung einer Intervallarithmetik wird schwierig, da es keine gerichteten Rundungen und Operationen gibt. Selbst wenn diese zur Verfügung ständen, hätte man durch die Art und Weise der Programmierung auf dem Vektorrechner Probleme, diese effizient zu implementieren, wie man am Beispiel der Multiplikation leicht sieht

$$[\underline{A},\overline{A}]\cdot[\underline{B},\overline{B}] := [A_i,B_i] = ([\underline{A}_i,\overline{A}_i]\cdot[\underline{B}_i,\overline{B}_i]) = ([\alpha_i,\beta_i])$$

mit

$$\begin{aligned}\alpha_i &= \min\{\underline{A}_i\underline{B}_i, \underline{A}_i\overline{B}_i, \overline{A}_i\underline{B}_i, \overline{A}_i\overline{B}_i\},\\ \beta_i &= \max\{\underline{A}_i\underline{B}_i, \underline{A}_i\overline{B}_i, \overline{A}_i\underline{B}_i, \overline{A}_i\overline{B}_i\}.\end{aligned}$$

Im schlechtesten Fall, d. h. falls in einer Komponente sowohl $A_i$ als auch $B_i$ die 0 enthält, muß der ganze obige Ausdruck berechnet werden. Für den Fall, daß eine der Komponenten $A_i$ oder $B_i$ oder sogar beide die Null nicht enthalten, vereinfacht sich die Ermittlung der Unter- bzw. Obergrenze des Ergebnisses der Verknüpfung für diese Komponente. Da bei der vektorisierten Durchführung aber in jeder Komponente dieselbe Operation stehen muß, um durch einen Vektorbefehl einen Zeitvorteil zu erreichen, muß in jeder Komponente der Algorithmus für den schlechtesten Fall durchgeführt werden.

Dies führt letztendlich zu einem umfangreichen Programm für eine simple Operation.

Der Rechenzeitaufwand für dieses Vorgehen ist zwar immer noch geringer als bei sequentieller, d. h. im reinen Skalarmodus durchgeführter Rechnung, aber der hohe algorithmische Aufwand macht sich stark in der Rechenzeit bemerkbar.

## 6 Auswege

Auf der Suche nach Auswegen der geschilderten Unzulänglichkeiten der Vektorrechner stießen wir für die genaue Summenberechnung

$$s := \square\left(\sum_{i=1}^{n} z_i\right)$$

auf das sogenannte Bohlender-Verfahren, welches nach folgendem Algorithmus arbeitet:

$$\boxed{\begin{array}{l} s := z_1 \\ \textbf{for } i := 2 \textbf{ to } \mathrm{n} \textbf{ do } (s, z_{i-1}) := s + z_i \\ z_n := s \end{array}} \qquad (1)$$

Dieser Algorithmus sieht der herkömmlichen Summation, bei der nichts über die Genauigkeit der erhaltenen Näherung ausgesagt wird, sehr ähnlich. Der Unterschied besteht darin, daß simultan zur neuen Näherung $s$ in jedem Summationsschritt die $z_{i-1}$ neu definiert werden. Dazu dient die Operation

$$(a, b) := x + y :\Longleftrightarrow \begin{cases} a & := & x \boxplus y \\ b & := & x + y - a \end{cases}$$

In (1) wird also jeweils s die Näherung $s \boxplus z_i$ zugewiesen, während in $z_{i-1}$ der „Rest" dieser gleitpunktmäßig durchgeführten Addition abgelegt wird.

Die Darstellung eines solchen Additionsrestes als Gleitkommazahl ist in jedem Fall möglich, wenn die Addition maximal genau ist. Es genügt nicht, daß die Addition nur eine dem exakten Wert benachbarte Maschinenzahl liefert, da in diesem Fall der Rest evtl. nicht mehr als Gleitkommazahl auf der Maschine darstellbar ist. Solche Vorraussetzungen an die Genauigkeit der Grundarithmetik sind auf der CYBER 205 nicht gegeben; mit großem Aufwand und auf einigen Umwegen ist es aber möglich, doch das Ergebnis der maximal genauen Addition zu erhalten.

Die iterative Durchführung von (1) liefert nun ein Ergebnis maximaler Genauigkeit für die Addition von n Summanden; denn zum einen wird durch einen Satz aus der Theorie (vgl. [3]) sichergestellt, daß sich die Summe der $z_i$ von einem Iterationsschritt auf den nächsten nicht ändert, zum anderen werden die $z_i$ durch die Iteration sortiert und entkoppelt, d. h. beginnend mit den höchsten Stellen in $z_n$ gewinnt man mit jedem Iterationsschritt mindestens eine Komponente $z_i$, deren Mantissenstellen sich mit den davorliegenden Stellen von $z_{i+1}$ nicht überlappen.

Spätestens nach $n-1$ Iterationsschritten liegt also die Mantisse des exakten Ergebnisses beginnend mit $z_n$ in den Komponenten des Vektors $z$ vor, von wo sie auf jede gewünschte Stellenzahl genau abgerufen werden kann. In der Regel müssen nicht $n-1$ Iterationen von (1) durchgeführt werden, da die vollständige Entkopplung schon früher, oft bereits nach nur einem Iterationsschritt, vorliegt.

Aufgrund des rekursiven Charakters der Iteration in (1), kann dieses Verfahren nicht vektorisiert werden. Es ist aber möglich, mehrere Skalarprodukte zusammenzufassen, d. h. parallel zu bearbeiten, was z. B. bei der Matrizenmultiplikation gewinnbringend eingesetzt werden kann.

Die für die Skalarprodukte benötigte exakte Multiplikation mit doppelt langer Mantisse steht auf der CYBER 205 durch zwei nichtnormalisierende Q8-Befehle (s. Kapitel 4) zur Verfügung, d. h. das doppelt lange Produkt zweier Maschinenzahlen kann exakt dargestellt werden.

# 7 Ernüchterung

Nach der Implementierung der exakten Matrixmultiplikation mit Hilfe des in Kapitel 6 vorgestellten Verfahrens ist festzuhalten, daß das Programm durch die vielen Aufrufe von Q8-Befehlen, welche zur Erlangung der geforderten Genauigkeit notwendig sind, für einen CYBER-fremden Anwender nicht mehr lesbar ist.

Der Zeitfaktor dieser Implementierung gegenüber der von der CYBER 205 zur Verfügung gestellten Matrixmultiplikation ist größer als 70, d. h. die Rechenzeit für die exakte Matrixmultiplikation ist über 70 mal so lang als für die herkömmliche. Man muß natürlich berücksichtigen, daß die CYBER 205 u. a. speziell für solche einfachen Matrixmultiplikationen ohne eingehende Genauigkeitsüberlegungen konstruiert ist; sie benötigt z. B. für die Multiplikation zweier $(200 \times 200)$-Matrizen etwa eine Sekunde.

Der oben genannte Faktor ist quasi der Preis dafür, die Matrixmultiplikation maximal genau oder zumindest mit einer Genauigkeitsaussage zu berechnen. Als Faustregel kann man über die Höhe des Faktors sagen, daß er proportional zur Anzahl der notwendigen Programmanweisungen wächst. Hier stellt sich natürlich die Frage nach einem kürzeren exakten Verfahren zur Matrixmultiplikation, das diesen Faktor wesentlich unterbietet.

# 8 Verifizierendes Lösen eines linearen Gleichungssystems

Es soll hier mit einem relativ alten Verfahren das verifizierte Lösen eines linearen Gleichungssystems

$$Ax = b$$

ohne eigentliche Verwendung der Intervallrechnung demonstriert werden. Das Verfahren besteht aus den in Abbildung 3 aufgeführten Schritten.

| | |
|---|---|
| (1) | Berechne $R \approx A^{-1}$; $\varrho := \| R \|_\infty$ |
| (2) | $[C] := \Diamond(E - R \cdot A)$; $\gamma := \| [C] \|_\infty$ |
| (3) | Falls $\gamma > 1$: keine Lösung $\rightarrow$ stop |
| (4) | $\tilde{x} := \Box(R \cdot b)$ |
| (5) | $[r] := \Diamond(b - A \cdot \tilde{x})$; $\delta := \| [r] \|_\infty$ |
| (6) | $x \in \tilde{x} \pm \frac{\varrho \cdot \delta}{1-\gamma}$ |

Abbildung 3: Einschließungsalgorithmus

**ad (1):** Zur Berechnung einer beliebigen Näherungsinversen stehen auf der CYBER 205 verschiedene Bibliotheksroutinen, wie z. B. von NAG oder LINPACK zur Verfügung.

**ad (2):** Hier liegt der eigentliche Hauptaufwand des Verfahrens. $(E - RA)$ kann zwar mit einer einzigen Matrixmultiplikation berechnet werden, um aber Abschätzungen bezüglich der Genauigkeit zu bekommen, muß der in Kapitel 6 vorgestellte Algorithmus verwendet werden, was mit dem Faktor 70 gegenüber herkömmlicher Rechnung zu Buche schlägt.

**ad (3):** Sollte die Norm y der Intervallmatrix größer als 1 sein, kann keine verifizierte Aussage über die Lösung gemacht werden.

**ad (4):** Berechnung einer Näherungslösung $\tilde{x}$ von $Ax = b$ .

**ad (5):** Die Berechnung des Residuums $[r]$ ist wiederum mit größtmöglicher Genauigkeit, d. h. mit Hilfe des Bohlender-Verfahrens, durchzuführen. Der Aufwand hier ist aber wesentlich geringer als die Berechnung von $[C]$ unter (2), da hier nur eine Matrix-Vektor-Multiplikation auszuführen ist.

**ad (6):** Bestimmung einer verifizierten Einschließung der Lösung durch

$$\left[\tilde{x} - \frac{\rho \cdot \delta}{1 - \gamma}, \tilde{x} + \frac{\rho \cdot \delta}{1 - \gamma}\right]$$

Während der gesamten Durchführung dieses Verfahrens wird keine eigentliche Intervallrechnung angewendet. Die Einschließungen in Schritt (2) und (5) dienen nur dazu, verläßliche Aussagen über diese Terme zu erhalten.

Sollten die in Schritt (6) berechneten Schranken zu weit sein, ist eine Nachiteration möglich; mit Hilfe von $\gamma$ ist es sogar möglich, die Anzahl der

Nachiterationen in Abhängigkeit von einer vorgegebenen Genauigkeit zu bestimmen.

Man hat bei diesem Vorgehen keine relativen Schranken, d. h. keine „Least-Bit" Genauigkeit, sondern nur absolute Schranken. „Least-Bit" Genauigkeit kann dadurch erzielt werden, daß man sich nach der betragskleinsten Komponente richtet und diese so genau berechnet, daß dort „Least-Bit" Genauigkeit vorliegt; dadurch hat man in allen Komponenten die gewünschte Genauigkeit.

# 9 Schlußfolgerung

Im Prinzip ist es also möglich, auf dem Vektorrechner, d. h. zumindest auf der CYBER 205, ein lineares Gleichungssystem verifiziert zu lösen. Da für die Sicherstellung gewisser Genauigkeiten in der Arithmetik ein großer Aufwand betrieben werden muß, wären wesentlich günstigere Zeitfaktoren möglich, wenn auch auf dem Vektorrechner eine zuverlässige Arithmetik, z. B. nach IEEE-Standard, zumindest für die Grundverknüpfungen zur Verfügung stehen würde. Dann müßten Zeitfaktoren von etwa 20 anstatt wie bisher 70 möglich sein.

Erforderlich ist auch eine bessere Hardware-Unterstützung für die Intervallrechnung, wie z. B. im IEEE-Standard, wo gerichtete Operationen vorgeschrieben sind.

Noch schneller wäre man, würde ein exaktes Skalarprodukt, wie es Prof. Dr. U. Kulisch bereits in [10] vorgestellt hat, zur Verfügung stehen. Dazu müßte aber ein Teil der Hardware neu entwickelt werden, wohingegen die Realisierung des IEEE-Standards auf Vektorrechnern keine allzu großen Probleme aufwerfen dürfte, wenn sich die Hardware-Hersteller dazu durchringen könnten.

# Literatur

[1] Alefeld, G. und Herzberger, J.: *Einführung in die Intervallrechnung.* Bibliographisches Institut, Mannheim, 1974.

[2] ANSI/IEEE Standard 754–1985: *Standard for Floating-Point Arithmetic.* New York, 1985.

[3] Bohlender, G.: *Genaue Berechnung mehrfacher Summen, Produkte und Wurzeln von Gleitkommazahlen und allgemeine Arithmetik in höheren Programmiersprachen.* Dissertation, Universität Karlsruhe, 1978.

[4] *FORTRAN-SC, A Study of a FORTRAN Extension for Engineering/Scientific Computation with Access to ACRITH*, Language Reference and User's Guide. IBM Development Laboratory Böblingen, Germany, 1988.

[5] FORTRAN 200: *Version 1 for Use with CDC CYBER 200 Virtual Storage Operating System; Version 2, Reference Manual.* Control Data, 1984.

[6] IBM *High-Accuracy Arithmetic Subroutine Library* (ACRITH). Program Description and User's Guide, SC 33-6164-02, 3rd Edition, 1986.

[7] Knuth, D. E.: *The Art of Computer Programming*, Vol. **2**, *Seminumerical Algorithms* (2. Auflage), Addison Wesley, Reading, Mass., 1981.

[8] Kulisch, U. (Ed.): *PASCAL-SC: A Pascal Extension for Scientific Computation*, Information Manual and Floppy Disks, Version IBM PC. B. G. Teubner, Stuttgart, John Wiley & Sons, Chichester, 1987.

[9] Kulisch, U. (Ed.): *PASCAL-SC: A Pascal Extension for Scientific Computation*, Information Manual and Floppy Disks, Version ATARI ST, B. G. Teubner, Stuttgart, 1987.

[10] Kulisch, U. und Miranker, W. L.: *Computer Arithmetic in Theory and Practice*. Academic Press, New York, 1981.

# Esprit-Projekt DIAMOND

J. Wolff von Gudenberg
Institut für Angewandte Mathematik
Universität Karlsruhe (TH)

## 1 Allgemeines

Die Projektbezeichnung DIAMOND steht für

**D**evelopment and

**I**ntegration of

**A**ccurate

**M**athematical

**O**perations in

**N**umerical

**D**ata-processing.

Beteiligt an diesem Projekt sind

die Siemens AG, München, als Hauptkontraktor,

das Centrum voor Wiskunde en Informatica, Amsterdam,

die Numerical Algorithms Group Ltd. (NAG), Oxford,

die Universität Karlsruhe, speziell das Institut für Angewandte Mathematik,

die University of Bath, die als Untervertragspartner von NAG auftritt.

Das Projekt begann am 2. Januar 1986 und dauert offiziell bis zum 31. Dezember 1988. Die letzte Sitzung findet allerdings erst im April 1989 statt.

## 2 Inhalt

Der Inhalt des Projekts gliedert sich im wesentlichen in vier Punkte:

- **Spracheinbettungen**
der in Karlsruhe entwickelten Arithmetik. Dieser Punkt umfaßt zum einen die Entwicklung eines vollständigen PASCAL-SC 2 Compilers und zum anderen die vollständige Einbettung der Arithmetik in ADA.

- **Lokale Betrachtung von Algorithmen,**
d. h. die Suche nach Algorithmen um Ausdrücke und Standardfunktionen mit hoher Genauigkeit auszuwerten. Hierzu wurden bereits vorliegende Algorithmen erweitert und verbessert.

- **Globale Betrachtung von Algorithmen**
Hierbei wurde die Fragestellung untersucht, ob man auf einen bereits existierenden Algorithmus ein Werkzeug, d. h. ein Programm, ansetzen kann, mit dessen Hilfe man einen Ergebnis-verifizierenden Algorithmus erhält. Ein solches Programm existiert nicht, aber es wurden Richtlinien erarbeitet, nach denen man bei der Umsetztung des Algorithmus vorgehen kann.

- **Numerische Lösungen**
Hierbei wurden weitere Anwender-Routinen zur Lösung spezieller numerischer Probleme unter Berücksichtigung der anderen Arbeitspunkte geschrieben.

Jeder der vier genannten Punkte benötigte etwa dieselbe Arbeitszeit, wobei es gelang den organisatorischen Aufwand mit etwa 10 % der Gesamtzeit sehr gering zu halten, so daß der Großteil der Zeit für wissenschaftliche Arbeit zur Verfügung stand.

Die Zusammenarbeit innerhalb des Projekts funktionierte gut, was darauf zurückzuführen war, daß die Aufgaben klar verteilt waren und nicht zwei oder mehr Gruppen an der gleichen Aufgabenstellung arbeiteten, was zwangsläufig zu verschiedenen Ansichten und auch Absichten bzgl. des Themas geführt hätte.

Im folgenden werden die wichtigsten Arbeitspunkte mit ihren Zielsetzungen etwas ausführlicher dargestellt.

**Arbeitspaket 1:** Einbettung in PASCAL-SC und ADA

- PASCAL-SC Erweiterung

- Einbettung in ADA
- Übersetzer von PASCAL-SC nach ADA

**Arbeitspaket 2:** Umsetzung konventioneller numerischer Algorithmen

a) Ausdrucksauswerter
Iterative Konstrukte
Symbolische Manipulation

b) Richtlinienarbeit
Automatische Übersetzung
Ausführung ausgewählter Transformationen

**Arbeitspaket 3:** Entwicklung exakter Lösungsroutinen für ausgewählte Probleme

- Komplexe lineare Gleichungen
- Eigenwerte und Eigenvektoren
- Komplexe Polynome
- Schwach besetzte Matrizen
- Nichtlineare Gleichungssysteme
- Quadratur

Für alle in Paket 3 aufgeführten Probleme wurden in Karlsruhe am Institut für Angewandte Mathematik Lösungsroutinen in PASCAL-SC entwickelt. Mit Ausnahme der Polynom- und Quadraturalgorithmen werden ähnliche Problemlöser mit verifiziertem Ergebnis von der NAG-Gruppe in Oxford in der Programmiersprache ADA implementiert.

# 3 ADA

Bei der Wahl von ADA als Implementierungssprache kamen folgende Kriterien zum Tragen:

- Die Möglichkeit der Abstraktion, d. h. die Möglichkeit, abstrakte Datentypen zu definieren.
- Die Lesbarkeit und Portabilität der Programme ist sehr hoch.

- Die internationalen Standardisierungsaktivitäten sind in ADA wie in keiner anderen Sprache berücksichtigt.

Die NAG veröffentlichte Anfang 1988 den Release 1 einer ADA-Bibliothek; im Release 2, der für Anfang 1989 geplant ist, sollen nun auch die Ergebnisse von DIAMOND in einem Paket „Scientific Computation" enthalten sein.

Dies ist ein generisches Paket, das sich in zwei Teilpakete gliedert. Das erste Teilpaket beinhaltet die *generic accurate arithmetic* mit der Grundarithmetik einschließlich des Skalarprodukts. Dieses Teilpaket ist für den geübten Benutzer im Grunde schon ausreichend. Das zweite Teilpaket beinhaltet bereits fertig formulierte Matrizen-, Intervall- und komplexe Arithmetik. Diese Arithmetiken können einzeln mit verschiedenen Typen, z. B. Gleitpunkttypen verschiedener Genauigkeit in Anwenderprogramme eingebunden werden. Somit steht also dem Benutzer ein Werkzeug zur Verfügung, das es erlaubt, die Karlsruher Arithmetik in ADA einzusetzen.

# 4 Arbeitspaket 2b

Im Rahmen der Richtlinienarbeit wurde beschlossen ein Buch mit dem Titel *Improving Floating-Point Programming* zu veröffentlichen. Neben elementaren Ausführungen wird es die Themen Spracheinbettungen und Ausdrucksauswertungen beinhalten. Der Erscheinungstermin liegt vermutlich im Herbst 1989.

Bei der Untersuchung einer symbolisch-numerischen Schnittstelle wurde eine PASCAL-SC ↔ REDUCE Schnittstelle in der Weise geschaffen, daß man in REDUCE einen Generator hat, der PASCAL-SC Programme generiert. Zudem wurde die Möglichkeit geschaffen, REDUCE und PASCAL-SC auf einem Atari-Computer gleichzeitig zu laden, so daß man schnell von einem aufs andere umsteigen kann.

Im dritten Teilabschnitt dieses Arbeitspakets sollte wie bereits erwähnt ein Programm zur Umsetzung beliebiger Algorithmen in verifizierte Algorithmen entwickelt werden. Dieses Ziel war zu hoch gesteckt. Für spezielle Algorithmen wurden jedoch Richtlinien erarbeitet, die besagen, an welchen Stellen die spezielle Arithmetik eingesetzt werden kann bzw. sollte.

In diesem Zusammenhang wurde ein Programm in ADA geschrieben, das Skalarprodukte in einem Programm erkennt, d. h. Schleifen aufbricht, den Code in der Art eines Präcompilers umformt und daraus einen Skalarproduktaufruf macht.

Schließlich wurde bei NAG das sogenannte *Floating-Point Validation*

*Package* entwickelt, um die Arithmetik eines Rechners zu testen und es wurden noch einige weitere Anwendungen im CAD Bereich untersucht.

# 5 Resultate

Zusammenfassend sind die Resultate dieses 40 Mannjahre umfassenden Projekts noch einmal dargestellt:

- Numerische Routinen in PASCAL-SC und ADA
- Einbettung der exakten Arithmetik in ADA
- Gleitpunktarithmetik Testpaket in ADA
- Werkzeug zum Entdecken von Skalarprodukten
- Neuer PASCAL-SC Compiler
- Übersetzer von PASCAL-SC nach ADA
- Exakte Auswertung arithmetischer Ausdrücke für reelle Zahlen, Intervalle und Matrizen
- Implementierung der Auswertung von #-Ausdrücken
- „Chip-Studie“ zur Einbettung exakter Arithmetik in Hardware
- Erweiterung von REDUCE durch ein Intervallpaket zu einem Werkzeug für numerische Fehlerbehandlung
- Automatische Generierung von PASCAL-SC Programmen aus REDUCE
- Handbuch *Improving Floating-Point Programming*
- Unterstützung von ADA Standardisierungsaktivitäten

# 6 Ausblicke

In Diskussionen mit den Projekt-Gutachtern zeigt sich folgende Tendenz. Man sollte die in den vergangenen 20 Jahren entwickelte, zum Teil sehr gute, numerische Software nicht einfach wegwerfen und von vorn beginnen, sondern die Vorteile beider, d. h. der traditionellen und der Karlsruher Arithmetik ausnutzen.

Die Karlsruher Arithmetik sollte als Zusatz betrachtet werden, die eingesetzt werden kann

- um zu verifizieren, d. h. in kritischen Situationen seine Daten zu überprüfen
- bei schlecht konditionierten Problemen, wie sie in der Praxis immer häufiger auftreten, die mit diesen Methoden besser als mit anderen gelöst werden können
- als Fehleranalyse-Werkzeug, z. B. um die mit einer traditionellen Methode gewonnenen Näherungslösungen zu verifizieren.

# Literatur

## DIAMOND-Deliverables

[1] Neaga, M. und Wolff von Gudenberg, J.: *The PASCAL-SC (Level 2) Compiler Architecture and Implementation Description.* DIAMOND Deliverable D1-1, 1988.

[2] Zöllner, A., Erl, M., Hodgson, G. S., Kok, J. und Winter, D.: *Design and Implementation of Accurate Operators in Ada.* DIAMOND Deliverable D1-2/4, 1988.

[3] Gardner, P. P.: *Validation of Numerical Computations in Ada.* DIAMOND Deliverable D1-2/5, 1988.

[4] Wallis, P. J.: *Design of Pascal-SC to Ada Translator.* DIAMOND Deliverable D1-3/1, 1987.

[5] Moynihan, V. D.: *Implementation of Pascal-SC to Ada Translator.* DIAMOND Deliverable D1-3/2, 1988.

[6] Fischer, H.-C., Haggenmüller, R. und Schumacher, G.: *Summary Report on the Tasks.* T2a-1, T2a-2, T2a-3, DIAMOND Deliverable D2a-1, 1987.

[7] Fischer, H.-C. und Haggenmüller, R.: *Formula Evaluation with Standard Functions.* DIAMOND Deliverable D2a-2/1, 1987.

[8] Bamberger, L.: *Evaluation of Arithmetic Expressions with Standard Functions.* DIAMOND Deliverable D2a-2/2, 1988.

[9] Winter, D.: *Detection of Scalar Products.*
DIAMOND Deliverable D2a-3, 1988.

[10] Wolff von Gudenberg, J.: *Transformation of Dotproduct Expressions in PASCAL-SC.*
DIAMOND Deliverable D2a-4, 1987.

[11] Bamberger, L., Fischer, H.-C., Schumacher, G., Winter, D. und Wolff von Gudenberg, J.: *Summary Report on Local Transformations.*
DIAMOND Deliverable D2a-5, 1988.

[12] Bamberger, L. und Kellerer, G.: *Guidelines for Selected Transformation of Existing Programs.*
DIAMOND Deliverable D2b-1/1, 1988.

[13] Fischer, H.-C.: *Bounds for an Interval Polynomial.*
DIAMOND Deliverable D2b-1/2, 1988.

[14] Davenport, J. H.: *Revised Description of PASCAL generator.*
DIAMOND Deliverable D2b-3, 1988.

[15] Fischer, H.-C. und Haggenmüller, R.: *Evaluation of Matrix Expressions.*
DIAMOND Deliverable D2b-4/1, 1988.

[16] Erl, M. J. und Hodgson, G. S.: *Tools for Partial Verification.*
DIAMOND Deliverable D2b-4/2, 1988.

[17] Grüner, K.: *Solving Complex Linear Systems with Verified High Accuracy.*
DIAMOND Deliverable D3-1/1, 1988.

[18] Grüner, K.: *Solving the Complex Eigenvalue Problem with Verified High Accuracy.*
DIAMOND Deliverable D3-1/2, 1988.

[19] Lohner, R.: *Enclosing all Eigenvalues of Symmetric Matrices.*
DIAMOND Deliverable D3 1, 1989.

[20] Frangen, W. und Grüner, K.: *A Set of Programs to Handle Complex Polynomials.*
DIAMOND Deliverable D3-2, 1988.

[21] Erl, M. J., Klein, W. und Wolff von Gudenberg, J.: *Verified Results for Linear Systems with Sparce Matrices.*
DIAMOND Deliverable D3-3, 1988.

[22] Schumacher, G.: *Solving Nonlinear Equations with Verification of Result.*
DIAMOND Deliverable D3-4, 1989.

[23] Kelch, R.: *Quadrature.*
DIAMOND Deliverable D3-5, 1988.

[24] Wolff von Gudenberg, J.: *Mathematics on Computers, A Commented List of References.*
DIAMOND Deliverable D4-1, 1986.

[25] Ullrich, Ch. und Wolff von Gudenberg, J.: *Different Approaches to Interval Arithmetic.*
DIAMOND Deliverable D4-2, 1986.

[26] Davenport, J. H.: *Survey of Symbolic Applications for Numerical Computation.*
DIAMOND Deliverable D4-4/3, 1987.

[27] Depperman, M. und Hafner, K.: *Chips for High Precision Arithmetic - an Architectural Study.*
DIAMOND Deliverable D4-5, 1988.

[28] Erl, M. J., Everaars, K. und Kok, J.: *Accurate I/O Facilities in Ada.*
DIAMOND Deliverable D4-7, 1988.

### Sonstige Veröffentlichungen

[29] Bamberger, L.: *An Error Validation Package for Reduce.* In [31], S. 467 - 474.

[30] ESPRIT '87: *Achievements and Impact.* North Holland, Amsterdam, 1987.

[31] ESPRIT '88: *Putting the Technology to Use.* North Holland, Amsterdam, 1988.

[32] Fischer, H.-C., Haggenmüller, R. und Schumacher, G.: *Auswertung arithmetischer Ausdrücke mit garantierter hoher Genauigkeit.* Siemens Forschung- und Entwicklungsberichte **16**, Nr. 2, S. 171–177, 1987.

[33] Fischer, H.-C., Haggenmüller, R. und Schumacher, G.: *A Procedure for the Evalutation of Arithmetic Expressions with Guaranteed High Accuracy.* In [30], S. 535 - 542.

[34] *FORTRAN-SC, A Study of a FORTRAN Extension for Engineering/Scientific Computation with Access to ACRITH*, Language Reference and User's Guide. IBM Development Laboratory Böblingen, Germany, 1988.

[35] IBM *High-Accuracy Arithmetic Subroutine Library* (ACRITH). Program Description and User's Guide, SC 33-6164-02, 3rd Edition, 1986.

[36] Kulisch, U. (Ed.): *PASCAL-SC: A Pascal Extension for Scientific Computation*, Information Manual and Floppy Disks, Version IBM PC. B. G. Teubner, Stuttgart, John Wiley & Sons, Chichester, 1987.

[37] Kulisch, U. (Ed.): *PASCAL-SC: A Pascal Extension for Scientific Computation*, Information Manual and Floppy Disks, Version ATARI ST, B. G. Teubner, Stuttgart, 1987.

[38] Kok, J., Winter, D., Erl, M. und Hodgson, G. S.: *Towards Reliable Computing.* In [30], S. 521 - 534.

[39] Wallis, P. J. (Hrsg.): *Improving Floating-Point Programming.* Wiley, Chichester, erscheint 1989.

[40] Wolff von Gudenberg, J.: *PASCAL-SC (Level 2) Language Extension.* In [31], S. 460 - 466.

# Anhang

Zu der in diesem Bande behandelten Thematik sind auch die folgenden Tagungsbände erschienen:


[1] Kulisch, U., Ullrich, Ch. (Hrsg.): Wissenschaftliches Rechnen und Programmiersprachen, B. G. Teubner, 1982

[2] Kulisch, U., Miranker, W. L. (Eds.): A New Approach to Scientific Computation, Academic Press, 1983

[3] Miranker, W. L., Toupin, R. A. (Eds.): Accurate Scientific Computations, Lecture Notes in Computer Science, Springer-Verlag, 1985

[4] Kaucher, E., Kulisch, U., Ullrich, Ch. (Eds.): Computerarithmetic, Scientific Computation and Programming Languages, B. G. Teubner, 1987

[5] Moore, R. E. (Eds.): Reliability in Computing, The Role of Interval Methods in Scientific Computations, Academic Press, 1988

[6] Kulisch, U., Stetter, H. J. (Eds.): Scientific Compuation with Automatic Result Verification, Computing Supplementum 6, Springer-Verlag, 1988


Die Mitglieder des GAMM-Fachausschusses „Rechnerarithmetik und Wissenschaftliches Rechnen“:

J. Albrecht, Universität Clausthal
G. Alefeld, Universität Karlsruhe
W. F. Ames, Georgia, Inst. of Techn., Atlanta, USA
J. Herzberger, Universität Oldenburg
K. E. Hoffmann, Siemens AG, München
E. Kaucher, Universität Karlsruhe
F. Krückeberg, GMD, St.-Augustin
U. Kulisch, Universität Karlsruhe (Vorsitzender)
W. L. Miranker, IBM, Yorktown Heights NY, USA
L. B. Rall, University of Wisconsin, Madison Wisconsin, USA
S. M. Rump, Techn. Universität Hamburg-Harburg
H. J. Stetter, Techn. Universität Wien, Österreich
Ch. Ullrich, Universität Basel, Schweiz

# Stichwortverzeichnis

Band 1

**Inverse and Improperly Posed Problems in Differential Equations**

Proceedings of the Conference on Mathematical and Numerical Methods, held in Halle/Saale (GDR) from May 29 to June 2, 1979

Edited by Gottfried Anger

296 Seiten, 1979 (vergriffen)

Band 2

**Fundamentals of Computation Theory FCT '79**

Proceedings of the Conference on Algebraic, Arithmetic and Categorial Methods in Computation Theory, held in Berlin/Wendisch-Rietz (GDR) September 17–21, 1979

Edited by Lothar Budach

576 Seiten, 1979

Band 3

**Decidability and Generalized Quantifiers**

By Andreas Baudisch, Detlef Seese, Hans-Peter Tuschik, and Martin Weese

XII, 235 Seiten, 1980

Band 4

**Zur Elastizitäts- und Thermoelastizitätstheorie**

Potentialtheoretische Methoden in Anwendung auf verschiedene Modelle

Von Lothar Jentsch und Johannes Maul

157 Seiten, 1980

Band 5

**Systems Analysis and Simulation 1980**

Proceedings of the International Symposium held at Berlin (GDR) September 1–5, 1980

Edited by Achim Sydow

496 Seiten, 1980 (vergriffen)

Band 6

**Nichtlineare diskrete Optimierung**

von Eberhard Girlich und Michail M. Kowaljow

218 Seiten, 1981

Band 7

**Completeness Problems in the Structural Theory of Automata**

By Jürgen Dassow

148 Seiten, 1981

Band 8

**Darstellung von Lösungen linearer elliptischer Differentialgleichungen**

Von Günther Wildenhain

92 Seiten, 1981

Band 9

**Introduction to the Spectral Theory of Operators in Spaces with an Indefinite Metric**

By I. S. Iohvidov, M. G. Krein, and H. Langer

120 Seiten, 1982 (vergriffen)

Band 10

**Nonlinear Time-discrete Systems**

A General Approach by Nonlinear Superposition

By Michael Gössel

115 Seiten, 1982 (vergriffen)

Band 11

**Preprimal Algebras**

By Klaus Denecke

162 Seiten, 1982

Band 12

**Ergodic Theory and Related Topics**

Proceedings of the Conference held in Vitte/Hiddensee (GDR) October 19–23, 1981

Edited by Horst Michel

232 Seiten, 1982

Band 13

**Singularly Perturbed Differential Equations**

By H. Goering, A. Felgenhauer, G. Lube, H.-G. Roos, and L. Tobiska

176 Seiten, 1983

Band 14

**Leben wir in einer Volterra-Welt?**

Ein ökologischer Zugang zur angewandten Systemanalyse

Von Manfred Peschel und Werner Mende

233 Seiten, 1983

Band 15

**Markov Decision Problems with Countable State Spaces**

Optimality Criteria – Algorithms – Clustering

By Hans Michael Dietz and Volker Nollau

174 Seiten, 1983

Band 16

**Stochastische Verfahren zur Suche nach dem Minimum einer Funktion**

Von Ryszard Zieliński und Peter Neumann

133 Seiten, 1983

Band 17

**Invertibility and Asymptotics of Toeplitz Matrices**

By Albrecht Böttcher and Bernd Silbermann

200 Seiten, 1983

Band 18

**Structural Induction on Partial Algebras**

Introduction to Theory and Application of Partial Algebras – Part II

By Horst Reichel

205 pages, 1984

Band 19

**Algebraic Methods for Toeplitz-like Matrices and Operators**

By Georg Heinig and Karla Rost

212 pages, 1984

Band 20

**Frege Conference 1984**

Proceedings of the International Conference held at Schwerin (GDR), September 10–14, 1984
Edited by Gerd Wechsung
408 pages, 1984

Band 21

**Numerical Analysis of Selected Semilinear Differential Equations**

Edited by Christian Großmann, Thomas Riedrich, and Hartmut Schönheinz
203 pages, 1984

Band 22

**Singular Ordinary Differential Operators and Pseudodifferential Equations**

By Johannes Elschner
200 pages, 1985

Band 23

**Lotka-Volterra-Approach to Cooperation and Competition in Dynamic Systems**

Proceedings of the 5th Meeting of UNESCO's Working Group on Systems Theory held on the Wartburg, Eisenach (GDR) at March 5–9, 1984
Edited by Werner Ebeling and Manfred Peschel
271 pages, 1985

Band 24

**Convergence Structures 1984**

Proceedings of the Conference on Convergence held in Bechyně (Czechoslovakia), September 24–28, 1984
Edited by Josef Novák, Werner Gähler, Horst Herrlich, and Jan Mikusiński
254 pages, 1985

Band 25

**Parcella '84**

Proceedings of the II. International Workshop on Parallel Processing by Cellular Automata and Arrays held in Berlin (GDR), September 25–27, 1984
Edited by Wolfgang Händler, Tamás Legendi, and Gottfried Wolf
239 pages, 1985 (vergriffen)

Band 26

**Multiobjective and Stochastic Optimization Based on Parametric Optimization**

By Jürgen Guddat, Francisco Guerra Vasquez, Klaus Tammer, and Klaus Wendler
175 pages, 1985

Band 27/28

**Systems Analysis and Simulation 1985**
**I: Theory and Foundations**
**II: Applications**

Proceedings of the International Symposium held in Berlin (GDR), August 26–31, 1985
Edited by Achim Sydow, Manfred Thoma, and Robert Vichnevetsky
per volume 495 pages, 1985

Band 29

**Parcella '86**

Proceedings of the III. International Workshop on Parallel Processing by Cellular Automata and Arrays held in Berlin (GDR), September 9–11, 1986
Edited by Tamás Legendi, Dennis Parkinson, Roland Vollmar, and Gottfried Wolf
279 pages, 1986

Band 30

**Fuzzy Sets Applications, Methodological Approaches, and Results**

Proceedings of the International Workshop on Fuzzy Sets Applications cosponsored by IIASA and convened in cooperation with IAEA held on the Wartburg, Eisenach (GDR), at March 3–8, 1985
Edited by Steffen Bocklisch, Sergei Orlovski Manfred Peschel, and Yasushi Nishiwaki
233 pages, 1986

Band 31

**Mathematical Methods of Specification and Synthesis of Software Systems '85**

Proceedings of the International Spring School, held in Wendisch-Rietz (GDR), April 22–26, 1985
Edited by Wolfgang Bibel and Klaus P. Jantke
245 pages, 1986 (vergriffen)

Band 32

**A Model Theoretic Oriented Approach to Partial Algebras**

Introduction to Theory and Application of Partial Algebras – Part I
By Peter Burmeister
319 pages, 1986

Band 33

**Finite Difference Method on Irregular Networks**

A Generalized Approach to Elliptic Problems of Second Order
By Bernd Heinrich
206 pages, 1986

Band 34

**Modern Algorithms for Large Sparse Eigenvalue Problems**

By Arnd Meyer
125 pages, 1987

Band 35

**Parametric Optimization and Related Topics**

Edited by Jürgen Guddat, Hubertus Th. Jongen, Bernd Kummer, and František Nožička
407 pages, 1987

Band 36

**Discretization in Differential Equations and Enclosures**

Edited by Ernst Adams, Rainer Ansorge, Christian Großmann, and Hans-Görg Roos
250 pages, 1987

Band 37
**Factorization of Measurable Matrix Functions**
By Georgi Semenovich Litvinchuk and Ilya Matveyevich Spitkovskii
372 pages, 1987

Band 38
**Parallel Algorithms and Architectures**
Proceedings of the International Workshop on Parallel Algorithms and Architectures held in Suhl (GDR), May 25–30, 1987
Edited by Andreas Albrecht, Hermann Jung, and Kurt Mehlhorn
205 pages, 1987

Band 39
**Parametric Integer Optimization**
By Bernd Bank and Reinhard Mandel
138 pages, 1988

Band 40
**Computer Analysis of Images and Patterns 1987**
Proceedings of the II. International Conference CAIP '87 on Automatic Image Processing, held in Wismar (GDR), September 2–4, 1987
Edited by Leonid P. Yaroslavskii, Azriel Rosenfeld, and Wolfgang Wilhelmi
282 pages, 1987

Band 41
**Multivariable Control**
A Graph-theoretic Approach
By Kurt J. Reinschke
274 pages, 1988

Band 42
**Equilibrium Distributions of Branching Processes**
By Alfred Liemant, Klaus Matthes, and Anton Wakolbinger
240 pages, 1988

Band 43
**Andreotti-Grauert Theory by Integral Formulas**
By Gennadi Markovič Henkin and Jürgen Leiterer
270 pages, 1988

Band 44
**Continual Means and Boundary Value Problems in Function Spaces**
By Efim Mikhailovich Polishchuk
160 pages, 1988

Band 45
**Advances in Mathematical Optimization**
Invited papers dedicated to Prof. Dr. Dr. h. c. F. Nožička on occasion of his 70th birthday
Edited by Jürgen Guddat et al.
332 pages, 1988

Band 46/47
**Systems Analysis and Simulation 1988**
Proceedings of the International Symposium held in Berlin (GDR)
September 12–16, 1988
I: Theory and Foundations
II: Applications
Edited by Achim Sydow, Spyros G. Tzafestas, and Robert Vichnevetsky
426/425 pages, 1988

Band 48
**Parcella '88**
Proceedings of the IV. International Workshop on Parallel Processing by Cellular Automata and Arrays, held in Berlin (GDR)
October 17–21, 1988
Edited by Gottfried Wolf, Tamás Legendi, and Udo Schendel
379 pages, 1988

Band 49
**Algebraic and Logic Programming**
Proceedings of an International Workshop held in Gaussig (GDR), November 14–18, 1988
Edited by Jan Grabowski, Pierre Lescanne, and Wolfgang Wechler
278 pages, 1988

Band 50
**Asymptotics for Elliptic Mixed Boundary Problems**
Pseudo-Differential and Mellin Operators in Spaces with Conormal Singularity
By Stephan Rempel and Bert-Wolfgang Schulze
418 pages, 1989

Band 51
**Geobild '89**
Proceedings of the 4th Workshop on Geometrical Problems of Image Processing held in Georgenthal (GDR), March 13–17, 1989
Edited by Albrecht Hübler, Werner Nagel, Brian David Ripley, and Günter Werner
198 pages, 1989

Band 52
**Splines in Numerical Analysis**
Contributions to the International Seminar ISAM–89 held in Weissig (GDR), April 24–28, 1989 Edited by Jochen W. Schmidt and Helmuth Späth
197 pages, 1989

Band 53
**Complex Methods on Partial Differential Equations**
Aspects in Complex Analysis
Edited by Claudio I. Withalm
258 pages, 1989

Der vorliegende Band soll als Einführung in die Entwicklung und Anwendung numerischer Algorithmen, welche eine automatische Verifikation des berechneten Ergebnisses durch den Rechner selbst ermöglichen, dienen. Die einzelnen Beiträge hängen nur lose miteinander zusammen, bauen aber aufeinander auf, wobei sich jeder einem anderen Gegenstand zuwendet. Der erste Artikel gibt eine kurze Einführung in die zugrunde liegende, zeitgemäße Rechnerarithmetik. Es werden dann Programmiersprachen und Programmierumgebungen besprochen, welche eine automatische Ergebnisverifikation unterstützen. Eine Vertrautheit mit grundlegenden Eigenschaften der Intervallrechnung ist dazu nötig. Die folgenden Beiträge stellen dann an Hand von Beispielen für breit gestreute Probleme aus der Numerischen Mathematik Algorithmen mit automatischer Ergebnisverifikation vor. Es wird auch deren Übertragung auf Vektorrechner untersucht.

---

The presented volume is intended to serve as an introduction to the development and use of numerical algorithmus which allow to verify the correctness of the computed result by the computer itself. The contributions are only loosely connected but given in a consecutive order, each one focussing on a different subject. The first article gives a brief introduction into contemporary computer arithmetic. Then programming languages and programming environments are discussed which support an automatic verification of the computed result. Necessary for this is familiarity with principles of interval arithmetic. The following articles display examples of algorithms with automatic result verification for a wide variety of problems from numerical analysis. Their application on vector processors is also discussed.

ISBN 3-05-500816-2
ISSN 0138-3019

FSC
www.fsc.org
MIX
Papier | Fördert gute Waldnutzung
FSC® C083411

Zeitfracht Medien GmbH
Ferdinand-Jühlke-Straße 7
99095 Erfurt, Deutschland
produktsicherheit@kolibri360.de